行为心理学

行为心理学

邢一麟 编著

中國華僑出版社
北京

图书在版编目(CIP)数据

行为心理学 / 邢一麟编著.—北京:中国华侨出版社，2013.8（2021.1重印）

ISBN 978-7-5113-3966-9

Ⅰ.①行… Ⅱ.①邢… Ⅲ.①行为主义—心理学—通俗读物 Ⅳ.①B84-063

中国版本图书馆CIP数据核字（2013）第198349号

行为心理学

编　　著：邢一麟
责任编辑：思　源
封面设计：阳春白雪
版式设计：卢　馨
文字编辑：郝秀花
美术编辑：宇　枫
经　　销：新华书店
开　　本：720mm × 1020mm　1/16　印张：24　字数：344千字
印　　刷：北京德富泰印务有限公司
版　　次：2013年10月第1版　2021年1月第5次印刷
书　　号：ISBN 978-7-5113-3966-9
定　　价：45.00元

中国华侨出版社　北京市朝阳区西坝河东里77号楼底商5号　邮编：100028
法律顾问：陈鹰律师事务所
发 行 部：（010）88866079　传　　真：（010）88877396
网　　址：www.oveaschin.com　E-mail：oveaschin@sina.com

前言

有时人的语言是靠不住的，因为大多数人都能操纵自己的语言。然而，语言可以骗人，但人的行为动作却不会作假，只会反映一个人内心的真实想法。西方心理学开山鼻祖弗洛伊德曾经说过这样一句经典名言：“任何人都无法保守他内心的秘密，即使他的嘴巴保持沉默，但他的指尖却喋喋不休，甚至他的每一个毛孔都会背叛他。”由此可知，任何一个人的内心都是有踪迹可循、有端倪可察的，不管他掩盖得多么严实，只要我们懂一点行为心理学，就能读懂对方行为、动作背后所隐藏的含义，读懂对方的内心世界。

行为，是受思想支配而表现出来的活动，它包括有声语言和身体语言两个方面，其中身体语言是指人们在日常生活中，通过身体某些部位的表情、姿态、动作、生理反应以及衣饰等透露出来的心理信息。它同有声语言一样，甚至比有声语言更能反映人真实的内心。举手投足、一颦一笑、皱眉凝眸……这些行为往往能够揭示人的情感、态度、智慧和教养，它们同有声语言一起构成了人类的语言，共同传递着人内心最隐秘的信息，而这些信息对于掌控人心起着至关重要的作用。据统计，一般人一天传递的非语言信息（绝大多数为身体信息）是语言信息的5倍多。一条信息传递的全部方式中，有55%的信息是无声的。正如古希腊哲学家苏格拉底所说：“高贵和尊严，自卑和好强，精明和机敏，傲慢和粗俗，都能从静止或者运动的面部表情和身体姿势中反映出来。因此，如果我们能了解各种行为所代表的含义，就能读懂别人隐藏的心思，让他人内心的想法赤裸呈现；如果能掌握通过行为读取别人内心的技巧，从而在不为人知的情况下了解并影响他人，便可以消除人际关系中的种种烦恼。

社会交往活动的种种艰难之处，全在于个人无法洞察他人的内在心理，对对方心理状态把握不当的沟通、说服，会引发诸多不良反应。比如，在不知道对方已经厌倦的情况下滔滔不绝地陈述、在对方有兴趣的时候不加以跟进、在对方抗争之前不懂得合理引导等，都可能对人际关系产生严重危害，导致误解、隔阂、矛盾，甚至人际冲突。在职场中，下属与上司存在同样的困扰。一个管理者最艰难的工作是不知道在与下属的交流中是否真正能够让下属听进去，下属是接受还是排斥，因为无法洞察下属内在的心理变化，管理活动总是阻碍重重。在与领导的交往中，职员普遍存在的困扰是不能清晰地把握领导究竟是怎样的态度：他对这件事的看法怎样？他对于我的汇报、请示等是否感到满意？我是不是应该继续下面的谈话……在情场上，很多人也在为不能清楚探知对方的真实心理而苦恼不已。他/她究竟喜不喜欢我？他/她心里到底是怎么想的？我要怎么做才能赢得他/她的心？他/她究竟是个什么样的人，能不能和我牵手一生呢……

为了帮助人们解决这些困扰不已的问题，我们组织专业人员编写了《行为心理学》一书。本书从外貌特征、言谈话语、行为举止、生活习惯、衣着打扮、兴趣爱好等多角度入手，挖掘隐藏在人们各种行为背后的真实心理，并结合大量生动、具体的例子，进行深入透彻、系统全面的剖析，由表及里，由内至外，步步推进，通过揭秘这些行为来帮助人们掌握判断他人真实内心的有效技巧，并掌握如何利用行为来影响他人的方法。阅读本书，你将对行为心理学的内涵及其运用有全面深入的了解，从而揭开行为背后的心理密码，读懂他人的真实意图，窥破人际关系的秘密，掌握和运用比说话更高效的沟通技巧；你将培养出非同一般的洞察力，可以更深入地认识自己与他人的微妙关系，从而更加彻底地了解他人、透彻地认识自己；你将知道老板、同事、商务伙伴、爱人等到底在想什么，而不是仅仅知道他们在说什么；你将可以轻松辨别某个人是不是真的爱上了你，还是仅仅是你自己的错觉；你将学会怎样控制非语言信号，只传递你希望传递的信息，从而有效影响他人，获得一种比其他人更具优势的生存技巧，让你在工作与生活中游刃有余。

老子说："知人者智。"在这个竞争日益激烈的时代，想要取得事业的成功、建立广泛的人际关系、收获家庭的幸福，行为心理学就是你必须要掌握的一门学问。掌握看懂行为背后真实心理的本领，才能"世事洞明，人情练达"，在复杂的人际关系中游刃有余、得心应手，使自己成为人际关系的赢家，进而在事业上取得进一步的成就，赢得美好、幸福和成功的人生。

目 录

上 篇　解读日常行为密码，掌控人际交往的主动权

第一章　你的眼睛泄露了你的心，解读不同眼神看透人心

第二章　笑容背后寓意深，通过笑容和笑姿识人个性

第三章　言辞声调露心声，从语言中破译对方心态

第四章 人身向来随心动，从行为举止知其心

第六章　身体会释放信号，从小动作看出人的情绪状态

第七章　社交表现露品性，从社交场合识人心

中 篇　解读职场行为密码，增加职场博弈成功的筹码

第一章　判断真实意图，解读老板微行为摸清其心理状态

第二章 用对人才能做对事，解读合作伙伴微行为揣摩其工作态度

第三章　慧眼识出千里马，解读对方微行为选出英才

第四章　是金子要及时发光，解读面试官微行为揣摩其心思

第五章 一分钟拿下订单，解读客户微行为找到突破口

下 篇 解读情场行为密码，洞悉俘获幸福爱情的“潜台词”

第一章 眼睛是心灵的窗户，从男女眼神差异看透其心意

第二章 赢得爱情靠眼力，从小动作看出异性对你的好感度

第三章　女人的心思不难猜，解读女人微反应揣摩其真实意图

第四章　看穿他才能把握爱，从男人的微行为了解其真实性情

第五章　爱你在心口难开，从异性微行为辨别求爱的信号

第六章　相爱容易相处难，从恋人举止看爱情关系

上 篇

解读日常行为密码，掌控人际交往的主动权

第一章

你的眼睛泄露了你的心，解读不同眼神看透人心

视线传递出的信息

俗话说，“眼睛是心灵的窗户。”目光传达的一些信息能透露人们解决问题的方法和关注细节的持久度，以及是否能够做到“实话实说”等。

琳·克拉森是美国社会心理学家，被人们称为“读脸专家”，她考察了性格和面部神情的关系，并进行了大量相关的试验，结果发现，人们很难隐藏或改变面部的细微变化，而这些变化最能透露我们的所思所想。克拉森表示，眼睛最能表露一个人的心理，眼睛睁大表示更愿意与人交谈，而眼睛深陷，眼神喜欢盯住一处的人则更加保守。“面部的一些细微动作和表情，能够很好地显示出对方的所思所想，所以下次与人打交道时，别忘了注意他的眼睛！”克拉森如是说。

我们先来了解眼睛的生理结构。眼睛是人类最重要的感觉器官，据估计，人体对外部世界的信息获取至少有80%是通过眼睛来实现的，眼睛的意义当真非凡。尽管我们在日常生活中说了很多，也听了很多，然而我们在本质上仍然是视觉动物，在这个问题上我们与我们的近亲——猿类和猴子们——并没有太大的区别。所有灵长类动物都是以视觉为主的动物，它们的两只眼睛都位于头部的正前方，以便更好地通过视觉感知外部世界。人眼直径大约仅为2.5厘米，但与之相比，世界上最为先进的电视摄像机简直就是来自石器时代的玩意儿。位于眼睛后方的感光视网膜包含着1.37亿个细胞，这些感光单元把外界的信息传递给大脑，告诉后者在我们的眼前究竟有些什么。

既然眼睛的结构如此复杂，那我们就要学会取舍，最基本的方法就是寻

找目光的“落脚点”。迈克尔·阿盖尔是英国研究社会心理学及肢体语言的先驱。他在长久的研究中得到一个结论：欧美人在彼此交谈时，大约有61%的时间都会注视对方。因此，再没有什么能比人的眼睛透露更多心理信息的器官了。

《孟子》中记载：“存乎人者，莫良于眸子。眸子不能掩其恶。胸中正，则眸子瞭焉；胸中不正，则眸子眊焉。听其言也，观其眸子，人焉廋哉？”意思就是说：观察人的方法，没有比观察人的眼睛更好的了。眼睛不能掩盖人们内心的丑恶。一个人心中正直，眼睛就显得清明；心中不正直，眼睛看上去就不免昏花。听一个人讲话，观察他的眼睛，这个人内心的好坏又怎么可以隐藏得了呢？

通过这段话，我们可以获知一个人的内心动向必然会反映在他的眼睛里。心之所想，不用言语，从眼神中就会找到答案，这是每个人无法隐瞒的事实。睡眼惺忪的人，眼睛表现模糊不清；而眼睛雪亮、目光炯炯的人，自然显得聪明伶俐。如果眼睛真的在笑，心也会随之轻松。满脸佯装微笑的人，注意他的眼睛，会发现那是一双不安的眼睛，根本没有笑的神志。

通过有无视线接触可以判断出他对你有无好感或兴趣。不相识的人，彼此视线偶尔相交，便会立刻撇开。如果一个素昧平生的人一直盯着自己，我们必定会感到不安，甚至觉得害怕。这是由于每个人被看久了，会觉得被看穿内心或被侵犯隐私权的原因。相识者彼此视线相交之际，即表示他们有意沟通心灵。但是，这种情况如果发生在女性之间，则可能有别的意思。心理学家的研究结果表明：当女性愿意把自己所想传达给对方时，多半会发生凝视对方的行为。日常生活中，对方若久久凝视你而不移开视线的话，很可能有什么心事要向你诉说。

视线交流中还可以判断双方的强弱。心理学家曾经做过一个实验，研究人们在谈话中，何时把视线移向对方。其结果表明，在谈话刚开始和即将结束之际，其比例有着显著的增加。首次见面时，先移开视线者，其性格较为主动。谈话中有意处于优势地位的人，也会先把眼光移开。一个人在谈话中是否能占上峰，在最初的30秒内就能决定。当视线接触时，先移开目光的人，就是胜利者。

希区柯克是世界著名的导演。因为他创作了很多经典的悬疑惊悚电影，所以被称为“悬念大师”。希区柯克曾经在片场说过这样的话：“对话要尽量简洁，那不过是从演员嘴里发出的声音，演员的眼神才是整段对话的灵魂。”

如同拍电影的镜头有全景、中景、近景和特写一样，人们在不同的社交场合或者面对不同关系的对象时，视线范围都会有所不同。

按照约定俗成的规则，视线落在对方眼睛水平线下，焦点集中在对方双眼与嘴巴所构成的三角区域，是标准的社交礼仪。这个视线范围适合于普通的社交场合，既不会使对方有疏远感，又不会给对方造成压力。有利于形成一个轻松友好的交谈气氛。

电影当中出现特写镜头时，往往给观众以强烈的印象。就像具有强烈视觉感受的特写镜头一样，当一个人把目光投射到对方前额的三角区域时，会使气氛变得紧张。因为这样的注视往往带有一种高人一等的意味，因此对人具有震慑作用，警察审讯犯人就是使用这种方法。这样的场面多出现在上下级之间，而且是上级对下级才能使用的方式。

最有意思的当属恋爱中的目光。当两个人初次见面时，视线范围是从脸部到胯部；当关系确定后，视线范围将达到腹部以上；随着关系的发展，双方凝视的焦点上移到胸部以上；而热恋中的情侣，就成了眼睛与眼睛的对视。如果一对男女刚刚相识就盯着对方的眼睛，除非两个人是一见钟情，否则一定会不欢而散。

除了视线范围，视线的角度和方向也可以传达一些有趣的信息。眼睛的注视方向或视线能反映出人的心情和意向。例如，在社交场合，地位不同的人，其注视方向就有明显不同，小人物总是倾向于注视大人物，而大人物则习惯于忽视小人物。比如一个和善顺从的小人物走进会场，他的眼光会先逡巡全场，然后盯住那些大人物瞧。每当谈笑、争议或表示个人意见时，小人物的视线总会瞟向大人物，以观察其反应；而大人物在谈话时则明显自顾自，只注视自己感兴趣的对象。不过在质问时，大人物会直视对方，而小人物则往往不敢回以正视，回答时视线不住地往下低垂或望向别处。

在通常情况下，眼睛的注视方向及其停留时间所流露的信息主要有：眼对眼的长久凝视只发生于强烈的爱或恨之时，与人交谈时，视线接触对方脸部的时间通常占全部谈话时间的30%～60%。超过这一平均值时，常可被认为对对方本人比谈话内容更感兴趣；低于此平均值者，则表示对谈话内容和对方本人都不怎么感兴趣。

有科学家在一个大型会议室做了一个这样的实验：他提前到达会议室现场，然后等待与会者到来。每次进入一个与会者，他都会对该人的动作进行记录。最后他发现了一个有趣的现象。绝大多数的男性在进入会议室后，都是先环视一下现场，目光会在已经到达的人身上进行短暂的停留。他们似乎是在向其他人传达一个信息：我已经来了，快给我让道！而绝大多数的女性与会者在进入会议室后，几乎和其他人没有目光的接触，只是迅速环视一圈，她们的目光不是看人，而是在寻找空座。

视线的方向有三种：向下、水平和向上。

向下的视线是长辈对晚辈，地位高者对地位低者使用的。这样的方向会产生一种威严感。当一个人目光向下时，往往是想控制对方，体现出自己的优越感。

水平视线是地位相当者之间使用的。这样的视线会使大家便于沟通，因为没有尊卑之分，会使气氛变得自然。

向上的视线是地位低者常使用的。他们的目光看起来就像小孩子需要父母帮助时那种眼神。

人的目光有很多种，而不同的目光后面往往会隐藏着不同的含义。以下是一些通过眼睛看人的小技巧：

一直盯着对方的女性，心中可能有隐情；

在言谈中，注视对方，表示让对方对自己所谈内容的注意；

初次见面时，先移开视线者，表示希望处于优势地位者；

被对方注视时，便立刻移开视线者，大都有自卑感或缺陷；

看异性一眼后，随即故意移开视线者，表示有着强烈的兴趣；

斜眼看对方者，表示对对方非常有兴趣，但又不想让对方识破；

翻眼看人者，表示对对方存有尊敬与信赖；

俯视对方者，想显示对对方的一种威严；

视线不集中在对方，很快移开视线者，大都为性格内向者。

通过瞳孔看人

瞳孔是眼睛中央的黑色部分，它的作用相当于照相机的光圈。外部的光线能够经由它投射到视网膜上。当光线微弱时，瞳孔会适当放大，而在遭遇强光时，它会相应缩小，以控制投射到视网膜上的光线的总量。从这个角度上看，眼睛的工作原理就像照相机一样，用一个控制装置来适配不同的环境。

人类瞳孔的大小不仅会随周围环境的明暗发生变化，还受对目标关心和感兴趣程度的影响。就像通常所说的“眼睛比嘴巴会说话”一样，人的心理活动全都显露在眼睛中。瞳孔的扩张能力与大脑直接相关联，不受主观意志的控制。当人类看到非常喜欢的东西时，瞳孔的放大程度会高于正常情况，而当呈现在眼前的东西令人厌恶时，瞳孔很可能会缩得很小。如果仔细观察瞳孔的变化，可以得知对方的心理状态。如果一个人看上去心不在焉地，可他的瞳孔却在渐渐扩大，就可以断定他满不在乎的神情下隐藏的是对该话题的强烈关注。与之相对的，如果对方看起来对你的话题很感兴趣，但他的瞳孔没有变化，你就要调整战术了。

一个人情绪低落时，瞳孔会缩小。此时的眼睛被人们称为“蛇眼”。消极的人往往不会留意到身边的事物，就是因为他们的瞳孔在缩小的同时，视网膜上的图像也随着变得模糊。而人在极度兴奋或恐惧时，瞳孔可以扩大到正常状态的 3 倍！瞳孔放大后的眼睛往往被认为是富有魅力和吸引力的。

有心理学家做过这样的实验：随机给志愿者看一些事先准备好的照片，

然后观察他们瞳孔的变化。通过实验，他发现女性看到婴儿的照片、男性看到女性的裸照时，瞳孔平均扩大了20%。

据说那些混迹于高级赌场的职业骗子就是通过观察赌桌上其他人的瞳孔来骗取钱财。如果对方的瞳孔突然放大，骗子就会减小赌注；反之则加注。而骗子们通常都喜欢通过墨镜来掩盖自己的“底牌”。

古埃及的女性会向自己的眼睛里滴几滴颠茄汁，这种液体能够让她们的瞳孔明显放大，从而来增强对异性的吸引力，而中世纪的意大利妓女在接待到访的客人之前，也会借助药水散瞳以便创造出她们喜欢看到客人的假象。

古代的珠宝商人出售首饰时，是根据顾客瞳孔的大小来要价的。如果一个宝石的光泽能使买主的瞳孔扩大的话，商人就会把价钱要得高一些。在他们看来，珠宝的价格高低与买主的瞳孔大小成正比。

广告商更是把这个武器发挥到最大值。他们会通过技术手段放大广告照片上人物的瞳孔。孩子们的瞳孔“变大”后，玩具销量上涨；女士们的瞳孔“变大”后，化妆品销量上涨；车模的瞳孔“变大”后，汽车销量上涨……放大瞳孔一度成为广告界战无不胜的法宝。

冷战时期，美国联邦调查局曾经抓获了一名东欧间谍。此人倒是很合作，交代了一些资料。FBI通过自己的渠道，得知此间谍是单线联系，有一个向他指派任务的幕后人物。可是，当FBI探员们问到这个幕后人物时，他就闭口不言了。探员们用了很多常规手法，软硬皆施，可此人就是坚决不开口。最后只好从大学里请来了一名心理学教授。该教授经常与联邦调查局合作，帮助他们获取资料。教授先是要求FBI提供一些和间谍有接触的人的资料卡。拿到卡片后，他把卡片一一放在间谍面前。表面上是通过问话来排除，实际上教授根本没有听间谍的话，他只是默默地看着间谍的瞳孔。当间谍看到一张卡片时，瞳孔先是扩大，之后又迅速收缩。教授不动声色地记下了这张卡片。不久，这个幕后人物被FBI揪了出来，原来是个潜伏在政府内部的高层人物。因为当间谍看到自己的同伙时，首先会兴奋，之后又打算从潜意识里隐藏此人，所以瞳孔就出现了先放大再收缩的奇异变化。这一切当然逃不过经验丰富的老教授的眼睛。这个间谍直到冷战结束也不知道，是自己的瞳孔出卖了自己的同伙。

当人对某一事物感兴趣时，瞳孔会放大；而瞳孔放大时，也会激发人的兴趣。很多自由撰稿人都喜欢在较暗的环境中写作，因为在黑暗中，人的瞳孔会放大，使他们的创造兴奋点大大提高。

但归根结底，瞳孔的变化还与其他诱发因素有关，不能用瞳孔作为确定一个人喜恶的唯一标准。当广告商们意识到这点以后，“放大”瞳孔的手段才逐渐降温。尽管如此，还是有很多人把观察对方瞳孔的变化来了解对方的内心当成行动指南。

眼珠转动

南宋著名词人李清照曾留下一句“眼波才动被人猜”。的确，想要看穿他人心中的秘密，观察眼睛是第一步。人人都会尝试伪装自己，但是眼睛很难伪装，而眼睛又属瞳孔最难伪装。因为人的主观意识无法控制瞳孔的大小变化。

虽然瞳孔的变化能够暴露一个人内心的想法，但是毕竟我们不能一直盯着人的眼睛。一个人没有经过专业训练，很难做到在不被对方发现的情况下迅速读取对方的瞳孔信息。因为这种观察方式过于直白和明显，可能让人唯恐避之不及，于是连看穿对方的机会都丧失了。那么如何做到在他人不知不觉的情况下看穿他的内心秘密呢？答案就是观察对方眼珠转到的方向。

视线转移具有很强的个性化特征，不同的人，经过长期的环境适应和学习，可能养成不同的视线转移习惯。因此，确立被测试人的视线转移基线，才是正确分析的第一步。

哪些是可以利用的信号呢？神经语言程序学认为，眼球向不同的方向转动，代表着不同的意义与心理特征。在具体讨论前，我们先来做一个有趣的测试：

首先要保持目光直视的状态。接下来开始回忆印象里达·芬奇的著名画作《蒙娜丽莎》，包括人物的表情、服饰、背景及整体的色调。20秒后定格，眼睛的方向不要变化，看看自己的眼睛正向哪个方向看。一定是左上角！你也许会不相信，那接下来继续回忆《蒙娜丽莎》，这次要保持目光转到右下角。怎么样，回忆起来是不是比刚才困难很多？因为这个方向并没有开启大脑的视觉区域，因此无法在脑中形成画面。

当一个人的眼睛转向左上方时，表明他正在回想陈年往事。与眼睛常向左上方转的人打交道，你首先要有耐心。他们是属于喜欢怀旧的类型，虽然不乏朋友，但可以交心的却寥寥无几，因此他们迫切希望得到别人的关怀。如果你打算赢得他们的信赖，就一定要表现出诚意。

当他的眼睛转向左中方时，表明他正在回想一些听到过的事情。

当他的眼睛转向左下方时，表明他正在进行某些理性思考。这类人无论想象力还是思考力都极为出众，很多作家和编剧的眼珠都喜欢向左下方转动。他们酷爱高雅艺术，包括音乐（多数是古典音乐）、绘画、雕塑、建筑、服装，等等，向往自由自在的生活。但他们的这种无拘无束的习惯，会给身边的人留下我行我素的印象。其实他们自有打算，只是喜欢按照自己的步调来安排行动。因为他们的这种性格，与他们交往时，切忌给他们施加压力。如果你给他们带来压迫感，很可能会起到相反的效果，弄不好他们会被你的压迫感吓得落荒而逃。

当他的眼睛转向右上方时，表明他正在思考未来。这类人往往喜欢白日做梦，想象力丰富，以理想主义者居多。

当他的眼睛转向右中方时，表明他止在想象某种声音。

当他的眼睛转向右下方（见下页图）时，表明他正在想象某种身体上的感觉。此类人心思缜密，思考力较强。与他们打交道时，你要多加小心。他们在日常生活中喜欢扮演侦探的角色。如果你不小心留下一些细微的线索，他们就会顺着蛛丝马迹发现你的秘密。最要牢记的是不要和他们有金钱上的瓜葛，一旦在金钱上出了问题，你就会永无宁日。

以上理论是经过测试的，具有现实意义。在面试时，面试官可以通过观察应聘者的眼睛来判断他是否说谎。例如询问应聘者："你上个月实习时发生了什么印象深刻的事？上司怎么评价你？"若对方不假思索就马上回答，这个答案很有可能是早已准备好的，说谎的可能性大。但若他的眼睛先向上方转动，再向左转动，表示他正在回忆，说真话的可能性大。如果他的眼睛先向右上方转动，表明他有撒谎的企图。

当然，这种理论虽然适用于大部分人，但不能涵盖所有人，凡事都有例外。例如，对方是左撇子，他眼睛转动方向所代表的意义也会相反。

通过这种观察，我们有可能在最短的时间内分析对方当前的情绪。

除此以外，在人与人交往活动中，通过观察对方的视线方向，还能看出此人的心态。在交往中，如果面对异性，只望上一眼，便故意移开视线的人，大都对该异性有着强烈的兴趣。如果在公共场合出现一位年轻貌美的女性，所有人的眼光几乎都会集中在她身上，但年轻的男性往往会很快把脸扭向一旁。他们虽然也非常感兴趣，不过基于强烈的压抑作用而产生自制行为。假使兴趣欲望增大时，便会用斜视来偷看。这是因为他们既想看清对方，却又不愿暴露自己想法。

另外，还有学者通过研究发现，对异性瞄上一眼之后再闭上眼睛，是一种"我相信你，不怕你"的体态语。因此，当一个人观看异性时，不是移开视线，而是闭上眼后再翻眼望一望，是尊敬与信赖的表现。如果一个女性这样看男性，两者的关系就有了进一步加深的可能。

透过对方眼睛的移动方向还能看出此人的心态。在交往活动中，眼睛位置移动情况不同，其心态也大不相同。例如，当上级与下级面对面接触时，上级的视线肯定会由高处发出，而且会很自然地直接投射下来。作为下级，即便未做错事，但视线却常常由下而上。这是由于职位高的人，总是希望对下级保持其威严的心理作用。之所以出现这种视线不对等的情况，除了职位高低的因素，还和性格有关。一般来说，在交往时，性格内向的人容易移开视线。美国的心理学家曾做过实验，让患有强度自闭症的儿童与陌生的成年男子见面，以观测他面对成年人时间的长度。将成年人的眼睛蒙起与不蒙的两种情况相比较，发现儿童注视前者的时间居然为后者的3倍。这就是说，双方眼光一接触，儿童会立刻移开视线。由此可知，性格内向、弱势群体或地位较低的人，大都无法一直注视对方。

东张西望

当你和一个人说话，这个人却不停地东张西望，他这么做可不是为了观察周围的事物，他这么做是为了搜寻逃跑的路线。即使不是这样，也说明他的内心对你们的谈话毫无兴趣。如果谈话时，对方很少看你，便可视为他对你或者你的话题不感兴趣或者没有亲近感。东张西望是人类面对讨厌的事物做出的一种最常见的反应，这种表情往往表示这个人对于所谈论话题的漫不经心。当你和一个讨厌的人说话，你就会本能地把视线投向其他方向。可是按照社交礼仪，你知道这么做一定会引起其他人心中不快，于是只好装出一副很感兴趣的样子来伪装自己的厌倦。于是，你的目光就自然一会儿从对方身上移开，一会儿又回到对方身上，也就是我们惯常所说的东张西望。

这个动作的潜意识是逃避。除了厌倦，东张西望还可以代表缺乏安全感。同样的例子，如果你交谈的对象总是把目光从你的身上移开，而他又不是对话题感到厌恶，那他一定就是紧张。目光飘忽不定，表示这是个三心二意、拿不定主意或紧张不安的人。视线闪烁不定或左顾右盼，常产生于内心不稳定或不诚实之时。回避对方的视线常表明不愿被对方看穿自己的心理活动，或心虚，或害臊，还可能是厌恶、拒绝。

有的人目光闪烁不停、飘移不定，说明他的心思很灵活，也许是好主意不少，也许是鬼点子很多。这样的人，如果是年轻人，会随着未来所处环境或者境遇不同，或许能成为智囊团的一分子，或许会成为野心勃勃的阴谋家。而上了年纪的人如果还是用这样的眼神看人，与他们相处时就要多加小心了，他们往往是属于老奸巨猾的类型。

举个例子，如果有业务员在向你推销他的商品时，他一边说着眼睛却在上下左右转个不停，你就应该留有戒心，掂量他是否在撒谎。然而你身边的人眼睛这样动时，应该判断他是否想表达什么意思。对方眼睛东张西望而不专注时，是因为怕你而在说谎。这样做，多半是为了不使你担心而不将真相说出。在你一再追问的情况下，他口是心非，眼睛自然会转个不停。

从心理学来看，男性的这种移眼神的动作，是为了不失去客观性的本能所发出来的举动。所以，男士和女友或和自己的太太上街，他会情不自禁地注视来来往往的其他女性。相反，女性的本性只停留在主观感情上，她走在路上时，除男朋友外，对其他男性一眼都不会去正视，只是含情脉脉地注视着身旁的男朋友，对他的一举一动都非常关注。

东张西望还经常出现在撒谎者或诈骗犯的身上。他们不像惯常理解的那样会回避对方的眼神，反而更需要眼神交流来判断你是否相信他说的话。说谎者在说谎前会眼神飘移，在想好说什么谎后会眼神肯定。如果遇到对方冷静地反驳，说谎者会再次出现眼神飘移。

目光斜视

在日常生活中，我们经常使用“目不斜视”来形容一个人态度严肃、举止端庄。但我们在人际交往中，经常会遇到这样一种人，他们的眼神方向与目不斜视恰恰相反，视线与脸的朝向总是出现一个夹角。从生理构造上来说，这个动作做起来并不舒服，可他们宁可“委屈”自己，也要斜眼看人。是什么原因驱使他们这么做呢？

俗话说，“相由心生”。一般来说，人的行为动作都是其心理状态的外在反应。视线方向就是行为动作的一种，因此不同的目光后面就有不同的含义。不仅如此，有时候同样的目光下还可以包含着不同的意思。但主要原因无外乎两个：一是因为这种视线状态，瞳孔在一侧而不在中间，和视线的左右转移外观相似；二是因为这种视线状态，映射了不愿意看的心态，和视线转移一样不够“诚恳”。不论是希望真诚的交流，还是受到意外刺激而寻找刺激源，都会出现头部的转动动作，让自己的面孔尽可能正面朝向被视对象。只转动眼睛而不转动头，直接映射了相对负面的心态。需要特别说明的是，这里说的"不愿意"，不光包括不愿意常规代表的厌恶和否定，还包括不敢看、怕对方发现才偷着瞄一眼、不屑等其他负面意愿。可能造成侧目相视的情绪和心态主要包括得意、轻蔑、忧虑和厌恶。

既然斜视目光背后的心理可以是拒绝，可以是猜疑，还可以是轻蔑，到底对方斜眼看人的心理是哪一种表现呢？其实，这只不过是利用视线来表达想将身体也转过去的一种心理。在交谈过程中，如果你的朋友斜视你，那就意味着他没有重视你，或者是想离开你，起码是对你的话题不感兴趣了。如果人家对你扫视一番，然后发出笑声，这说明人家在讥讽你。回避视线的行为，就心理学而言，可视为自己不愿被对方看见的心理投射，亦即遮掩某事不想被对方知道。如果对方是斜视，这往往是对你不屑一顾，是对你的鄙视。

另外，我们可以积极运用这种"回避视线"的身体语言，也可以不必开口而将自己的意向传递给对方。在酒席等场合，想尽早结束无谓的胡扯、满腹牢骚以及欲拒绝对方要求时，上述手段很奏效。表面上是在随声附和、似乎在专心听话，实际上却利用眼神的转移，在心理上阻止对方继续说下去。总而言之，喜欢斜眼看人的人，大多不愿被人知晓心意。我们也可以利用这样的方法，间接地处理生活中的一些问题。

还有一种特殊情况，就是和异性视线相遇时故意移开表示关心对方。与男性相比，女性是偏向感性的，她们做起事来往往依靠直觉而非逻辑，因此容易比男性感情用事。她们的心理相当复杂而奇怪。

有些女性一旦目光与男人相碰，便会立刻把视线移开，此时她们心里很不自在。胆怯的男性，立刻会显得呆板，心里想"她看不起我吗"，"我是否被视为不受欢迎的人"？原因当然不是这样，其实这是对方对你关心的一种心理反应。

斜眼看人还有一种特殊的类型，就是翻白眼。这个动作不易伪装，如同斜眼看人，翻白眼属于比较复杂的眼球运动，做起来也很不舒服。当有人表示轻蔑和厌恶的时候，就会做出主动性的翻白眼动作。

翻白眼可以分成以下几种类型：

如果翻白眼的动作是从侧脸面向对方开始，那接下来的动作就是先将视线转向对方的一侧，快速瞧对方一眼，然后将视线上移，与此同时闭上眼睛，之后在睁开眼睛的同时，再次把视线投向自己面孔的垂直方向，有时还会超过中心线看向另一侧。

如果翻白眼的动作从正脸看着对方开始，接下来的动作就是先闭上双眼，然后睁开眼睛，将视线转向上方，随后将视线完全从对方脸上移开，与此同时，将视线移至远离一侧的下方并将视线停留或者重新看着对方。

如果翻白眼的动作发生在恋爱中的女性身上，这往往是爱的信号。女性在向对方翻白眼的同时，一般都会伴随着“讨厌”或者“坏”一类的话，声音嗲声嗲气，这完全是情侣间撒娇的动作。但这种情况下的结束动作还是会把目光转向对方的眼睛，一方面是从对方的眼睛中判断他是否接收到自己传达的爱的信息，另一方面是为了表达自己对爱人的诚意。

瞪眼和眯眼

俗话说，“眼睛是心灵的窗户”。眉宇之间的一些信息能透露人们解决问题的方法、关注细节的持久度以及是否能够做到“实话实说”等。

在现实生活中，瞪大眼睛是一种常见的表情。一般来说，一个人在大吃一惊或者极度恐惧时会瞪大眼睛。而且同样是瞪大眼睛，东方人愤怒时出现的比率高，而西方人则是惊讶的比率高。另外，美国社会心理学家琳·克拉森认为一个人眼睛睁大表示更愿意与人交谈。

当我们想表现出无辜或者对对方的话极感兴趣时，就会把眼睛瞪大，并抬高眉毛。有时，这个动作说明对方提高了自己的警觉心。而女性还会用这种动作表达自己的轻蔑。

忽闪忽闪的大眼睛是非常吸引人的，这就是婴儿们讨人喜欢的一个重要原因。而男人一般很容易被有着水汪汪大眼睛的女孩吸引。基于这样的原因，很多女人会做出抬升眉毛的动作，借此使自己的眼睛看起来更大。更有甚者，有些女人会拔掉眉毛，用笔描画出高挑的眉形和眼线。她们之所以这么做，是为了使自己的眼睛接近婴儿的形状，从而使她们的面孔看起来犹如孩子般惹人怜爱。这个看起来简单的动作对男人却极具杀伤力。看到女人的这个动作，男人体内的雄性荷尔蒙会大幅提升，继而萌发出呵护女人的冲动。

与瞪大眼睛相反的动作就是眯眼睛。通常，这是个表示不同意或者暗示所有权的信号。在这种情况下，不仅视野不会变窄，还会给人一种加上护目镜的感觉。当一个人做出这个动作时，眉毛和上眼睑往往会耷拉下来，给人留下生气的印象。一个人在专心致志做事时，也会出现这样的表情。但细心观察，会发现两者的表情还是有微妙的差别的。如果一个人在眯眼前一直有着和善的表情，那他多半是在集中心思琢磨事情。而消极的人只要遇到不顺心的事情，就会把眼皮耷拉下来。

眯眼也有很多种解释的，比方说他是在隐藏自己的目的，比方说是不屑。所以单纯从这些动作上是不能准确猜测心理的。如果你想猜测某人的心理，需要知道他的一组动作，或者在知道他的行为习惯以后分析某一个动作才可以。

眯眼睛的动作有些时候还能用来辨别对方的笑容是否是发自内心。有种说法叫假笑时嘴角上翘，真笑时眼睛眯起。

眯眼睛并视线向下还可以说明一个人精神恍惚或者注意力散漫，女性接吻时会时常伴随着这个动作。

除此之外，近视的人也会做出这个动作。有近视的眼睛存在视觉光学上的缺陷，而致视力不清。为了克服光学上的缺陷，依靠眯眼自我调整。近视患者看东西时，远处的物体发出的光线通过眼睛不能聚焦于视网膜上成清晰的像，当眯着眼时，就好像针孔镜一样，周围杂乱的光线不能进入眼内，中央的少部分光线可直接在视网膜成像，所以眯着眼会看得清楚些。久而久之，就会养成这个习惯，但这样会影响眼睛的正常状态和脸部的美观。即使经过光学矫正（戴眼镜），有的人依然不能改掉这个不良习惯。

眼睛向上看

眼睛向上看，往往会代表着轻蔑。

如果视线只是略微上扬，说明对方虽然精神恍惚，但欲望极高。恍惚的原因是因为当下的境况正处于进退维谷。这时候，会伴随着双手下垂的动作。

心理学家认为人应该“向上看”。奥斯卡·王尔德是19世纪的爱尔兰作家，以机智著称于世。这个大才子曾借其戏剧人物之口一语双关地说：“我们都在阴沟里，但有些人却在悠闲地看着天上的星星。”到了20世纪，心理学家经过研究发现，王尔德的台词抓住了问题的关键。悲观主义者眼睛往下看时，他们的大脑工作得更好；乐观主义者向上看时，他们的大脑会转得更快。

人在犯错误时为什么会下意识地低下头，而在自信心爆满时高昂着头？

美国北达科他州大学心理学家布赖恩·迈耶领导的研究小组研究后表明，因痛苦而引起的典型的畏怯表情确实会对人起作用，他们也许有悲观的思想，但是如果他们抬头向上看的话，就不会那么悲观地思考问题了；而人老是低着头的话，就会更加悲观地进行思考。这种情况在现实生活中并不少见：当你犯了错误，被人指出，你会羞愧地低下头；当你取得了好成绩，或者你的自信心爆满的时候，你会高昂着头。这些动作都是你下意识做出的，是你的悲观情绪或乐观情绪使然。

更重要的是，这一研究提出了诊断和治疗这种抑郁情绪的新方法。抑郁是最普遍而又令人最容易衰弱的心理疾病之一，平均每5个人中就有1个人的生活受到这种情绪的影响。在研究中，研究人员对志愿者进行了测试，寻找那些拥有最强烈悲观情绪的人和最强烈乐观情绪的人，然后让志愿者做不同的认知测试，先是让他们眼睛向下看时做测试，然后眼睛稍稍向上看时做同样的测试。结果发现，当悲观者眼睛向下看时，他们在认知测试时表现得最好，而乐观者在向上看时表现最佳。迈耶说：“自从高级思维进化以来，人类就将像向上和向下或者白天和黑夜这样的词汇与积极的情绪和消极的情绪联系了起来，这些测试就暗示了这种关系的来源。”

还有一种特殊的姿势，就是在低头的同时眼睛向上看。为了向他人表示自己的威严或者攻击性，人们常常会做出压低眉毛的动作。反之，提升眉毛的动作则是顺从谦恭的表现。有人发现某些种类的猩猩和猴子也会用这些动作表示相同的含义。他们还指出，常常有意提升眉毛的动作会带来一种顺从的感觉，而常常有意压低眉毛的人则会被认为具有相当的侵略性，在这一点上猩猩和人类的感觉完全一样。

在低头的时候抬起眼睛往上看，这是一种表示顺从谦恭的姿势。这种心理反应可以这样解释：小孩的身高比成年人矮得多，所以在看成年人时必须抬起眼睛往上看；久而久之，不管是男人还是女人，都会被这种仰视的目光激发出类似于父母般的情感反应。

迄今为止，把这个动作做到极致当属已故的戴安娜王妃。在婚姻遭遇危机时，黛安娜王妃用“眼睛向上看”的姿势博得全世界的同情。下巴微微内收，抬起眼睛向上看，露出纤细的脖子，这个姿势几乎已经被黛安娜王妃艺术化了。这种像孩子般的姿势触发了成千上万人的怜爱之情，更是希望能像父母一样保护她。这样一种表示顺从的姿势，人们平时并不会有意识地去练习，但是大家心里都清楚，只要做出这样的动作就会收到预期的效果。

眼睛向下看

与视线向上形成鲜明对照的就是目光向下。

心理学家莫里斯在《人体密语》中指出，听别人谈话时，眼睛向下看，嘴角下垂者往往是想保持自己的权威和尊严。如果眼睛闭成一条缝，说明当事人没有用心听你讲话，也可能是表示心理已经非常疲倦了，此时说话的人就要注意，要么就此打住，要么转移话题。厌倦时的体态语还包括：反复抠手指、打哈欠、看表等。

女人可以通过眼睛向下看来表达自己的爱慕之心。当一个女人对房间另一端的某个男人产生兴趣时，她会有意与这个男人眼神相交，以吸引男人的注意。通常她会注视男人两三秒钟，然后将目光移开并且垂下眼睑。女人认为这样的注视已经足够明显表达了自己的爱慕之心和顺从之意。

如果一个人平时总是将眼睛紧紧地盯在地面上，那他就一定是心情抑郁的。这样的姿势很有可能反过来会加强引起这种姿势的情绪，所以悲观者或者有抑郁趋向的人更会因为盯视下方而保持这种情绪。有个心理学家曾经说过："只需劝说这样的人改变一下习惯，将目光稍稍抬高一点，就会减轻抑郁情绪。"

那么，能否这样假设，任何人只要将眼睛紧紧地盯在地面上，那他就一定是心情抑郁？答案是肯定的。英国咨询和心理疗法协会的霍德森博士肯定了这种假设，他说："如果你情绪低落你就会向下看，这是一种心理上的机能，也是身体上的机能。在足球场上，当主罚点球的运动员射失了一个点球后，会不由自主地低下脑袋，因为他们的肌肉会发软。"霍德森深信，长期的悲观者和抑郁症患者还会形成一种与他人完全不同的观点。他说："他们认为自己会做不好，所以就会变得更有可能出差错，而且他们也会有更少的生活乐趣。他们的睡眠也很少，行动迟缓，因此他们也确实用不同的观点看待这个世界。"

眨眼也有讲究

眨眼是我们每隔几秒钟便会做的小动作，眨眼会透露你哪些心理？眨眼有快有慢，有时"目不转睛"、有时"扑闪扑闪"。其实，除了空气湿度等客观因素，眨眼的快慢还与心情密切相关。

研究人类行为的学者把眨眼分为三种：第一种是随意性的眨眼，这种眨眼是不受大脑控制的；第二种是保护性的，如当人遇到有潜在危害性的视觉刺激时会眨眼，这种眨眼是生物趋利避害的本能，也不受大脑控制；第三种是由自主发生的眨眼，这种眨眼和人的思维意识息息相关。这就是说，眨眼还有一种意义，就是人与人之间沟通必需的交流。它可以是两个人之间的默契的表现，也可以说是一种暗示，用这种方式代替语言，让对方知道自己在想什么，如何来配合。据有关研究，第三种眨眼每天约有 15000 次。这种方式常出现在搭档、情侣、朋友间，是人与人之间交流必不可少的交流方式。

每当电影的高潮部分来到，运动员即将冲过终点，心仪的人从面前经过，我们都恨不得眼睛一眨不眨，因为我们生怕在眨眼的瞬间错过了重点。因此，眼睛眨得越少，说明人们越专心，越不想被打扰。当然，如果眨眼次数变少，并且每次眨眼时闭眼的时间明显延长，则说明主人有些不耐烦了，潜意识里希望对方消失在视线里，是"拒绝"的潜台词。眨眼频率是人们下意识控制下的行动，一个人和对方的谈话如果出现不真诚氛围、厌烦情绪、无趣意味时，他在每次眨眼时会闭上 2~3 秒甚至更长的时间，这是他潜意识里希望对方消失在自己的视线中。如果一个人的眼睛一直闭着，那么说明他完全不想看见对方了，他们的谈话可以就此打住了。

如果一个人眨眼频率快且轻巧，也就是我们所说的"扑闪扑闪"，说明他的大脑正在积极思考，对你们之间的交谈兴趣浓厚。所以一般把眨眼频率变快看成是一个人感兴趣的标志。因此，如果发言时讲得精彩，深得大家喜爱，那么你会观察到，台下听众们的眼睛都是"光闪闪"的。如果一个领导想知道在自己激情澎湃地发言时，究竟哪些员工的注意力完全集中在自己的话题上，哪些员工只是不得不做出感兴趣的样子，只要观察下面倾听者的眨眼频率，就能立刻判断出来。

当一个人遇到难题时，眨眼的频率会明显增加。一个 IT 公司的人事部经理在面试时遇到这种情况：一个参加面试的程序员在自己的简历上写着熟悉多种计算机语言，可是当面试官提出一个关于某语言的具体问题时，面试者的眨眼频率突然增加，5 秒后，面试者红着脸承认自己对这个语言不熟悉。

此外，通过一个人的眨眼，还可以判断他是否说谎。在正常而放松的状态下，人们的眼睛会每分钟眨 6~8 次，每次眨眼时眼睛闭上的时间只有 1/10 秒。但当人们撒谎时，人们眨眼的频率会明显提高，而且人们闭上眼睛的时间会比正常情况长 1/10 秒。如果一个人打算说谎，他的眨眼频率首先会下降，因为他想保持冷静，使自己看上去"不留痕迹"，以便"睁着眼说瞎话"；然而，只要说谎，人就会控制不住地感到焦虑、担心，这种情绪下，又会情不自禁地引起快速眨眼。因此，眨眼频率先慢后快，是典型的说谎标志。

有关专家进行了进一步的研究，他们将被测者分为两组：第一组人自由活动 10 分钟，活动内容尽量简单，从而使这 10 分钟不会做出任何需要说谎掩盖的事；第二组人被告知一会儿提问的试题和答案放在哪儿，以便他们测试时可以用到。之后研究人员让被测者在回答问题时戴上特制的可以测试眨眼频率的仪器。结果发现，说真话的人，眨眼频率会比一般情况微微高一些，这是因为他们怕回答不好问题而产生焦虑情绪；而对于说谎者，他们的眨眼频率变化非常明显，先是稍微下降，反映出被测者在思考如果被问到该如何不留痕迹地撒谎，所以他们自我安慰要保持冷静，后来在正式说谎后他们眨眼频率大幅上升，此时眨眼行为是不受大脑控制的下意识行为，而谎言也暴露无遗。

闭上眼睛

闭眼是一个最常见的表情。即使眨眼，也能划分到闭眼的范畴中，可以称眨眼为高频率闭眼。闭眼的实质是阻挡视觉神经的刺激源。视觉刺激源一般可以分为两类：一类是积极的，例如绚丽的色彩、美丽的风光、美丽的人物，等等；另一类是消极的，像阴暗的图像、凄惨的画面、血淋淋的照片，等等。但无论哪种刺激，都会在人脑中产生相同的反应，即拒绝观看。

当人接触到诸如动听的音乐、芳香的气味、可口的食物之类的刺激时，会情不自禁地闭上眼睛，这么做是为了集中精神感受那些积极的刺激。

当人面对消极、负面的刺激，有时候会受到伤害，为了更有效地保护自己，会通过闭眼来阻挡刺激，做到“眼不见，心不烦”。当刺激是缓慢发生时，人类可以通过神经系统来判断是否闭眼，一旦刺激是突发的，人脑来不及反应，就会在本能作用下通过闭上眼睛来保护自己。

人在打喷嚏时会闭眼睛。这是因为：一方面，打喷嚏时要用很大的力量逐出气体，肺内、口腔内、鼻腔内都要承受很大的压力，不但膈肌和肋间肌等呼吸肌要突然剧烈收缩，颈部、面部、额部的肌肉都要紧张，这时支配闭眼的眼轮匝肌也会收缩，因为它与面部肌肉同受面神经支配，于是就会不由自主地闭上眼睛。另一方面，打喷嚏时神经系统要高度集中精力，才能完成打喷嚏的一系列反射，闭上眼睛，可减少外界的干扰，有时想要打喷嚏，正巧有人和你说话或拍你一下，很可能喷嚏就打不出来了。打喷嚏时要用很大的力量排出气体，肺内、口腔内、鼻腔内都有很大的压力。在这种压力的作用下，喷出气流的时速可以达到 160 千米，速度堪比台风。如果睁着眼睛打喷嚏，喷嚏的压力就有可能严重伤害泪腺导管，甚至使视神经受到创伤。所以，为了保护脆弱的眼睛，在长期进化过程中，我们的大脑就形成了这种本能反应。

很多人在思考问题时都会闭上眼睛或抬头。据美国《今日心理学》杂志报道，这种表现是有科学依据的。当眼睛睁开时，大脑负责视觉的区域就会不自觉地获取外界图像信息，这个区域处于忙碌状态。当你思考时，需要闭上眼睛暂时中断外界信息的干扰，让大脑更利于思考。而抬头也是基于同样的原理，因为天花板或者天空比较单调，不容易引起眼睛的“兴趣”。

为了验证这一理论，《记忆与认知》杂志刊登了一篇相关研究。在实验中，研究者让志愿者先看了 8 分钟的电视节目，然后休息 5 分钟。接着研究者询问志愿者刚才看到了什么。志愿者回答问题时会选择盯着电脑黑屏、闭着眼睛、盯着有混乱画面的电脑屏幕。实验表明，盯着黑屏和闭着眼睛的志愿者答对的问题最多。盯着有混乱图像屏幕的人最难答对涉及图像方面的问题。这项研究表明，闭上眼睛能屏蔽对大脑记忆形成干扰的信息。

当然，不是所有闭上眼睛的人都在思考。长时“闭”眼、长时间闭目养神、遮住双眼和耷拉眼皮的心理潜台词是“我根本不想听到这件事”。比如，老板要求员工加班，员工可能会边揉眼睛边回答“没问题”。事实是，他压根就高兴不起来。

另外，说话时把眼睛闭起来的人通常都比较好色、比较害羞，基本上属于言而无信的人。

解读陌生人的目光

一个人的视线可以从不同角度和不同的观点来了解。其一，对方是否在看着自己，这是关键；其二，对方的视线是如何活动的。对方直盯着自己，或视线一接触马上撇开，其心理状态是迥然不同的；其三，视线的方向如何，也就是观察对方是否以正眼瞧着自己，或以斜眼瞪着自己；其四，视线的位置如何，这是观察对方究竟是由上往下看，或者是由下往上看等；其五，视线的集中程度。这是指观察对方是专心一致在看着自己，还是视线飘渺，不知究竟在看什么地方等。这些表现所代表的意义是各不相同的。

对方是否在看着自己，亦即有无视线接触，说明对方是否对自己有好感或兴趣等。如果对方完全不看自己，便是对自己不感兴趣或无亲近感。相反，当我们在路上行走时，发现陌生人一直盯着我们，必定会感到不安，甚至会觉得害怕。

素不相识的人，彼此视线偶尔相交，便会立刻撇开。这是由于人们觉得，一个人被别人看久了，会觉得被看穿内心或被侵犯隐私权。当我们在等公共汽车，或站在影剧院卖票口排队买票时，多为背向后面的人，这种表现为人们所司空见惯，这样做，不仅是为了往前进，也是为了避免同不相识的人视线相交。最明显的例子是坐电梯的时候，绝大多数人进入电梯，都是立即面向电梯门，或者抬头望着天花板，或者低头看着地面，或者把目光投向电梯内壁上的说明书或显示板上。即便偶尔有同乘电梯的人彼此目光相接，互相报以微笑，互相对视的时间也不会超过 5 秒。一旦超过这个时间，之前善意的微笑就会逐渐变得僵硬，这时候就产生了非难的意味。这些都是一个明显避免对视和交谈的动作。但也有面对面者，这些人多为亲朋或熟人。他们会彼此默许自己隐私权受到某种程度的侵犯，因此，他们偶尔会视线交错，便于相互言谈、心理沟通。综上所述，相识者彼此视线相交之际，即表示为有意进行心理沟通。

但若是这种情况发生在女人之间时，则具有不同的意义。因为，当女人不愿意把自己的内心体验传递给对方时，多半会产生凝视对方的行为。心理学家艾克斯·莱恩等人曾做过人们对视的实验，实验结果表明，如果事先指示受测者“隐瞒真意”，在受测中，注视对方的比率，男人会降低，女人则反而提高。男人在未接到指示的情况下，其谈话时间内有66.8%的时间在注视对方；但得到指示后，却只有60.8%的时间在注视对方。至于女人方面，在接受指示之后，居然能提高到69%的时间在注视对方。因此，当在公开场所遇见女人注视自己过久的时候，不妨认为她可能心中隐藏着什么，要注意她言不由衷的真相。

不同国家的人对目光的态度也大不相同。在美国的公共场所，人与人擦身而过时的眼神有个不成文的规定：大城市的白人，在5~10米之间时，要互相注视，如果是陌生人，瞥视一眼即可；如果是熟人，不打招呼被认为是失礼的。而黑人或乡镇的白人则没有熟人与生人的区别，一律互相问候。但在一些亚洲和拉美国家，如果长时间凝视对方，就会惹上麻烦。因此，注视的时间一定结合具体的地区和风俗传统来调整。如果实在不清楚，就模仿主人的目光或者点到为止。

另外，大家一定要分清注视和瞥视的区别。首先在态度上两者就有很明显的区别。前者是积极主动的，而后者则是消极被动的。举个最简单的例子，在海滩或游泳馆，穿着五颜六色的比基尼的姑娘大都希望自己得到异性的瞥视，如果没有人看自己，会产生失落感，可如果有人一动不动地盯着自己，她们就会觉得对方非常无礼，甚至有性骚扰的倾向。因为在传统习惯中，男子是不能长时间注视陌生女性的。

两性视野的差异

大家对冯小刚的《不见不散》一定不会陌生。在电影中，葛优饰演的刘元装成一个盲人和徐帆饰演的李清在饭店里约会。当窗外走过一个妙龄女子时，刘元立刻转过头直勾勾地盯着那个美女，李清因此翻脸并一走了之。

国外，有人曾组织了一批非裸体主义者前往裸体主义者聚居区，介绍他们与那里的裸体主义者认识，并且把交谈的场面录了下来。在记录中，所有的非裸体主义男人都承认，他们很难控制自己的目光不往裸体主义者的下身看，而录像也清楚地显示他们在交谈过程中俯视的目光特别明显。与之形成鲜明对比的是，女人们都说自己没有经历这样的尴尬，从录像中也可以看到很少有女人有意识地将目光投向交谈对象的下体。

据外国专家关于眼睛和视觉的科学报道：女人比男人有更多的视锥细胞和有更广阔的视野。女人的视野是呈上下左右各45° “扇形视野”，有些女性的视野甚至可以达到180° 的范围。这也就意味着，当女人们看起来正注视着对方的脸部时，很可能同时在观察对方身上佩戴的金银珠宝。而男人的视野则是一种呈狭长状的“管状视野”。其视野的角度比起女人狭窄得多。因为男人的视野是管状的，所以他们观察正前方的事物和寻找远距离目标的能力要远远强于女人。但是，大部分男人的近距离视野和周围视野都远不及女人，正因如此，男人们总是很难在冰箱、橱柜和抽屉里找到自己想要的东西。我们简直可以用目不斜视来形容男人的视野。

只要是研究过大脑构造学的人都不会对这个原因感到陌生。在史前社会，男人扮演的角色是猎人。而猎人的角色就迫使他们发展出管状视野，以便他们能够迅速把视线的焦点从甲点直接移到乙点。逛街买东西时，要成功地找到想买的物品，视线就需要在人群与商品间不断做“Z”形穿梭，而这会让男人感到极不自在，因为他需要下定决心才有办法转移视线。女人的视野较广，因此不需要转头就可以“一览无余”。

由此可见，电影里的葛优及现实生活中的男人们，他们之所以在偷看女人时如此不善于掩饰自己，根本原因就是他们天生根本就不具备用余光偷看的能力。进化而来的“管状视野”迫使男人们必须扭转头来看身边的女性，很多男人都因“偷看”异性而屡遭女人的责备和误解。其实女人也爱偷看男人，而且偷看的次数一点儿也不比男人逊色。只是180° 范围的“扇形”宽阔的视野给女人带来了极大的便利，让女人偷看男人时显得十分自然，几乎可以在目不转睛之间用余光就完成了一次次令人心旷神怡的养眼，却很少被身边的男人发现。因此，女人才都是眼观六路、耳听八方的高手。

通过眼神辨谎言

一般来说，说谎的人因为内心发虚，因此在说谎时会尽量避免和别人眼神接触。例如小孩子说谎的时候因为心虚，所以脸庞发红，眼神闪烁、飘忽不定，目光经常往下看。但“经验丰富”的成年人说谎可就没那么容易看出来。一些说谎者可以盯着对方的眼睛，甚至伪装出一副坦诚无比的样子目不转睛地盯着你，脸不红心不跳地说谎话。

那我们该如何识别对方是否诚实呢？美国著名心理学家大卫·李伯曼教授发现，对大多数人来说，当人们的大脑进入记忆搜索状态，也就是回忆某件真实存在的事情时，眼睛会先向上再向左转动。而如果当一个人尝试去“构建”一个画面情况，也就是编造谎话时，眼球的运动恰恰相反，会先向上再向右转动。

因此，如果你想打探对方是否说谎，不要问他“你说的是真话吗”这类不需要回忆或者非常简单的问题。因为此类问题无须回忆，即使对方说了谎话你也无从判断。这时你可以问一些必须要回忆才能想起来的细节问题，比如“那天你在路上遇到了哪些人，和他们说了些什么”。如果对方不经思考就看着你的眼睛马上回答，说明他在讲述一个已经编好的谎言；如果他的眼睛先向上再向左转动，说明他在回忆真实的情况；如果眼睛先向上后向右转动，说明他正在编造谎言，准备骗你。

很多人在撒谎的时候会把脸转向一旁，眼神闪烁不定。为了验证这一点，科学家做了一组实验。他们安排实验对象在交谈过程中向对方撒谎，并且把整个交谈场面录了下来。然后，在交流研讨会上，科学家让与会者观看这些录像，并且指出他们所识破的谎言。

最终结果让专家们大吃一惊，撒谎者的表现与他们预想的不太一致。大约只有 30%的撒谎者在撒谎时眼神游移，这部分撒谎者的谎言也最容易被识破，约有 80%的谎言都被研讨会成员指了出来，其中女性的成功率比男性更高一些。其他70%的撒谎者在撒谎时都目光坚定地看着那个可怜的受骗人，或许他们知道左顾右盼的表现会招致怀疑，所以采取反其道而行之的办法避免被识破。他们的做法的确是对的，在这部分撒谎者当中，平均只有25%的谎言被识破，其中男性识破谎言的成功率仅有可怜的15%，女性则是35%。在辨别声音的变化、瞳孔的扩张以及其他线索方面，女人的直觉都要远远强于男人。

在别人和你交谈的过程中，如果对方与你目光相交的时间超过2/3，一般意味着两种可能：第一种可能是，他觉得你十分风趣而有魅力，如果是这样的话他的瞳孔会扩张；第二种可能是，他对你怀有敌意，或是向你传递挑衅的信号，在这种情况下他的瞳孔会收缩。正如我们常常提到的那样，女人非常擅长解读瞳孔信号，所以她们能够区分出对方到底是好意还是歹意。但是，男人们在这方面实在不如女人。这也就是为什么大部分男人无法根据女人脸上的表情判断她们的心情，甚至不知道女人是打算给他们一个甜蜜的吻，还是一个狠狠的巴掌。

长久以来，我们都有一个思维误区，就是以为撒谎者都是不敢直视对方，这是源于每个人在小时候都会有类似的经历，“你一定撒谎了，因为你不敢看我的眼睛”。这教会人们从小就知道说谎者不敢看眼睛，所以人们学会了反其道而行之，以避免被发觉。实际情况恰好相反，撒谎者为了从对方眼睛中判断对方是否相信了自己的谎言，会目不转睛地盯着对方的眼睛。高明的说谎者会加倍专注地盯着你的眼睛，瞳孔膨胀。实际上，欺骗者看你的时候，注意力太集中，他们的眼球开始干燥，这让他们会更多地眨眼，这是个致命的信息泄露。

另外一个准确的测试是直接盯着某人眼睛的转动，人的眼球转动表明他们的大脑在工作。大部分人在大脑运转时，眼球的运动方向是右上方。如果人们在试图回忆确实发生的事情，他们会向左上方看。这种“眼动”是一种反射动作，除非受过严格训练，否则是假装不来的。还需要注意的是，如果一个人试图唤起记忆，就会把目光暂时移开，而撒谎很多时候都是提前打好

"草稿"的，因此不经思考就脱口而出，目光自然不会移动。

长久以来，人们心中有一个误区，就是撒谎多数时候都是男人做的事。其实，撒谎不是男人的专利，女人有时候撒起谎来比男人还要难以辨别。女人撒谎时，不但不会转移视线，相反还会长久地凝视对方。而女人这种镇定自若的眼神，往往会使对方信以为真。

瞳孔中的秘密

作为面部最主要、最可靠的特征，眼睛为人与人之间的信息沟通提供了一种永恒的渠道。在日常生活中，我们经常可以听见这样一些言语，"她的眼神真诱人"，"他的眼神直刺我的心灵"，"她的眼神真恶毒"，等等。一个人的眼神之所以会"诱人"，会"直刺我的心灵"，会"很恶毒"，这就与一个人看别人时的瞳孔和眼神有直接的关系。这也正如海斯所说："在人类所有沟通信号中，眼神可能是最能说明问题、最准确的信号，因为眼神是身体的焦点，而瞳孔则是单独发生作用的。"

瞳孔是眼睛的重要组成部分之一，除此以外，瞳孔中还隐藏着很多秘密。科学研究早就证实，瞳孔最能反映一个人内心世界的变化，为什么瞳孔具有此种作用呢？这就不得不简单谈一下生理学，当一个人还处于胚胎时期时，眼睛是大脑延伸的一部分。后来，随着胚胎的发育和分化，眼睛开始移出颅腔之外，成为一种独立的器官。也就是从这个时候开始，瞳孔正式得以形成，眼睛才可以感知外界光线的刺激，在视网膜上形成各种图像，进而可以传达各种信息。

临床医学上，医生往往将瞳孔作为诊断生命机能的一个灵敏指示器。我们知道，瞳孔对光的反射作用主要是由脑干控制的，与此同时，脑干还控制着生命机体的呼吸、血液循环、血压等活动。瞳孔对光线的反射具有自动保护功能，当光线过于耀眼时，它就会自动缩小，反之，当光线过弱时，它又会自动扩大。因而，当一个患者的瞳孔对光线反射变得迟钝或者完全丧失之后，则说明其脑干功能受到严重损害，这就意味着患者的生命即将结束或已经结束。这也是很多医生在治疗一些遭遇重创且昏迷不醒的患者前，往往会翻开眼皮看看其瞳孔的原因。

一般来说，正常的瞳孔的放大是不受个人控制的。但是在某些特定的条件下，一个人可以改变自己瞳孔的大小。比如，数百年前的一些风尘女子，为了让自己的眼睛看上去更妩媚、更迷人，她们就会把一种特制的药水滴在眼里，以此来放大自己的瞳孔。瞳孔的大小还与年龄密切相关，通常情况下，瞳孔的大小和年龄的大小成反比，婴幼儿的瞳孔最大，而老年时期的瞳孔则是一个人一生中瞳孔最小的阶段。

在一定的光线条件下，瞳孔的大小往往是随着一个人情绪状态的变化而变化。当一个人处于热血沸腾、激情四溢，或者极度恐惧的时候，其瞳孔可能比平常扩大 3 倍左右；与之相反，当一个人处于悲观失望、万念俱灰的时候，其瞳孔可能收缩为人们通常所说的“金鱼般的小眼睛”或者“鸡眼”。

青年男女在约会时，如果女方真正喜欢男方，那么她在注视男方的时候，其瞳孔会明显扩大，并用她那双水灵灵、圆圆的、含无限柔情的眼神凝视着对方。与此同时，男方在领会女方眼神的意思后，其瞳孔也会渐渐扩大。由于双方瞳孔扩大、双眼圆睁，这就使得彼此在对方眼中显得更为迷人、漂亮、潇洒，从而极易使双方变得激动起来。也正是由于这个原因，很多热恋中的青年男女在选择约会场所时，非常青睐那些光线阴暗的地点，比如咖啡厅、酒吧等，因为在这些地方，双方的瞳孔可以放得更大一些。

表示心虚的视线转移

当我们在评论某一个人时，往往会用“眉清目秀”“浓眉大眼”或是“贼眉鼠眼”等词语。可见，“眉目传情”确实是可行的。也即，眉眼可以当作一种非常独特的表现手段来表征一个人的个性特点，尤其是视线，更能表现一个人的种种心态。

在日常生活中我们经常可以遇见这样的情形，当你与一个人交谈时，对方的眼神总是闪烁不定，一旦遇见你的视线后，就会迅速将自己的眼神移开。

此种条件下，你就会觉得他心中可能隐藏着某事，或者是背着你做了对不起你的亏心事。这种担心是有科学根据的，就心理学而言，回避视线的行为，往往被认为是一方不愿被对方看见的心理投射。也即，隐藏着不想被对方知道某事的可能性非常大。比如，那些守卫银行金库的警卫中，面对闪闪发光的黄金，以及堆积如山、令人眼花缭乱的钞票，有的警卫可能会开玩笑地说道，“这么多的钱，我只要一口袋就满足了”，“要不我们一人随便拿一点跑了算了”，等的话。在这些开玩笑的话语中，如果有某位警卫不仅没有插话，而且还故意将视线从金光闪闪的黄金和花花绿绿的钞票上移开。这就表明，此人最可能监守自盗，他才是真正“敢想、敢做”的人，他之所以要把视线从黄金和钞票上移开是对想拿黄金和钞票心理的沉默的自制表现。一旦有适当机会，这种人极有可能会“大干一场”。与之相反，那些开玩笑说“随便拿一点跑了算了”的人，往往仅是说说而已。当然，这并不是说他们对金钱没有欲望，而是他们将心中的这种欲望以玩笑的方式宣泄出来，心里也就在一定程度上获得了一种替代性满足，这就大大降低了他们变“玩笑”为“现实”的可能性。由此可见，视线的转移往往是人内心活动的反映。在与人交谈的过程中，多留意一下对方视线的变化，或许你可以从中了解到很多更为真实的东西。

虽然视线转移在很多时候是心虚的表现，但这并不意味着一个人在与对方发生视线接触时一有视线转移就表示心虚。在医学上，有一类人群被称为“视线恐惧症”患者，他们在与别人发生视线接触后，往往会立即转移自己的视线。因为他们觉得对方的眼光太过于强烈，从而使自己的眼睛不由自主地剧烈眨动，这会让他们感觉非常不舒服。与此同时，他们的心理也处于一种矛盾的状态之中，一方面他们想如果与对方进行对视，会不会使对方感到不快；另一方面又想自己若是进行视线转移，对方会不会看透自己的心理。在这种进退两难的矛盾状态之中，他们越是焦急，就会更加注视对方的眼睛，更剧烈的反应便随之产生；越害怕对方会看透自己的心理，强烈不安的心理情绪就越严重。一般来说，此种类型的人，他们之所以会产生“视线恐惧症”，归根结底，是因为他们缺乏自信心。他们往往是通过别人眼中反映出的自己来认识和确认自己的存在与价值。

此外，一个人不与对方发生眼神接触而进行视线转移，可能也不是心虚的表现，而是与特定的文化背景有关。比如日本，按照他们的风俗习惯，相互介绍的时候，名望、身份较低的人应该比名望、身份较高的人鞠躬鞠得更深以避开眼神接触，这被认为是尊重对方的表现。

相扑运动员的眼神训练

在相扑、拳击之类的竞技运动中，运动员不仅要进行常规的训练，还要接受一种眼神训练。这种训练，要求运动员能够不眨眼地凝视对方的眼睛，并且时间越长越好。如果能练就一双锐利凶狠的眼睛，就能在搏斗时以眼神挑衅对方，甚至摧毁对方的意志。

相关研究显示，不少相扑运动员之所以能经常获胜，并不是因为他们的技术多么出色，或与对手相比占有多大优势，而是因为他们通过赛前凝视的目光取得了心理上的优势。在他们的逼视下，对手往往会产生畏惧的心理，并最终在战斗中失败。

生活中，一个人的威严感或者震慑力，往往不是因为他们的身体多么高大，而是因为他们的眼神可怕。所谓英气逼人、目光如刀，说的就是眼神的威力。

高傲的眼神

爱默生曾经说过这样一句话："人的眼睛和舌头所说的话一样多，不需要字典，却能从眼睛的语言中了解整个世界。"事实也的确如此，眼睛是心灵的窗户，它与一个人内心的思想感情有着密不可分的关系。很多时候，一个人内心的思想状况和情绪状态会通过他的眼神表现出来。所以，通过观察一个人"心灵的窗户"——眼睛语言，可以在一定程度上对他有个大概了解和认识。

在日常生活中，我们常常会遇见这样一种人，他们在与人交谈时，总是会习惯性闭起眼睛不看对方，或者是用眼光从上到下不住地打量对方，他们的这种态度往往会使对方感到非常不舒服。这种人为什么要用这样的眼神看待对方呢？原因很简单，他们之所以会这样做，是企图把对方排除在视线之外，或是表达对对方不感兴趣，甚至是轻蔑和审视。不可否认，他们闭眼的姿态或是轻蔑和审视目光，有时候是无意识的，但这恰恰反映了他们心底那种高人一等的优越感和自大感。

一般来说，这种人在与人谈话时，闭眼的时间可能长达两秒左右，这就大大超出了平常人一般的闭眼时间（闭眼时间不超过一秒）。如此一来，就会导致交谈双方信息交流中断。这就表明他们试图通过视觉信号的暂时切断来避免看见对方。他们在上下打量对方时，其时间一般长达数分钟，甚至在整个谈话过程中，都一直上下打量着对方。他们所有这些眼部动作，向对方传达了这样一个信号——“我高你一等！”当然，他们这种高傲的眼神，往往会遭到对方的鄙视，有些时候还可能自讨没趣。

需要注意是，一些高傲、自大心理较为严重的人，除了用闭眼、上下打量对方等方式表现自己的优越感以外，有些时候他们还会把自己的头仰起来，用鼻孔来“看”对方，以示对对方的轻蔑态度。所以，在与人交谈时，你如果发现对方在用鼻孔“看”着你，你最明智的做法就是立即停止和他的交流，以免让自己处于难堪的境地之中。

大多数骗子会直视你的眼睛

我们都知道这样一个常识，当一个人向另一个人说谎时，他往往不会正视对方的眼神，而是将自己的视线移向一边。那么我们是否可以就此认定，当一个人和另一个人谈话时只要他敢于直视对方的眼睛，他就一定没有对对方撒谎呢？先暂不回答这个问题，一起来看心理学家下面这个实验。

实验中，心理学家把参加实验的人员分为甲、乙两组，并让甲组的人对乙组的撒谎，同时，心理学家还要求甲组中85%的人在撒谎时一定要看着对方的眼睛。随后，心理学家把甲、乙两组人员的撒谎过程进行了录像。录像完毕后，心理学家来到一家电视台做了一期“你能识别哪些人在撒谎”的谈话节目。让台下观众看完录像节目后，心理学家便开始让他们来识别哪些人在撒谎，并让他们说明各自的理由。

结果，很多观众都中了心理学家的“圈套”。在那些在撒谎时注视对方眼睛的“骗子”中，有95%的人没有被观众识破，他们认为那些“骗子”在实话实说。因为“骗子”们在说话时敢于注视对方的眼神。而在那些事先没有被心理学家叮嘱过在撒谎时要注视对方眼神的“骗子”中，有80%的人都被观众识破了。因为观众发现他们在与对方说话时眼神总是游离不定。通过这一实验，心理学家还发现，在识别谎言方面，女性的直觉比男性的更为准确一些。她们能较为准确地发现对方声音的变化、瞳孔大小的变化、眼神的变化，以及其他一些变化，而这些变化往往是说谎的征兆之一。

由此，我们也就可以回答文章开始提出的问题了，当一个人和另一个人谈话时即使敢于直视对方的眼睛，也不能保证他没有撒谎。现实生活中很多有丰富经验的骗子在行骗时，往往就会一直和对方保持眼神的交流，因为他们想如果这样做的话，对方就不会轻易怀疑他们在撒谎。事实也证明，他们那样想是对的，因为他们很多时候利用这一点成功骗取了对方的信任。这就表明，仅仅通过眼神来判定一个人是否在撒谎是远远不够的，要想较为准确地判断他是否在撒谎，除了观看他的眼神以外，还要结合他在说话时流露出来的一些其他动作才可能得出一个较为准确的判断结果。

一般来说，如果一个人（尤其是陌生人）和你对视的时间占了你们交流总时间的一半以上，你就应该注意了。因为这往往包含有这样三层意思：

（1）他可能对你有所企图，比如想从你那儿知道某个消息或是确认某件事情，但又不好意思开口，于是采用此种方式来暗示你告诉他。

（2）他可能在向你撒谎，他之所以长时间和你进行眼神交流，就是想制造一种假象，让你觉得他说的全是实话。

（3）他对你充满敌意，很有可能会向你挑战。

眼睛斜视的意义

在人们交流的过程中，双方身体语言使用得最多的是“眼神”。研究资料也证实，人们在谈话时（盲人除外），他们眼神的作用，往往会超过有声语言。很多时候，一些说不清、道不明的思想情感，可能一个简单的眼神却能将其表达得清清楚楚、明明白白。

在与人交流时，我们有时会发现对方用斜视的目光打量着我们，这是什么意思呢？一般来说，一个人用斜视的眼光打量对方通常有这样三种意思：

（1）表示自己对对方所说的很感兴趣。当一个人在与对方交谈的过程中，如果他发现对方很有趣或是很有吸引力，他就会用斜视的目光悄悄地打量着对方，同时还会扬起眉毛或是露出浅浅的微笑。这常被用来作为求爱的信号。

（2）表示不确定的犹豫心态，当一个人与他人进行交流时，如果他对对方所说的话感到有些疑惑，或是需要自己作出决定但又有很多不确定的因素客观存在着。此种情况下，他就会用斜视的眼光看着对方，同时把眉毛向上拱起，试图在讯问对方“你说的是真的吗？”或是试图告诉对方，“抱歉，我现在还不能作出决定”。

（3）表示敌意或轻视的态度，一个人和对方交流时，如果他对对方抱有一定的意见，或是自我感觉非常良好，那么，在与对方进行交流时，他就会故意用此种眼神看着对方，同时把嘴角向下瘪着或是瘪向一边。这也是斜视最常见的含义。

由此可见，当一个人在看别人时，最好不要用斜视的眼光去打量对方，以免引起对方的不快。

留心他人延长眨眼的时间

一般来说，在正常的条件下，一个人眨眼的频率是每分钟 1~3 次，每次闭眼的时间也仅仅为 1/10 秒。但是，在某些特殊的情况下，为了某个特定的目的或是为了表达某种特殊的情感，一个人可以故意延长他眨眼的时间。

如果你凑巧遇到某个人对你做出此种姿势，就得留意他此举的含意了。

心理学家通过研究发现，当一个人心理压力忽然增大时，他眨眼的频率就会大大增加。比如，正常条件下（职业骗子除外），当一个人撒谎时，由于害怕自己的谎言被对方揭穿，他在说完谎话后，其心理压力会骤然增大，相应地，他眨眼的频率会大大增加，最高可达每分钟 15 次。所以，你在和某个人谈话时，如果你发现他老是不断地眨眼睛，说话也变得结结巴巴，你就得留心他所说内容的真实性了。

如果一个人故意延长眨眼时间，往往意味着他对对方已失去了兴趣，或是对对方感到厌烦了，再或是他感觉自己比对方要“高一截”。他们之所以要有意延长眨眼的时间，就是想通过此举阻止对方进入他的视线之中，或是把对方从他的视线中清除出去。所以，他们在看对方一眼后，往往要把眼睛闭上2~3秒，甚至是更长的时间。如此反复数遍，直到对方察觉他的意思为止。

很多位高权重的人尤其喜欢用此种方式来看那些没有地位和权势的普通人，有些时候，他们还会倾斜着头来看，似乎想看出对方身上所有的卑微和胆怯。不过，一旦对方用直视的目光看着他们时，他们往往又会显得手足无措。

一般来说，员工和老板谈话时，如果发现老板眼睛老是一开一闭，就得小心了。因为这就表明老板对该员工的回答可能不太满意。为了让老板改变此种姿势，他可以这样做：改变谈话方式，重新引起他的注意，为此，可以在老板闭眼的过程当中，迅速地向左或向右跨一步。当他睁开眼的时候，就会产生一种错觉，认为你已经出去过了，现在又重新进来了，这样往往能让他开始留意你说话的内容。当然，如果是因为老板自视高傲而故意对你延长眨眼时间，也就没有必要采取此种方法了。

游移不定的视线

当一个人被置于陌生的环境中，他一定会感到不安全，并想尽快逃离此地。于是，他会四处寻找逃脱的途径。可想而知，那时他的眼光肯定是游移不定的。反过来，如果某人的眼神四处游移，那么，他肯定感到了某种不安，想尽快摆脱当前的处境。

当某人和一个令他极为讨厌的人待在一起的时候，自然会产生赶快摆脱的念头。此时，他肯定会望向别处，寻找逃脱的门路。可是，如果这个人是他不便得罪的人，赤裸裸想逃脱的视线一定会让对方不快。于是，他不得不克制自己的情绪，尽可能不把视线从那个人身上转移，以免让对方看出自己对他毫无兴趣。如此一来，便出现了这样的矛盾，情感上想尽快逃离，理智上强迫自己看着对方，为了掩饰内心真实想法，有时他甚至会发出微笑来假装对对方感兴趣，只不过这种微笑有别于真正的开心，通常是双唇紧闭的。

要是在交谈中发现这种眼光，你应该理解对方对你何等厌恶，还是知趣点，尽快结束谈话，以免更多的尴尬。

3 种常见的凝视对方的方式

米歇尔·阿基利认为，一个人在与他人进行交谈的过程中，视线朝向对方脸部的时间占据双方谈话时间的 30%~60%。事实也的确如此，和一个人进行交流时，能否以凝视的目光看着对方的脸部将在很大程度上决定他们最终的交流结果。

由此可见，凝视在双方交流过程中的重要性，那凝视的方式具体有哪些呢？一般来说，在日常生活中，人们使用得最广的是下列三种凝视方式。

其一，社交性凝视。此种凝视方式使用得最广，也最为常见。常用人群有普通大众、老板、员工、经理，以及经商人士等。当一个人的视线落在对方眼睛水平线下方的时候，就会形成一种典型的社交气氛。其凝视的重点主要集中于对方双眼和嘴部之间所形成的三角地带。以此种方式看着对方，就不会让其产生压力或有不舒服的感觉。这就有利于双方在一种亲切、友好、宽松的氛围中进行交谈。

其二，亲密性凝视。此种凝视方式使用得也较为广泛。常用人群为陌生或熟悉的青年男女，再或是亲人、密友之间。一般来说，此种凝视从双方的双眼开始，越过下巴，直至身体的其他部分。具体来说，其凝视过程如下，当一个人从较远处接近另一个人时，他往往会迅速扫视对方的脸至胯部之间的区域以确定对方的性别，然后再次打量对方来确定自己对对方的兴趣有多高，并将凝视的重点集中在眼睛、下巴以及腹部以上的部位。如果双方的距离较近，那么双方彼此凝视的焦点主要集中在眼部和胸部之间的亲密区域之内。青年男女往往就是用此种凝视方式来表情达意，一方在做出此种凝视姿势后，如果另一方有意，就会报以同样的凝视。

其三，富有震慑力的凝视。此种凝视方式多用于较为严肃和正式的场合之中。多用于老板和员工、老师和学生、上级和下级、相互较量的对手之间，以及其他一些人群中。一般来说，此种凝视方式主要集中于对方前额正中的三角地带，这不仅会使气氛变得紧张、严肃。更能对对方心理产生威慑作用。一般来说，只要你把自己的目光定格在对方前额正中的三角地带，你也就能掌握谈话的主动权，或牢牢控制住对方了。所以，很多成人在吓唬自己的孩子，或是老师教训犯错误的学生时，就十分喜欢使用此种凝视的方式，这往往能达到“此时无声胜有声”的效果。

需要注意的是，凝视作为一种无声的语言，一旦运用不好往往会事与愿违。所以，在使用这一特殊“体语”时，应注意下面这样几个事项。

（1）和对方对准视线。无论是何种方式的凝视，都应和对方对准视线，切不可将眼神游来荡去，或是将头转向一方，这会让对方觉得你在有意避开他。如此一来，双方的交谈极有可能会不欢而散。

（2）焦点放在对方的脸部。一般来说，与对方进行凝视时，应将注目的焦点集中在对方脸和下巴之间的区域，这会让对方感觉很轻松、自在。虽然我们平常强调与别人进行谈话时， 应该注视着对方的眼睛，但如果长时间盯着对方的眼睛看，肯定会让对方感到很紧张和不舒服。

（3）不要长时间将目光凝聚在对方某一部位。很多人在凝视对方时，最易长时间盯住别人某一部位，这其实是不礼貌的。此外，有研究证实，凝视时间超过 10 秒钟以上时，双方之间极有可能会产生不安的气氛。所以，在凝视别人，尤其是男性凝视女性的时候，眼睛不应该静止在某一部位，而应缓慢而适度地移动着。

（4）视线不能突然很快移开。在很多较为高级的场合中，如果一个人凝视着对方的时候，被凝视的一方慌慌张张地把视线转移到一边，这往往会让对方觉得你是一个胆怯、懦弱的人。所以，不管身处何种场合，与别人视线相触时，最好不要突然很快移开，而应缓慢而从容地把自己的目光转向一旁。

第二章
笑容背后寓意深，通过笑容和笑姿识人个性

传达信息

微笑着注视对方的人更能给人留下好印象。英国研究人员发现，人们通常会认为那些微笑着注视自己的人更具有魅力。

在生活中，想必大家都会意识到人与人之间目光接触的重要性。当你慌乱时，一个肯定的目光会让你感到心安；当你迷茫时，一个关注的目光会让你感到坚定……目光相交的那一瞬可以产生很多的效果。即使是陌生人的微笑，也有可能让你的一天顿时变得灿烂起来，让你觉得不再孤独。

微笑往往意味着接纳、关注和肯定，别人的目光会增加我们的存在感，让我们觉得自己是被某个人、某个群体所接纳的，而不是被排除在外。

心理学家要求志愿者评价呈现在电脑屏幕上的两张人脸图片哪个更有魅力。为了消除人脸的物理特征对偏好的影响，每次呈现的两张图片都是同一个人的照片，只是面部表情或者眼睛的注视方向不同。实验结果发现，志愿者认为那些微笑的脸更有魅力，并且那些注视着志愿者尤其是异性志愿者的

脸比注视着其他方向的脸具有更高的“魅力指数”。这说明人们很注重她(他)的眼睛注视的方向，伴随着微笑而注视对方，是融洽的会意；伴随着皱眉而注视他人，是担忧和不安。

女性更喜欢微笑可能是天生的。研究发现，人在群居生活时欢笑的次数是独处时的30倍。同时，他还发现，与各种笑话以及有趣的故事相比，和他人建立友好的关系这一目的与笑声的联系似乎更加紧密。在引发我们大笑的各种原因当中，只有15%来自于笑话。

人们用嘴角上扬的表情来表达心中的快乐之情，与此相反，当人们不开心的时候，他们就会表现出一种嘴角下垂的不高兴的表情，也就是我们常说的撇嘴。只要感到不开心、沮丧、绝望、愤怒或紧张，人们的脸上就会浮现出这样的撇嘴表情。然而，如果一个人总是把这种负面、消极的表情写在脸上，久而久之，他的嘴角就会永远保持一种下垂的状态，看起来总是一副没精打采的沮丧样子。

波士顿大学的马文·海切特和玛丽安·拉·弗朗斯进行了一项研究。其结果显示，在面对主管和上级时，无论是在气氛友好的前提下，还是在不友好的紧张气氛当中，下级人员都会面带微笑；而主管和上级人员在下级面前，只会在气氛友好的前提下才会露出微笑。

这项研究还表明，无论是在社交还是在职场交往中，女性微笑的频率远高于男性，而这也就在无形中使微笑的女性在面对不苟言笑的男性时居于弱势或下属的地位。有的人认为，正是因为女性笑得更多，所以长久以来她们才会一直被置于男性之下的从属地位。不过，有研究显示，早在出生8周之时，女婴笑的次数就远远多于男婴。研究显示，将出生8周的男婴和女婴作比较，女婴比男婴笑的次数更多，长大后，我们会发现，在日常生活和工作交往中，女性微笑的频率也远远高于男性。有人认为，这是一个男权社会，女性笑得多表示她们对男性权威的顺从。但是，当尚处在婴儿时期时，女婴比男婴微笑的频率就高，这似乎无法解释女性顺从于男权社会的自我意识。更合理的解释可能应当从人类进化来说，因为女性天生就扮演着哺育者和安抚者的角色，而微笑正好与这一角色的特性、功能吻合。所以，微笑这一特征很可能是天生的，而非后天培养所致。

美国加州大学的社会心理学家南希博士做了一个实验，他让两百多名实验者看了一些表情各异的男性和女性的照片，之后让他们对这些表情和人物魅力进行评判。

结果发现，没有面带微笑的女性大都被认为是心情不高兴，而男性表情严肃、面无微笑却被认为是比较有权威感。由此可见，女性生来就笑得更多，而且人们潜意识里要求她们笑得更多。要想和别人的交往有积极的效果，使自己更具魅力，女性应当笑得更多。

微笑是人与人沟通的最佳途径。

玛丽大学毕业后去参加一家航空公司的招聘，与其他竞争者相比，她并没有什么明显的优势。可出乎意料的是，她最后竟然被录取了，这其中的奥妙究竟是什么呢？那就是因为玛丽的脸上总带着微笑。在面试的时候，有一件事令玛丽困惑不已。主考官在讲话的时候经常故意把身体转过去背对着她。事后玛丽才知道，原来这位主考官不是不懂礼貌，而是在体会玛丽的微笑，因为玛丽应聘的职位是电话语音服务，是有关预约、取消、更换或确定飞机航行班次的服务。那位主试者微笑着对玛丽说：“小姐，你被录取了，你最大的资本就是你的微笑，你要在将来的工作中充分运用它，让每一位顾客都能从电话中体会你的微笑。”虽然可能没有太多的人会看见她的微笑，但他们通过电话，可以感知到电话线另一端玛丽的微笑。

一家著名公司的高管曾说道：“我宁愿雇用一个低学历但却有愉快笑容的女孩子，也不愿雇用一个郁郁寡欢的高学历者。因为微笑是员工的基本要求，也是公司最有效的商标，比任何广告都有力，只有真诚的微笑才能深入人心。”

在现实生活中，没有谁会无缘无故地拒绝别人的笑脸，微笑在人际交往中具有不可替代的神奇魔力。特别是在服务行业中，微笑是最好的财富，微笑是最简单、最省钱、最可行，也是最容易做到的服务。微笑服务是服务态度中最基本的标准，是把握服务热情度最好的外在表现形式，微笑给人一种亲切、和蔼、礼貌的感觉，加上适当的敬语会使客户感到宽慰，微笑也是尊重客户的一种极好的方法。

微笑还是一种顺从的信号。一项新的对人类的近亲黑猩猩所展开的研究显示，黑猩猩的微笑功能不仅仅限于表达幸福、开心的心情，它还传达了表示顺从的信号。

研究发现，黑猩猩的笑容一般有两种：一种是较为温和的笑容，它们常常将下颌张开，露出牙齿，而嘴角很自然地往后拉伸，照这几个动作来做，我们就会发现这其实正是人类的微笑表情。这是黑猩猩见到头领时经常会做的一个表情，这种笑容按动作的情境来看，表示的正是黑猩猩对自己的统治者的敬畏和恭顺之意。试想在日常工作环境中，当我们见到自己的领导时，对着领导微笑所表示的是不是也有着尊敬和顺从的意味呢？其中的道理是相通的。对领导表示出顺从意思，有助于获得更好的工作关系。黑猩猩还有另外一种笑容——“调皮嬉闹的表情”。它们会把牙齿外露，嘴角和眼角都往上提升，表情比温和的笑容挂在脸上时的动作幅度要大得多。

社交场上还有一种广泛流传的“不+微笑”策略。所谓“不+微笑”策略，就是面带微笑地拒绝对方。这个策略经常被女士们用到，而且是屡试不爽。为什么这个策略如此简单却又这么成功呢？因为这是一组相互矛盾的信号，微笑代表着高兴，而“不”又是明确的拒绝。这两个自相矛盾的信号同时出现时，会使对方陷入茫然失措的境地。当你想拒绝对方的请求又不希望因此破坏了双方的关系，不妨使用这个“不+微笑”的策略。

通过笑声大小看人

笑对普通人来说，往往是欢快轻松的，但对心理学家而言却是一件严肃的事情，因为笑能透露人的性格。笑虽只有声音的差异，却是最能够表达沟通意图的“语言”。一个人的笑声可以反应出一个人的性格特征。美国有一位心理学家经过多年的调查研究，把人类的笑声分出几个类型，并分析各种类型的心理出发点：

1. 哼哼的笑

这是从鼻子里哼出来的，因为一个人要忍住笑，最后只好通过鼻子来“笑”。他们明明想笑却又倾向忍住不笑，显示为人怕羞，不想被他人注意，这样的人同时也是谦虚体贴的，喜欢按部就班地做事。因为平时很重视身边的人的感觉，所以身边的人也会喜欢他们的细心。

2. 呵呵的笑

这是深深地从肚子里发出来的笑，显示这个人并不是自卑保守的，性格开朗，喜欢冒险，善于抓住机会。此类型的人比较内向，容易害羞。但心思缜密，做事不会透露内心想法。常常看到别人看不到的事情的有趣一面。因为很会掩饰内心，往往可以委以重任。很多人在没有信心或心情不愉快的时候，会用“呵呵呵”的笑声来掩饰内心的反感。有这种笑声的人一般是比较温和的人，不会给人带来太多的压迫感。另外，人们在心浮气躁或者身体疲倦的时候，也会发出这样的笑声。

3. 笑起来发出“哧哧”的声音

发出“哧哧”的笑，这是一个乐天派的人，对生命的展望充满活力，对未来也充满了美好的想象。他们的创造力和想象力都很强，偶尔还会做出惊人的举动，却不会让人产生反感的情绪。同时他们还极富幽默感，一旦树立目标，就会朝着目标奋勇前进。这样的人大多是爱好欢乐，喜欢看到好笑的事物被放大夸张。

4. 嘿嘿冷笑

如果一个人总是冷笑，就说明这个人属于阴险狡诈的类型。与这样的人交往尤其是做生意，很难取得让人满意的结果。而另外一种喜欢冷笑的人则是那种玩世不恭的类型，他们自以为看透了人生百态，就不再有所追求，于是就游戏人生，过着“今朝有酒今朝醉”的生活。

5. 哈哈大笑

在高兴的时候会发出“哈哈”的笑声，这大多是所谓的豪爽型的人，因为一般人很难发出这样的笑声，而且这也说明这个人身体状况极佳，才能有这样的笑声。这是一种高声的笑，即便在嘈杂的环境之中也能听到。这么笑的人说明他不压抑自己，是那种天生的聚会上的灵魂人物，他们喜欢讲笑话，当面临一个问题时，他们往往智勇双全地解决困难。同时，他们做事公平，不会嫌贫爱富，也不会吃软怕硬。当别人做错事，他们不会斤斤计较。他们的幽默感会在不经意间给周围的人带来欢乐。此外，他们还有着出众的同情心，并且不会因别人取得的成绩而嫉妒。因为这样的性格，他们往往是人群中最受人喜欢的类型。同时，这种笑声带有威慑感，会震慑他人，容易使人心生警戒。

6. 放声狂笑

有的人平时很少笑，但一旦笑起来却是一发不可收拾。别看这样的人经常在陌生人面前表现木讷，看起来不易接触。实际上此类人是冰与火的结合体，对生人冷淡，对熟人热情奔放。熟悉他们的人都知道此类人至情至性，讲义气，重感情，甚至不惜为朋友两肋插刀。因此他们的人缘是比较好的。

7. 笑声柔和

这样的人待人随和，遇事冷静。他们性格沉着而稳重，比较明事理，也善于说理，能够很好地化解矛盾和纠纷。一般能够站在对方的立场为他人考虑，在大是大非面前能够保持头脑的清醒和冷静。因此人际关系处理得比较好，而且还善于化解矛盾和纠纷。

8. 笑声让人不舒服

这种人的性情不仅冷淡，而且比较现实和实际，自己不会轻易为身边的人有所付出。他们察言观色的能力比较突出，思维比较缜密，能观察到他人心里在想些什么，然后投其所好，待机行事。

9. 笑声尖锐刺耳

这种人生活态度乐观向上，为人比较忠诚和可靠。他们的感情比较细腻和丰富，有着良好的人际关系。这样的人具有一定的冒险精神，精力充沛，喜欢旅行。

10. 经常发出不同笑声

这样的人根据不同的场合而发出不同的笑声，他们大多是比较现实的，做事思维敏捷，适应环境的能力比较强。

11. 只是微笑但并不发出声音

多数是内向而且感性的人，他们的性情比较温柔、亲切，能够给人一种很舒服的感觉，属于比较好相处的人。但是他们也比较情绪化，容易受到他人情绪的感染或者被他人打扰。

通过笑容和笑姿看人

笑容的力量是无穷的，一个能时时展现出迷人笑容的人自然也拥有无穷的魅力。达·芬奇的传世名画《蒙娜丽莎》之所以让人难以忘记，原因之一就是画面人物那神秘的微笑。那永恒的微笑使人看上去心情舒畅，顺理成章地令人对她产生好感。笑的本质应该是愉快的情绪表现，但有些时候，痛苦到极点或感觉无可奈何的人也会用大笑来发泄闷气。可以说，笑是最常见的表情，也是含义最复杂的身体语言。

1. 普通的笑

这类笑容很平常，不特别，不会太大声，显示这个人喜欢群众。这样的人往往努力工作但不争功。他们做事很有耐性，善始善终，心地善良而又可靠，是非常值得交往的朋友。

2. 附和别人的笑

笑时慌张并戛然而止，看看别人继续笑便也跟着笑。这是自卑感的表现，说明缺乏自信，笑也怕笑得不对。他们的性格一般都乐观开朗，但做事没有主见，容易人云亦云、随波逐流。这样的人应改变一下自己的观念，用不着太担心别人对自己的看法，每个人都有笑的权利，即使别人不笑，也一样可以笑。

3. 偷偷地笑

经常偷偷微笑的人，大多数是内向型，他们比较保守，不愿意在众人面前夸张地表现自己，多数时候显得腼腆。在工作中他们心思缜密，考虑问题十分的周全，面对各种情况都能冷静地作出判断。在交际中，他们并不喜欢轻易地将自己的内心展示给别人，而且由于他们强大的个人能力，他们对朋友的要求很高。不过一旦与他们成为朋友，他们就会与你肝胆相照。

4. 轻蔑的笑

笑时鼻子向天，神情轻蔑，往往是人人在笑他也不笑，或只是逢场作戏似的干笑几声。这样的人看不起身边的每一个人，表面上是自视甚高，这其实是自卑感在作怪，要把他人压低而抬高自己，他们几乎没有交心的朋友。

5. 掩口而笑

这个动作也是源于人内心的自卑感，不过也有其他的可能，就是一个人认为自己牙齿不好看或自知口臭。如果没有这些毛病，就是发自内心的自卑，就与紧张的笑相同。

6. 笑不出声

这样的人只是微笑，一般不会发出声音。他们大多内向感性，性格忧郁低沉，容易受到外界的感染，做事情绪化的倾向比较明显，有浪漫主义色彩。但他们待人亲切温柔，给人以舒服的感觉。

7. 笑中带泪

这看上去似乎是两个矛盾的表情。当一个人笑得很剧烈，以至于笑出眼泪时，说明此人具有真性情并有善心，他们在生活中通常是乐观向上并且胸无城府，他们会在自己力所能及的范围内给予别人最大的帮助并不求回报。

8. 笑不可支

这样的人大多性格开朗、乐善好施。他们总是把喜怒哀乐挂在脸上，为人直爽，做起事来不拘小节、大大咧咧，因此从来不乏朋友。

9. 肆无忌惮的笑

平时看起来沉默少语，笑起来却一发而不可收拾的人是最适合做朋友的。他们通常十分看重友情，在陌生人面前比较沉默，显得不够热情、不够亲切，但一旦真正与人交往，成为朋友，他们就会以真诚相待，而且活泼热情。基于这一点，很多人都乐于与这样的人相处，他们自己本身也能够营造出比较和谐的社会人际关系。

10. 笑起来断断续续，听起来很不舒服

这样的人性情大多是比较冷淡而漠然的。但是他们的观察力相当敏锐，能准确地观察到他人心里的真实想法，然后投其所好，择机行事。

11. 捧腹大笑

他们大多心胸开阔，当别人获得成功的时候，他们会真心祝愿，很少产生嫉妒的心理。这样的人性格多是直率而且很真诚的。他们往往能够直言不讳地指出朋友的缺点，也会在自己的能力范围之内，对他人的需要给予帮助。他们是不折不扣的行动主义者，一旦想起了要做的事情，或者决定要做某件事情，就会马上付诸行动，非常果断迅速，绝不拖泥带水。在别人犯了错以后，他们会指出来，但是也会给予最大限度的宽容和谅解。他们比较有幽默感，总是能够让周围人感受到他们所带来的快乐，因此他们身边总是围绕着很多的朋友。

12. 龇着牙笑

这种人一般没有真情实感。龇着牙笑是一种很典型的假笑，这样笑的时候，一般是没有表现出自己的真情实感的。如果一个人说着“别为此担心”或者“没什么大不了的”这样的话语时，却流露出这种面部表情，那就表明其实他们真正的想法正好相反。

FBI 接到了一个报案，说美国一个知名的投资银行在短短一周内丢失了近 200 万美元的资产。这个投资银行的行长在仔细地查看了银行间的业务往来之后没有发现任何异常，可是账面上确实少了 200 万美元。

FBI 对该行的业务交易清单进行了调查，也没有发现任何异常问题，于是，他们怀疑是银行的业务数据遭到了篡改。FBI 很快就把负责该行所有管理资产的人都找了出来并一一进行讯问，却一直没有丝毫突破，没有找到任何线索。

正当 FBI 感到一筹莫展的时候，投资银行的行长提供了一条信息：在资金失窃之前，他们曾经让一名银行数据库工程师对该行的数据系统进行了升级和维护。于是FBI很快就找到了这名工程师，经过审问之后，FBI发现这名工程师有许多疑点，而且也具有作案动机和作案条件，但是这名工程师却一口否认，而且并不多说一句话。就在FBI打算如果再找不到证据，在3个小时之后就会将他释放时，这名工程师露出了一丝微笑，带有了明显的轻视意味。于是FBI立马针对这名工程师进行了更深层次的讯问。他们还请来了一名犯罪心理学专家，就在专家到来的时候，这名工程师又龇牙笑了一下，于是FBI断定，这名工程师肯定有问题。最终在犯罪心理学家的协助下，FBI攻破了这名工程师的心理防线，侦破了案件。

识别真笑和假笑

笑是人们日常生活中用得最多的表情之一。在社交场合，微笑是最好的“润滑剂”。美国精神病学专家威廉·弗莱因博士强调：生活里不能没有笑声，没有笑，人们就容易患病，并且容易患重病。可是，有的笑发自内心，有些笑却是伪装出来的。英国一名心理学家发现，真笑和假笑不仅可以凭借面部表情判断出来，还可以通过面部表情分析人们的内心世界。但是，形形色色的笑容并不都是发自内心的。日常生活中，你有没有遇到过这样的囧事，明明做了令对方反感的事，人家不好意思直接说，“友好”地笑笑，我们还以为对方是真心地高兴，结果就好心办了错事。生活中，真笑和假笑有时确实很难辨别，但是假的真不了，虚假的笑容到底有哪些破绽呢？该如何区分真假笑容呢？

科学家很早就开始研究真笑与假笑的区别了。早在1862年，法国解剖学家杜彻尼·博洛尼便在其著作《人体生理机制》一书中提到这个问题。说起来有些恐怖，杜彻尼使用的实验品大多源自断头台。他使用“电生理和放大的技术”，对头颅每一部分的肌肉的细小变化和其带来的面部褶皱进行分析。他发现欢乐的情绪表达在颧骨肌肉和眼轮匝肌上，前者可以被有意识地控制，后者却只能为真实的快乐驱使。眼周的肌肉是情绪的真实传达者，不受我们的控制，虚假的笑容是无法引起眼轮匝肌收缩的。于是，这种让面部颧骨肌肉和眼周肌肉发生变化的“真笑”，被命名为“杜彻尼微笑”。

不少科学家都想努力证明“杜彻尼微笑”的真实性，证明情绪真的能控制面部肌肉。有科学家通过实验发现，当人们观看喜剧时，颧骨肌肉和眼轮匝肌就会收缩，也就是出现了“杜彻尼微笑”。并且，积极情绪也和“杜彻尼微笑”的频率密切相关。难道欢乐的情绪真的能够控制面部肌肉？

对此，美国加州大学心理学家保罗·埃克曼教授和肯塔基州大学的华莱士·法尔森教授进行了多年的研究。最终，他们设计出一整套识别人类面部表情的编码系统，能够成功破解人们的真实表情，其中就包括真笑和假笑。他们的研究成果被编剧们搬入热播美剧《别对我说谎》，受到观众的追捧。埃克曼教授也在2009年5月列入美国《时代》周刊“全球最有影响力100人”名单。

他们通过大量临床实验得出结论：喜悦产生的真笑与故意收缩面部肌肉引起的假笑是不一样的。

真笑时嘴角上翘、眼睛眯起。此时，面部主管笑容的颧骨主肌和环绕眼睛的眼轮匝肌同时收缩。因为真心流露的笑容是自发产生的，不受意识支配，因此，除了反射性地翘起嘴角之外，大脑负责处理情感的中枢还会自动指挥眼轮匝肌缩紧，使得眼睛变小，眼角产生皱纹，眉毛微微倾斜。

假笑时只有嘴角上提。伪装的笑容是通过有意识地收缩脸部肌肉、咧开嘴、抬高嘴角产生。与真笑不同，此时眼轮匝肌不会收缩，因为眼部肌肉不受人的意识支配，只有真的有感而发时才会发生变化。有些人假笑时动作很夸张，面部肌肉强烈收缩，整个脸挤成一团，给人造成眼睛眯起来的假象。但注意，假笑时眼角的皱纹和倾斜的眉毛是没有办法伪装的。也就是说，如果遮住一个人面部的其他部位，只露出眉毛和眼睛，若是真笑，依旧能看出来对方在微笑；若是假笑，则只能看到一双毫无表情的眼睛。

儿童书籍插画家莫·威廉姆斯根据自己多年的绘画经验得出结论，如果插画人物的嘴在笑，可是眼睛却不开心，那整张脸都是忧郁悲伤的。

因此，要想辨别对方是真笑还是假笑，眼睛和眉毛是最重要的线索。

真诚的笑容能让周围的人都感受到幸福，但是，如何练就出分辨真笑假笑的“火眼金睛”呢？美国麻省理工学院的毕业生研发了一款新软件，利用这款软件就能判断出被测试者发出的笑容究竟是不是真诚的。

研究人员让被测试者进行两组不同的面部表情测试。首先让他们看一组可爱婴儿的视频，让他们条件反射地在电脑摄像头前表现出真实高兴的笑容。然后，他们又要求参与者在电脑上填写一大篇有关自己的资料，在点击“提交”键后，参与者发现所填写的资料全被删除，此时90%的参与者都不由自主地露出了沮丧的笑容。

通过两组摄像头记录的图像，研究者提取相关数据，将心理学与计算机识别结合起来，有效地区分被测试者的表情，划定真实笑容的数值范围，据说准确率高达92%。实验得出了一个规律，真实的笑容通常来得要慢一些，甚至有反复的情况发生；而沮丧的笑容通常来得快，消失得也快；此外，虽然外表看起来差不多的笑容，假笑和真笑在肌肉的表现上也不同。

其实，假笑可不是成年人的“专利”，美国马里兰大学的研究表明，10个月的婴儿也会“皮笑肉不笑”。当婴儿看到陌生人走近时，会露出没有情绪的假笑；只有母亲靠近时才会真心地微笑。

无独有偶，据英国的《泰晤士报》和《每日电讯报》报道，赫特福德大学的心理学家理查德·怀斯曼教授实施了一项测试分辨微笑真伪的能力的实验。

怀斯曼教授对英国政坛的风云人物的笑容进行了分析。每逢举行内阁会议，大臣们就会与记者打个照面，这个时候，他们大多在镜头前摆好姿势，露出笑容，让记者们拍个痛快。但怀斯曼教授通过照片和视频发现，在内阁大臣中有许多的笑并非发自内心。前财政大臣戈登·布朗的面部表情“相对稳定，没有显露出任何情感变化的痕迹，即使他内心活动非常激烈。他嘴唇紧紧闭在一起，眼帘下垂，从正面讲，这给人以一种可以信赖和可以控制局势的印象，从负面角度讲，这可以被看作相当冷酷以及没有同情心”。

怀斯曼教授还表示，英国前贸工大臣帕特丽夏·休伊特和前文化大臣特莎·乔维尔表面上看起来比较真诚，但两人都未表露出真实的微笑，休伊特那种吃惊的表情最为典型。嘴微微垂下张开，而不是向两侧撇开，就如同发自内心的微笑一样，眉毛上挑，距离眼睛很远，而两个眼睛也张得大大的。人们有时把这种表情与微笑混淆，但事实上这完全是两码事。

怀斯曼教授还说："乔维尔的微笑一看就知道是装出来的，但她表现得相当老练和职业，如果不仔细看，你还真不容易分辨出来。她的嘴向两侧撇开，试图制造一种咧开嘴笑的效果，而且她的眼睛周围还有真笑时那种皱纹。但是，她的眉毛向下垂，使鼻尖周围有折皱。这种折皱更可能是假笑而不是真笑产生的效果，而整张照片看上去都是在故作姿态。除非你了解这种假象，否则这肯定会给人留下好感。"

最真实的笑容来自前教育大臣鲁思·凯利。怀斯曼教授说："这可能是真笑的最佳例子，我估计她可能发现了真正滑稽或愉快的事情，否则不会笑得这么自然。嘴唇张开，更为重要的是，眼睛也明显释放出微笑的痕迹。把嘴捂起来，只看双眼，它们看上去积极而又高兴，因为眼睛周围的肌肉紧绷，眼睛和眉毛之间的皮肤向下垂，眼角周围也显露出折皱。"

日本的心理学家用特制的仪器来测量人类的笑容，还为它制定了一个专门的单位"ah"。科学家经过测量发现，不同的人笑起来释放的ah值不尽相同，儿童笑值每秒10ah，是成人的2倍。因为成年人在笑前要衡量这一举动是否合适，所以笑得就不那么自在，ah值也随之偏低。不仅如此，他们还在试验者胃部的皮肤安置感应器，尤其是在人体分隔胸腔和腹腔并起呼吸作用的横膈膜上表皮肤安置感应器，以测量肌肉的运动。因为大脑检测到的信号会通过横膈膜的运动得到直接释放。因此，通过检测人体横膈膜和其他部位的运动，研究人员能知晓一个人的笑究竟是发自内心还是虚情假意。

当然，生活中有些假笑在所难免。例如在照相时，人们总是大叫"茄子"，说这个词时，会做出笑的表情。有时，我们把下颌张得很开，露出更多的牙齿，看起来笑得更开怀。虽然最初是"为笑而笑"，但在笑的过程中我们有时真的变愉快了。

其实，现实生活中，无论真笑假笑，只要投入去笑，都对身心有益。因为开心地“真笑”时，大脑的愉快中枢会兴奋；而努力“假笑”时，这个动作也会刺激大脑中与愉快感觉有关的相关区域。所以，当感到失落、郁闷、难过的时候，不妨对着镜子，咧嘴提起嘴角，同时下拉眉毛，眯起眼睛，尽量做出一个真笑的动作，试着感受笑容带给你的放松与宽心。

不同程度的笑

笑容，即人们在笑的时候所呈现出的面部表情，它通常表现为脸上露出喜悦的表情，有时还会伴以口中所发出的欢喜的声音。

从广义上讲，笑容是一种令人感觉愉快的、既悦己又悦人的发挥正面作用的表情。它是人际交往的一种轻松剂和润滑剂。利用笑容，人与人之间可以缩短彼此之间的心理距离，打破交际障碍，为深入的沟通与交往创造和谐、温馨的良好氛围。古人曾经有言：“笑一笑，十年少”，说明适时的笑，还可以健身养性。

在日常生活之中，笑的种类很多。它们绝大多数都富于善意，但也有极少数失礼、失仪。出于实际需要方面的考虑，在此先讨论的合乎礼仪的笑容的种类。这一类笑容分别是以下几种。

含笑，是一种程度最浅的笑，它不出声、不露齿，仅是面含笑意，意在表示接受对方，待人友善。其适用范围较为广泛。此类人对待别人彬彬有礼，做事含蓄低调，但不轻易向人敞开心扉。

微笑，是一种程度较含笑为深的笑。它的特点是面部已有明显变化：唇部向上移动，略呈弧形，嘴两端稍下垂，但牙齿不会外露。它是一种典型的自得其乐、充实满足、知心会意、表示友好的笑。在人际交往中，其适应范围最广。这类人性格内向，不善言语，与人交流存在一定的困难，但注意细节，喜欢对对方言语进行分析，唯一不足就是做事时常半途而废，也因此难达愿望。但他们在手工艺、缝纫等技能方面很拿手，外语亦佳。

轻笑，在笑的程度上较微笑为深。它的主要特点是面容进一步有所变化：嘴巴微微张开一些，形状平坦，上齿显露在外，不过仍然不发出声响。它表示欣喜、愉快，多用于会见亲友、向熟人打招呼，或是遇上喜庆之事的时候。

浅笑，是轻笑的一种特殊情况。与轻笑稍有不同的是，浅笑表现为笑时抿嘴，下唇大多被含于牙齿之中且嘴角向上翘。中国传统文化中，美女是“笑不露齿”的，因此浅笑多见于年轻女性表示害羞之时，通常俗称为抿嘴而笑。

眯眼笑，笑时嘴两端向下，几乎不开口。这类人的性格倔强固执，对周围人不够坦诚，有时明知其事但假装不知而不予人语，也往往因为这个而吃亏。性情还算和气，一旦心情不好即大发脾气。他们多才多艺，有理想、有抱负，但不愿与人合作行事，因此也就很难成功。

咧嘴笑，幅度比浅笑要深，嘴边大幅张开，露出上下牙齿。这是社交场合常见的笑容，往往显得礼貌热情。在北京奥运会上，负责人认为礼仪小姐脸上“笑不露齿”的中国式笑容显得过于含蓄，不太符合西方友人的审美观念。为了适应这个全球性的盛会，就要求礼仪小姐们要露出前面完美的 8 颗牙齿。

大笑，是一种在笑的程度上又较轻笑为深的笑。其特点是面容变化十分明显；嘴巴大张，两端成平，呈现为弧形嘴，上齿下齿都暴露在外，并且张开。因为口中发出“哈哈”的笑声，所以有“哈哈大笑”一词。但肢体动作不多。它多见于欣逢开心时刻，尽情欢乐，或是高兴万分。这类人的性格豪爽粗犷，不拘小节，行为大方。但缺乏一定的耐心，一遇到困难，就知难而退，容易让人产生做事虎头蛇尾的误解。这种人可能会在经商方面有所建树。另外，大笑中有时候会蕴含着压迫感，从而起到震慑他人的作用，因此是一种经常出现在领导身上的笑。开怀大笑的人，大多心胸开阔、真诚坦率。他们富有爱心和同情心，愿意尽可能地帮助别人，在生活上为人正直，不会妒忌他人，也十分幽默，与周围人相处十分的融洽。在工作上也从不拖拉，处事果断麻利。但他们其实并不坚强，有时内心十分的脆弱，容易受到伤害。

狂笑，是一种在程度上最高、最深的笑。它的特点是面容变化甚大，嘴巴张开，嘴两端猛向上方翘，牙齿全部露出，上下齿分开，笑声连续不断，肢体动作很大，往往笑得前仰后合、手舞足蹈、泪水直流、上气不接下气。它出现在极度快乐、纵情大笑之时，一般不大多见。这类人精于社交、性情温和，能让对方感到亲切，具有冒险精神和积极的作风，乐于助人。最适合做秘书工作，善于处理繁杂事务，越繁杂反而越觉得有趣。

笑得全身乱晃的人，一般都比较单纯和真诚。这种人十分的招人喜欢，他们大多十分善良，不会为了利益出卖朋友。一旦朋友有难，就会尽自己最大努力去帮助。对待朋友的缺点，他们也会好言相劝，绝不会视而不见。所有的付出都会有所回报，他的人际关系也因此十分的出色，在他们陷入困难的时候，经常会有人出手相助。

笑出眼泪的人，他们通常感情十分的丰富，对于各种情绪都十分的敏感。笑起来不着边际，哭起来也同样惊天动地。他们内心坦荡，生活态度十分的积极乐观，有爱心也有进取心。帮助别人的时候，可以牺牲自我，并且不求回报。

不怀好意的笑

除了礼貌性的笑，还有一些失礼或病态的笑容。它们分别是：

1. 鼻笑

就是把笑声从鼻子里发出来。这通常是讥嘲或鄙视的表情。当人们在公共场合看到可笑的人或物，因为场合限制想笑而又不能笑时，只好强行忍住，把笑从鼻子里面发出。除此以外，这种笑容经常出现在性格内向的人身上。因为当他们担心自己的笑会引起其他人的注意时，通常会用鼻笑的方式来表达自己的感情。

2. 苦笑

常见于生活困苦的穷人或患者。他们明明心里难过，但表现出的是一张难看的笑脸，像是自嘲一样，自己嘲笑自己，想给别人安慰，就像自己不在乎导致苦笑的那件事。苦笑的人，通常脆弱而缺乏自信。这种笑包含了一种无可奈何而又十分复杂的情绪，很多时候算是一种自嘲。经常苦笑的人，让人感觉缺乏生气，貌似看透了世间的一切，有一股无力反抗而又身心俱疲的悲凉。他们是悲观主义者，缺乏自信，对待生活失去了本应有的热情，在怨天尤人中度日。

3. 冷笑

不是发自内心的笑，往往是对别人的观点表示不赞同和不屑时的表现。这是典型的不怀好意的笑容。冷笑的人，对他人有一种轻蔑和鄙视的态度。这种笑声出现，双方的交谈基本已经陷入僵局，气氛通常十分的尴尬。这种笑声带有攻击性，如果一个人经常冷笑，那么这个人大多十分骄傲自大，对待别人尖酸刻薄，很难获得别人的尊重与支持。

4. 傻笑

表现为特殊的憨里憨气的笑。多见于大脑发育不全和老年性痴呆等患者。有一位精神病专家指出："傻笑是早发性痴呆的一个显著而具有特征性的症状。它是不能自制的，无须任何刺激就会在任何情况下出现，且不伴情绪特色。"所以，患者虽然经常乐呵呵的，但由于智能障碍的影响，面部表情却给人以呆傻的感觉。这种特殊的憨里憨气的笑，难以引起正常人的共鸣。傻笑的人通常十分幼稚，缺乏足够的社会经验。有的人往往遇见一些并不怎么好笑的事情就笑得前仰后合，并兴高采烈地给别人讲述，丝毫感觉不到对方毫无兴致。这种人大多涉世未深，心智很不成熟，非常容易落入别人的骗局。

5. 窃笑

顾名思义，就是偷偷地笑。当一个人看到别人遭到批评或身陷尴尬，身边的人又浑然不觉的时候，他往往会使用这种窃笑的方法。因此，窃笑又被称为"幸灾乐祸"的笑容。

6. 痴笑

见于精神分裂症患者。这类患者，由于大脑功能不全，笑时不分场合、地点、人员多寡，可以独自偷笑，亦可以是狂笑。对于青春型精神分裂症来说，痴笑是一项重要特征，仿佛有感染性，往往可以引起整个精神病病房在突然之间出现热闹的笑声。但是，这种情感并不稳定，有时可突然收敛笑容，表情严肃，有时又可变笑为涕，反复无常。

7. 怪笑

多见于面部神经麻痹、瘫痪的患者。由于神经支配作用减弱或丧失，造成患侧面部肌肉松弛，鼻唇沟变浅，笑时嘴角向健侧牵拉，口眼歪斜，表情怪异。

8. 假笑

多见于隐匿性忧郁症的患者。本来他们内心的感情是忧郁的，却常对人报以假笑。有经验的医生往往会注意到，这种患者仅仅是用嘴角在笑，眼睛毫无快乐的闪光。假笑的人，他们脸上在笑，但眼睛没有笑意，内心通常会是更负面的情绪。他们在笑的时候，通常音量很小，几乎无法让人听到。这种笑大多是一种孤独而冷漠的表达，在一群人欢天喜地时，如果一个人并不觉得这件事值得如此兴高采烈，那么在别人看他时，他就会用这种假笑来附和周围的人，以掩饰自己的紧张或不满。习惯假笑的人，通常观察力十分出众，他们知道别人在想什么，自己就不会陷于被动。

9. 强笑

就是强制性笑。它是一种无法克制的笑，多见于老年性弥漫性大脑动脉硬化和大脑变性等脑部器质性病变的患者。

10. 阴森的笑

眼睛睁得较大，嘴张开并且不对称。看起来很虚伪，但目光中明显地露出敌意。

11. 压抑的笑

眼睛轻轻皱起，眼角出现皱纹，嘴部的笑容明显受到抑制。

12. 神秘的笑

降低下颌，头偏向一侧，眼角上扬，嘴巴紧闭并撇向一方。有时候这个动作还有调情的意味。

13. 攻击性的笑

一种是嘴唇向后咧，露出犬齿，有的人甚至可以露出臼齿，表情看起来像狼一样。另一种攻击性的笑则是放低下颚，只露出下面的牙齿。

14. 阵发性的笑

表现为阵发性不由自主的笑。这是由疾病引起的发笑，虽形态各异，但他们的共同特征是，笑的发生及情绪刺激不协调，成为情不自禁、无法控制的笑。正常人的笑是感情的反映，是完全能够控制的，而这种笑的情形正好相反。

15. 沾沾自喜的笑

下巴向上倾斜，紧闭嘴唇，这种笑容并不常见，但做出这种笑容的人往往因为自己身上一些过人之处而自视甚高。

16. 自以为是的笑

嘴巴咧向一边，紧闭双唇，一侧的眉毛向上挑起。做出这种笑容的人往往自我感觉良好，认为自己高高在上。因此当对方出现这种表情时，如果不是调情，就一定是瞧不起你。

开怀大笑

与微笑形成鲜明对比的就是大笑了。两者的最大区别就是眼睛和嘴。强烈的愉悦情绪一经产生，就会触发眼轮匝肌的剧烈收缩。在眼轮匝肌的强烈收缩作用下，笑容中眼睑最明显的变化是下眼睑会凸出、变短、向上提升并遮盖部分虹膜下缘。同时，由于上下眼睑的相互挤压，在眼角外侧出现鱼尾纹。由于脸颊的隆起和提升，脸颊和下眼睑之间形成笑容特有的纹路。特别细微的一个独特之处在于，大笑时眼睛的闭合更多是从下往上的，下眼睑绷紧并向上闭合为主导，上眼睑的下压动作非常小。这样的眼睑闭合形态特征只会出现在笑容中，在其他表情的眼睑闭合动作中，都是以上眼睑的动作为主导。正常的闭眼，上眼睑会垂下来，使眼睑线呈向下弯曲的弧线，而笑容中的眼睑线在眼球的正中间位置。

我们经常说，有些人生得一双笑眼，这就是因为这种特别的眼睑闭合形态，在某些面孔上会使眼睑的曲线翻转过来，呈轻微弧顶向上的曲线，因此只需要简单的两道向上拱起的弧线，就可以描绘出一双生动的笑眼。大笑也会配合剧烈的痉挛式呼吸，因此眼轮匝肌会自动收缩，以保护眼睛不受内压升高的伤害。这是一种反射动作，和咳嗽、打喷嚏、痛哭的生理机制相同。因此，笑的时候如果眼睛没有动作，就可以判定不是情绪引发的笑。仅仅将嘴角翘起，虽然能表达笑意，但那只是礼节上的需要。只要愿意，人可以在任何情绪状态下挤出微笑，但心情不好的时候，眯起眼睛来笑的难度比刻意哭的难度还要大。

笑的动作一开始，眼睛就开始闭合，而且眼睛闭合的程度与笑容的开心程度成正比。如果眼睛的闭合程度与笑的程度不匹配，我们通常判定为假笑。大笑的下半脸主导肌肉是颧大肌，强有力的收缩会将嘴角向两侧耳朵的方向拉伸，使上唇提升并拉长。可以肯定的是提口角肌、提上唇肌等其他与上唇相连的肌肉也会收缩，但这些动作并不能起到主导作用，而是在颧大肌的动作下引起的间接参与式动作。上嘴唇在这些肌肉的影响下，几乎提升到最高位置，将上齿全部露出，甚至还会露出部分上齿牙龈。牙齿的露出会增加笑容的感染力。

当然，就像我们在微笑中讨论过的，如果一个人在笑的时候只有嘴部动作而没有眼部的参与往往是在假笑一样，大笑时眼部肌肉也会有明显的变化。眼轮匝肌和颧大肌的单独收缩，都会向上提升脸颊。因此大笑时二者的共同收缩，会让脸颊在双倍力量的提拉下隆起并向上提升，表面皮肤变得光滑紧绷。笑容一旦开始，脸颊的隆起和变圆就会随之出现，等到笑容饱满之后，脸颊的提升和隆起是整张脸上最明显、变化最大的形态，呈苹果形。一个人在大笑的时候，下颚会下垂，以便配合嘴巴张大。与惊讶和恐惧不同的是，大笑时的下巴不但下拉，还会向颈部移动。下嘴唇也会被大幅拉伸，表面变平滑。上唇在颧大肌、提口角肌、提上唇肌和上唇鼻翼提肌的共同作用下提升，其提升程度充分，鼻翼两侧挤压出来的鼻唇沟也格外深长。而伪装的大笑通常不会让嘴部的形态改变到这种程度。

从眼睛到脸颊，再到嘴巴，形成标准笑容形态特征：前额和眉部松弛而自然；眼轮匝肌收缩，造成下眼睑提升、绷紧、凸出，比正常状态遮住更多的虹膜，上下眼睑呈现出挤压式闭合趋势，会在眼角处形成褶皱；颧大肌的收缩会使嘴角向斜上方拉扯，配合痉挛式呼吸的强度做出张嘴或闭嘴的形态。在自然状态下，上唇会提升，露出上齿，下唇则形态不一，下齿很少露出，即便露出，面积也明显少于上齿；两组主导肌肉的运动，共同造成脸颊隆起，看起来饱满圆润，并造成下眼睑下方的笑容沟纹。

平时话不多却放声大笑的人，他们大多是外冷内热型，是非常可靠的朋友。在与陌生人交流中，他们显得十分的内向，甚至木讷，但实际上，他们只是不适应迅速与人交心。在与他们交往一段时间以后，你就会发现，他们对朋友十分友爱，在一定的时候，可以为朋友做出牺牲。所以，虽然他们看上去并不是很爱交际，但真心想和他们交朋友的人却并不少。

微笑的力量

西方有句著名的谚语："只用微笑说话的人，才能担当重任。"大家一定都有过类似的经历，我们不喜欢某个人或者某个屋子，只是因为这个人或者这间屋子的人总是挂着一张苦瓜脸。"己所不欲，勿施于人"，既然我们排斥这样的表情，当然平时也不要总是阴沉着脸。微笑，一个不需花费任何力量的动作，有时候却能够产生巨大的力量。有这样两则关于微笑力量的故事：

一个宁静的欧洲小镇上住着一个亿万富翁，但他却过得非常不快乐。有一天，当富翁垂头丧气地在街上行走时，一个小女孩从远处走来。小女孩用她天真无邪的眼神看了一眼富翁，继而给了他一个甜美的微笑。第二天，发生了一件令所有人吃惊的事情。富翁拎着一个旅行包离开了小镇，他要到外面的世界去寻找梦想和快乐。临行前，富翁赠送给小女孩一笔价值可观的财富。富翁之所以这么做，就是因为小女孩的微笑点燃了他心中的希望，唤醒了他心中沉睡多年的快乐。

很多人无法理解，一个微笑有这么大的魔力，让富翁重获希望，让小女孩获得巨额财富。

无独有偶。在苏格兰的北部海岸，有一处伸入海中的陡峭悬崖。此悬崖地处偏僻、形势险峻，时常有轻生的人选择在这里跳海自杀，因此被当地人称为“自杀海岸”。在“自杀海岸”附近，住着一位名叫肖恩·道格拉斯的退伍上校，几十年来不断把一些自杀者从死亡的悬崖前召唤回来。这位了不起的老上校究竟凭借什么力量让自杀者放弃了疯狂的念头？说起来有些不可思议，这位驰骋疆场的军人所使用的武器就是微笑。每当老人在自己家窗口发现有人企图跳崖时，他就会悄悄走过去，彬彬有礼而又不失庄重地向轻生者打招呼：“你为什么不过来喝咖啡呢？”而那些在悬崖边徘徊的人回过头来时，看到的是一张面带微笑的善意笑脸，那慈祥、真诚、柔和、温暖的笑容，常常让对方自杀的念头瞬间土崩瓦解。此时，他会再次发出邀请：“到我家里喝杯咖啡吧，我们可以聊聊天……”就这样，肖恩·道格拉斯凭借真诚的微笑，在五十多年时间里，挽救了一百六十多条生命。他也因此被称为“和死神赛跑的人”。

微笑的力量无人能挡，人类普遍喜欢看笑脸。北京奥运会留给人们很多美好的回忆，而最具代表性的当属由焰火礼花在天空中打出的笑脸以及在世界各地搜集的笑脸。微笑是世界上最美丽的语言，正如古希腊哲学家苏格拉底所说：“除了阳光、空气、水和微笑，我们还需要什么呢？”微笑可以展示幸福、快乐、希望，它更是我们拉近与他人心理距离的重要的非语言工具。在日常生活和交往中，要想使自己更具魅力，就必须用好微笑这个法宝。

人们捕捉笑脸的速度要远远快于消极的面孔。据科学家的计算，人类可以在300英尺外看到其他人脸上的微笑，这个范围相当于一个橄榄球场的面积！

公平是法庭判决的基础，但一项研究表明，法官往往会轻判那些面带微笑的犯人。这种现象被心理学家称为“微笑宽大效应”。笑容和我们大笑时的表情很相似，这时的笑容表示发自内心的快乐，表示对别人是友善的。不论是黑猩猩还是人类，这样的笑都是为了获得积极的反馈。

研究发现，人的笑容是由两套肌肉组织控制的。第一是颧骨处肌肉，它可以带动嘴巴微咧，双唇后扯，露出牙齿，面颊提升，然后将笑容扯到眼角上。第二部分肌肉是眼轮匝肌，它可以通过收缩眼部周围的肌肉，使眼睛变小，眼角出现褶皱，也就是人们常说的“鱼尾纹”。

颧骨处的肌肉是人们可以有意识地控制的，在没有开心的事情发生时也可以调动这部分肌肉来制造出虚假的笑容。但是，眼轮匝肌却是不受人们的意识主动控制的，因此，它调动起的笑容一般都是发自内心的真心笑容。

要想看一个人的微笑是否发自内心，我们可以看他微笑时眼角是否有“鱼尾纹”。因为敷衍或虚假的笑容只能引起双唇四周肌肉的收缩，而发自内心的开心不仅会使双唇后扯，嘴角上提，还会带动眼轮匝肌的运动。只有这种发自内心的微笑才能感染别人。

如果在一个团体中，有一两个人情绪特别积极高涨，不一会儿之后，整个团体的人都会情绪高涨起来；而假如一个团队当中有那么一两个人情绪低落，他并不会对整个团队的情绪影响太大，除非这个团队是以他为核心的。由此可见，微笑及高兴的情绪所引起的正面反应，会比焦虑或低沉的情绪引起的负面反应的力量要强大得多，也就是说微笑具有压倒性的传染力。一个小孩平均每天会笑 400 多次，而成人则只会笑 15 次左右，这也许正是小孩为什么能给人带来更多快乐的原因吧！

通过微笑辨别谎言

谎言在日常生活中极其普遍，有人曾经统计过，平均下来，每个人在 10 分钟内要撒 3 次谎。与之相比，美国麻省大学的一位心理学家所说的每人平均每日最少说谎 25 次还比较容易令人接受。之所以这么频繁，是因为谎言会掩盖人的真实想法。绝大多数人都无法准确地区分真笑与假笑，而且只要看见有人冲我们微笑，我们大都会有一种满足感，而从来不会去思考这笑容究竟是真还是假。由于微笑具有让人放松戒备，消除敌意的作用，所以大多数人常常错误地把它当成撒谎者的专利。

埃克曼教授的一项研究表明，当人们刻意由谎言掩盖事实真相的时候，大多数人的表情都会比平时更加严肃。埃克曼相信，这是因为撒谎者大都意识到了这样一个事实：大多数人都会把微笑和谎言联系在一起，所以他们会有意识地克制自己，尽量不露出笑容。撒谎者的笑容出现速度比发自内心的真笑要快，而且持续的时间也更长，看上去就好像是戴着一个笑眯眯的面具。

人维持一个正常的表情会有几秒钟，但是在“伪装”的脸上，真实的情感会在脸上停留极短的时间，所以你得小心观察。一个有代表性的事件就是在莱温斯基事件中，美国前总统克林顿每次说到莱温斯基时，前额都微微皱一下，然后迅即恢复了平静。另外，当一个人在自以为撒谎成功时，会不自觉地嘴角上翘，可就是这转瞬即逝的小动作，就出卖了他的内心想法。

撒谎者的笑容出现速度比发自内心的真笑要快，而且持续的时间也更长，看上去就好像是戴着一个笑眯眯的面具。如果是假笑，由于我们的左右两个半脑都希望能使笑容看起来显得更加真实，所以在意识的控制之下，我们的左侧脸庞与右侧脸庞的表情并不完全相同，其中一侧的表情会显得更加夸张。控制面部表情的神经元大都集中在右半脑的大脑皮层中，而这部分大脑只能向我们的左半身发送指令。所以，当我们刻意地想在脸上堆满笑容的时候，左侧脸部的笑容就会比右侧脸部的更加明显。可如果是发自肺腑的真心微笑，由于无须刻意地假装，所以我们的左右两个半脑向身体两侧所发送的指令就是对称的，而两侧脸庞的笑容也就不会有任何区别了。

俗话说“做贼心虚”，再高明的撒谎者在心口不一时也不会与说真话时的表情一样，其中只有“功力”的高低差异而已，间谍、卧底、骗子这些“专业人士”只是由于经过训练，一般人难以识别。对于普通人来说，还会因为撒谎时的尴尬而出现脸红、出汗、呼吸急促、清理喉咙、嘴唇干裂、目光转移、摸鼻子、捂嘴、挠头等小动作。只要不断学习，加强训练，你也可以练就一双火眼金睛来识别谎言。

第三章

言辞声调露心声，从语言中破译对方心态

从闲谈中破译对方心态

如何从一个人语言的密码中破译对方的心态呢？闲谈是一种比较好的方式。因为闲谈大多是在一种轻松愉快的氛围下进行的，这会使对方在心理上除去防线。

第二次世界大战中期，东条英机出任日本首相。因此事是秘密决定的，各报记者都很想探得秘密，竭力追逐参加会议的大臣，却一无所获。这时候，有位记者用心研究了大臣们的心理定式：大臣们不会说出是谁出任首相，假如问题提得巧妙，对方会不自觉地露出某种迹象，有可能探得秘密。于是，他向一位参加会议的大臣提了一个问题：此次出任首相的人是不是秃子？因为当时有三名候选人：一是秃子，一是满头白发，一是半秃顶，这个半秃顶就是东条英机。在这看似无意的闲谈中，这位大臣没有仔细地考虑到保密的重要性，虽然他也没有直接回答出具体的答案，聪明的记者，从大臣思考的瞬间，就推断出最后的答案，因为大臣在听到问题之后，一直在思考半秃顶是否属于秃子的问题。这位记者于是从随意的闲聊中套出了他需要的独家新闻。

平时在与人谈话时，一些见识浅薄，没有心机的人就会很容易地把自己的不满情绪倾诉给你听。对于这种人，你不应和他保持更深更多的交往，只需当作一个普通朋友就行了。

假如和对方相识不久，交往一般，而对方就忙不迭地把心事一股脑儿地倾诉给你听，并且完全是一副苦口婆心的模样，这在表面上看来是很容易令人感动的。然而，转过头来他又向其他人做出了同样的表现，说出了同样的

话，这表示他完全没有诚意，绝不是一个可以进行深交的人。

这种人对一切事物都没有什么深刻的印象，千万不要附和他所说的话，最好是不表示任何意见，只须唯唯诺诺地敷衍就够了。

还有一类人，他们唯恐天下不乱，经常喜欢散布和传播一些所谓的内幕消息，让别人听了以后感到忐忑不安。其实，他们这样做的目的是为了引起别人的注意，满足一下他们不甘久居人下的虚荣心。他们并不是心地太坏的人，只要被压抑的虚荣心获得满足之后，他们也就消停无事了。

以倾听方式出现的人，其表现是支配者的形态。这种人物的谈语从不涉及自己的事，或有关自己身边的人。他们的话题反而是涉及别人的一些琐事，或对方的隐事秘闻，甚至对对方的一举一动或每条花边新闻都捏着不放手。这是完全彻底地侵犯别人的隐私。

有些人很关注某些人，非常喜欢把话题的重点放在跟自己完全无关的人、名人、歌舞影星的花边新闻轶事方面，这说明他的内心存在一种起支配作用的欲望。

由此可见，他是个沉迷于闲谈名人或明星风流轶事的人，也说明他很难拥有真正的知心朋友。这类人或许是因为内心生活很孤独，没有生命的激情。一个人过于关心自己不太熟悉的事情，并且十分热心去谈论他们，都是表示他内心世界的孤独和空虚。

在现实生活中，还有这样的一类人，他们无论在何种场合与别人交谈时，都爱把话题引到自己的身上，吹嘘自己当年如何奋斗的经历，唯恐别人不知道他的光荣历史，而结果，并不像他想象得那样好。

其实，从某个方面来分析他，可以发现他是个对现实不满的人。虽然他没有用怨恨的语言倾诉他的想法，相反是用自我表现的方式表达出来。事实上，他还不知道这种自我吹嘘的言谈，很难适应时代的变化。或许他是个不折不扣的失败者，完全靠怀旧来过生活。不过可以看出他确实陷入某种欲求不满的环境中，可能他的升职途径遭受阻碍，或者无法适应目前所处的环境，所以他希望忘却现实，喜欢追寻往事。这是一种倒退的现象，从他的话题里，别人会发现他的内心深处正潜伏着一股无可救药的欲求和不满的情结。

分析一个人的内在表现时，他的潜在欲望不但隐藏在话题里，也存在于话题的展开方式上。在聚会上，大家彼此正在交谈时，有人竟然不顾别人的谈话，而突然插进毫不相干的话题，这是相当令人讨厌的行为。

有的人在和别人谈话时，经常把话题扯得很远，让你摸不着头绪，或者不断地变换话题，让别人觉得莫名其妙。这说明这种人有着极强的支配欲和自我表现意识，在他的意识中，很少把别人放在眼里，而完全摆出我行我素的模样，让别人都去听从他的主张，以他的意见为主导。

一般说来，政府官员或企业的领导，会有滔滔不绝谈话的习惯，其实，透过这种表面的现象，可以看出他担心大权旁落的心理状态。也可以说，他是一个喜欢占据优势地位的人。

话题的内容不断变化固然是个好现象，但谈得离谱，一切都显得毫无头绪的样子，那就会使听众感到索然无味。假如他是个普通人，总谈些没有头绪的话题，或者不断改变话题，东拉西扯，那就表示他思想不集中，给别人留下支离破碎的印象。这说明他是个缺乏理性思考的人。

一个优秀的谈话者，常将对方引出来的话题加以分析、整理，结果不断地从对方身上汲取许多知识和信息。在一般情况下，有的人将全部注意力放在倾听对方的谈话上，从性格上讲，这一类型的人很想理解别人的心思，而且具有宽容的心态，有真正的君子风度。

苏东坡是宋代文学家，他极具语言的天赋，长于雄辩的他，却非常注重别人的谈话。有时和朋友聚会，他总会静下心来，听他们高谈阔论。一次聚会中，米芾问苏东坡："别人都说我颠狂，你是怎么看的？"苏东坡诙谐地一笑："我随大流。"众友为之大笑。即使是朋友问的不同观点，他也以"姑妄言之，且姑妄听之"的态度对待。

经常使用如"嗯……还有……""这个……""那个……"等句式的人，表示他的话不能有条理地进行，思考无头绪，思绪无条理。但即使同样使用连接词，常用"但是……""不过……"的人，一般可以认为其思考力较强。

当他们在讲话时，脑子里还会浮现相对语以资过滤求证。所谓能言善辩、头脑敏锐的人，就是指此类人。但是如果此种语调反复出现多次，其理论也随之翻来覆去，迫使对方紧随不舍，不知不觉中被牵着鼻子走，失去了招架之力。

对经常使用这种表现手法的人大都比较慎重。也正是因为如此，说话难免时断时续，只好在重新整合之后才可以继续下去，这是一种缺乏自信心的表现。

从客套语看人心

在人际关系中，最容易被破译密码的语言就是客套语。客套语的存在，是社会发展的必然结果。但是客套语要运用恰当，如果过分牵强而显得不自然，可能此人别有用意。客套语的反面是粗俗语，一些人会对自己心仪之人说出随意的言语，以示双方的关系非同一般，给人以亲密感的误会。在毫无隔阂的人际关系中，并不需要使用客套话。不过，当在此种亲密的人际关系里，突如其来地加入客套话的时候，就必须格外小心。有时候，男女朋友之某一方，使用异乎寻常的客套话时，就很可能是心里有鬼的征兆。

用过分谦虚的言词谈话时，可能在表示强烈的嫉妒、敌意、轻蔑、警戒，等等。语言是测量双方情感交流的心理距离的标准。客套话使用过多，并不见得完全表示尊敬，往往也可能含有轻蔑与嫉妒的因素。同时，在无意中会将他人与自己隔离，具有防范自己不被侵犯的防卫功能。

某些都市的人，对外乡人说话很客气。这从另一个角度看，或许是一种强烈的排他性表现。因此，往往无法与人熟识，给人以冷淡的印象。以此类推，假使交情深厚的朋友，仍不免使用客套话时，则很可能内心存有自卑感，或者已隐藏着敌意。

喜欢使用名人的用语和典故的人，一般来说大部分都属于权威主义者，他们经常使用别人的语言来表达自己的意思，以透露出自我扩张的表现欲。

假如他开口闭口就爱抬出一大堆晦涩难懂的语言或外国语，就会让听者有一种走错庙门的感觉。事实上，他这样做只是用语言掩饰自己的弱点。他这样做，无非是想加强说话的份量，同时也表示自己的见多识广，以此抬高身份和扩大自己的影响。

从语言风格识个性

我们不少人都难以避免出席会议或主持会议。有的人可以在规定的时间内完成会议内容，而且使与会者满意而归；也有的人长篇累牍、喋喋不休，直到把所有的与会者催睡着了。主持会议虽然与主持者的自身修养和知识程度有关，但性格所起到的作用也不能漠然视之。

1. 简捷明快、豁达干练的人

这种人快言快语、办事雷厉风行，对工作对生活都充满信心，做事必须精心准备。主持会议亦清晰明了，内容安排得当，讲话时条理清晰，言之有物，令与会者为之钦佩。此类人可以胜任重要岗位领导工作。

2. 说一不二的人

此类人有一定的身份、地位和手段，对自己目前所拥有的一切满怀信心，而且坚信自己会拥有更多更美好的东西。他们的发展通常是靠自己的真才实干，顽强的意志力是他们取得成功的保证。他们做事总是胸有成竹、遇惊不乱，很有大将风度，但极易固执己见，不容他人置疑，专断独行。

3. 把会场当课堂的人

这类人的名片上通常印有“专家”两个字，他们学有专长，往往是单位或公司某一项业务的权威。开会的时候，他们会以老师的姿态站在与会者面前，不厌其烦地讲解“学生们”不明白或懂得不彻底的理论和观念，常常忘记了时间、地点和自我，而被误认为学生的与会者则会哈欠连天，瞌睡连连。

说话方式与行为模式的关联

根据心理学家的研究证实，个人的说话方式反映了其内心深层的感受。

每一个人的说话习惯皆不尽相同，经过统计归纳结果发现，一个人的说话习惯与其行为模式有直接关联，有时可利用这种关联作为识人的基本资料。

在“称谓语”中习惯把“我”挂在嘴边的人，具有幼稚、软弱的性格。根据心理学家的研究，谈话中频频使用“我”的人，自我表现欲强烈，时时不忘强调自己，唯恐别人忽略。而习惯使用“我们”或“大家”来代替“我”的人，具有随声附和或依附团体的性格。喜欢在谈话中引用“名言”的人，大多属于权威主义者。不论场合、不分谈话对象和主题，在与别人的交谈当中，会使用名人的格言来驳斥对方或证明自己论调的人，往往缺乏自信，习惯借助他人之名来壮大自己的声势。说话时如此，在生活和工作中也有类似的“狐假虎威”现象。

说话时喜欢夹杂几句外语，令听者感到困惑和别扭。这种类型的人通常希望借着语言来掩饰自己的弱点，多半是对于自己的学问、能力缺乏自信所致。

谈话中喜欢引用长辈说过的话，比如，常将“我妈说”挂在嘴边的人，表示其在心理和精神上尚未独立。而有些女性喜欢借用母亲的话来表现自己的意志，如“我妈妈说你很有风度”等，表明此人心智尚未成熟，缺乏独立自主的个性。

下面的几点是告诉人们怎样通过观察说话方式而知其心的具体办法：

（1）在正式场合中发言或演讲的人，开始时就清喉咙者多数是由于紧张或不安。

（2）说话时不断清喉咙，改变声调的人，可能还有某种焦虑。

（3）有的人清嗓子，则是因为他对问题仍迟疑不决，需要继续考虑。一般有这种行为的男人比女人多，成人比儿童多。儿童紧张时一般是结结巴巴或吞吞吐吐地说“嗯”“啊”，也有的人总喜欢习惯性地反复说“你知道”。

（4）故意清喉咙则是对别人的警告，表达一种不满的情绪，意思是说“如果你再不听话，我可要不客气了”。

（5）吹口哨有时是一种潇洒或处之泰然的表现，但有的人会以此来虚张声势，掩饰内心的惴惴不安。

（6）内心不诚实的人，说话声音支支吾吾，这是心虚的表现。

（7）内心卑鄙乖张的人，心怀鬼胎，声音会阴阳怪气，非常刺耳。

（8）有叛逆企图的人说话时常有几分愧色。

（9）内心渐趋膨胀之时，就容易有言语过激之声。

（10）内心平静的人声音也会心平气和。

（11）心内清顺畅达之人，言谈自有清亮和平之音。

（12）诬蔑他人的人闪烁其词，丧失操守的人言谈吞吞吐吐。

（13）浮躁的人喋喋不休。

（14）善良温和的人话语总是不多。

（15）内心柔和平静的人，说话总是如小桥流水，平柔和缓，极富亲和力。

说话的速度和语气透露内心

说话的速度快慢与一个人的性格绝对有其关联，一个慢性子绝不会说出连珠炮般的话语来；而同样一句话，有可能因为语气不同，而使得意思完全走样。所以懂得从一个人谈话的速度和语气去了解对方的个性，无疑是掌握了一把开启对方心理状态的钥匙。

说话速度快的人，大多性子急躁；而那些说话慢条斯理的人，多是慢性子，不管遇到什么事情，总是不疾不焦，反应比别人慢半拍。另外，通常不满意对方或心怀敌意时，言谈的速度就会放慢；相反地，当心里有鬼或想欺骗他人时，说话的速度大多会不由自主地加快。一个平时沉默寡言的人，突然之间变得能言善辩、喋喋不休，表明其内心有不欲人知的秘密或心虚，想用快言快语作为掩饰。

充满自信的人，谈话时多用肯定语气；缺乏自信或性格软弱者，说话的节奏多半慢条斯理、有气无力。

喜欢低声说话的人，不是缺乏自信就是女性化的表现；而那些说起话来没完没了，希望话题无限延长的人，其内心潜藏着唯恐被别人打断和反驳的不安，这种人常以盛气凌人的架式一直说个不停。

喜欢用暧昧或不确定的语气、词汇作为结束话题的人，通常害怕承担责任。经常使用条件句的人，如“这只是我个人的看法”“不能一概而论”“在某种意义上”或“在某种情况下”，等等。

聆听他人讲话时，眼光始终无法集中，不是东张西望就是玩弄手指头，表示其对谈话者感到厌烦；而频频重复对方的话，表示其对此谈话内容具有高度的耐心与好奇心。

听话时不停地大幅度点头的人，表示他正认真地听对方讲话。而即使频频点头示意，但视线不集中于对方身上的人，表示对对方的话题并没有产生共鸣；点头次数过多，或者胡乱附和的人，多半不了解对方谈话的内容；一面讲话一面自我附和的人，大都不容许对方反驳，性情极为顽固。这种人往往无法与听者进行交流，总是一个人唱独角戏，唯我独尊。

多留心对方的音调

与说话速度一样可以呈现特征的便是音调。

肖邦曾在一家杂志专栏中叙述道：“当一个人想反驳对方意见时，最简单的方法就是拉高嗓门——提高音调。”的确如此，人总是希望借着提高音调来壮大声势，并试图压倒对方。

音调高的声音，是幼儿期的附属品，为任性的表现形态之一。一般而言，年龄越高，音调会随之相应地降低。而且，随着一个人精神结构的逐渐成熟，便具备了抑制“任性”情绪的能力。但是，有些成人音调确实是相当高的。这种人的心理，便是倒回幼儿阶段了，因此，自己无法抑制任性的表现。在此情况下，也无法接受别人的意见。

如，在座谈会上，有人的评述牵扯某位女士，被批评的那位女士便会猛然地发出刺耳的叫声，并像开机关枪似的开始反驳，使得在座者出现哑口无言的场面，座谈的气氛已荡然无存。音调高的声音，被看作精神未成熟的象征。言谈之中，语调的抑扬顿挫，对一个人的外在表现很重要，甚至有时也能决定人的沉浮。

明成化年间，兵部左侍郎李震业已三年孝满，久盼能升至兵部尚书，恰好这时兵部尚书白圭被免职，机会难得。不料朝廷命令由李震的亲家、刑部尚书项忠接任。满怀希望的李震大为不满，对他的亲家埋怨说：“你在刑部已很好了，何必又钻到此处？”过了些天，李震脑后生了个疮，仍勉力朝参，同僚们戏语说：“脑后生疮因转项。”（意指项忠从刑部转官而来）李震回答说：“心中谋事不知疼。”他仍然汲汲于功名，不死其心。其实李震久不得升迁，原因是因为声音的变化而影响了皇帝对他的印象。在皇帝看来，忠臣往往能奏朝章朗朗而谈，而奸臣则声音低沉而险恶。李震的声音历来沙哑而不定，给人一种不可靠的感觉。因为他患喉疾，每逢奏事，声音低哑，为宪宗皇帝所恶，因而升官的事自然与李震无缘。

这虽是一个极端的例子，但也说明了音调对人们印象的重大影响。

从说话韵律看透他人

在言谈方式中，除了音感和音调之外，语言本身的韵律也是重要的因素。

充满自信的人，谈话的韵律为肯定语气；缺乏自信的人或性格软弱的人，讲话的韵律则慢慢吞吞。其中，也会有人在讲一半话之后说“不要告诉别人”而悄悄说话。此种情况多半是秘密谈论他人闲话或缺点，但是内心却又希望传遍天下的情形。

话题冗长，需相当时间才能告一段落，也说明谈论者心中必潜在着唯恐被打断话题的不安。唯有这种人，才会以盛气凌人的方式谈个不休。至于希望尽快结束话题交谈的人，也有害怕受到反驳的心理，所以无奈听任对方。

另外，经常滔滔不绝谈个不休的人，一方面目中无人，另一方面好表现自已，并且，这种类型的人一般性格外向。

一个成功的人，在控制言谈的韵律方面有独到之处。这种细节性的处理方式，使自己赢得了社会或下属的认可与尊重。

说话比较缓慢的人，大都是性格沉稳之人，处事做人就是通常所说的慢性子。从言谈的韵律上可以看出一个人的性格特征。

五代时，冯道与和凝同在中书省任职，冯道说话做事都很缓慢，而他的同事和凝则是个性急的人，办事果断，做人颇为自信。由于性格上的差异，两人经常为一些小事而意见不合。有一天，和凝看到冯道买了一双鞋，认为款式不错，他也很想买一双，就问冯道："先生这双鞋多少钱？"冯道慢慢地举起右脚缓缓地对和凝说："这九百钱。"和凝素来性情急躁气量又小，听到这里，便对手下人大发脾气："你怎么告诉我这种鞋子要用一千八百钱？"正想继续责骂，这时，冯道又慢慢地抬起左脚说："这只也九百钱。"和凝听后怒气才稍解。

口头语最能见个人本性

口头语言是人在日常生活当中由于习惯而逐渐形成的，具有鲜明的个人特色。在生活当中，绝大多数人都有使用口头语的习惯，一般来说，通过它可以对一个人进行观察和了解。

经常连续使用"果然"的人，多自以为是，强调个人主张，以自我为中心的倾向比较强烈。

经常使用"其实"的人，自我表现欲望强烈，希望能引起别人的注意，他们大多比较任性和倔强，并且多少还有点自负。

经常使用流行词汇的人，热衷于随大流，喜欢浮夸，缺少个人主见和独立性。

经常使用外来语言和外语的人，虚荣心强，爱卖弄和夸耀自己。

经常使用地方方言，并且还底气十足、理直气壮的人，自信心很强，有属于自己的独特的个性。

经常使用"这个……""那个……""啊……"的人，说话办事都比较小心谨慎，一般情况下不会招惹是非，是个好好先生。

经常使用"最后怎么样怎么样"之类词汇的人，大多是潜在欲望未能得到满足。

经常使用“确实如此”的人，多浅薄无知，自己却浑然不觉，还常常自以为是。

经常使用“我……”之类词汇的人，不是软弱无能想得到他人的帮助，就是虚荣浮夸，寻找各种机会强调自己，以引起他人的注意。

经常使用“真的”之类强调词汇的人，多缺乏自信，唯恐自己所言之事的可信度不高。可恰恰是这样，结果往往会起到欲盖弥彰的作用。

经常使用“你应该……”“你不能……”“你必须……”等命令式词语的人，多专制、固执、骄横，但对自己却充满了自信，有强烈的领导欲望。

经常使用“我个人的想法是……”“是不是……”“能不能……”之类词汇的人，一般较和蔼亲切，待人接物时，也能做到客观理智，冷静地思考，认真地分析，然后作出正确的判断和决定，不独断专行，能够给予他人足够的尊重，反过来也会得到他人的尊重和爱戴。

经常使用“我要……”“我想……”“我不知道……”的人，多数是思想比较单纯，爱意气用事，情绪不是特别稳定，有点让人捉摸不定。

经常使用“绝对”这个词语的人，武断的性格显而易见，他们不是太缺乏自知之明，就是自知之明太强烈了。

经常使用“我早就知道了”的人，有表现自己的强烈欲望，只能自己是主角，自己发挥。但对他人却缺少耐性，很难做一个合格的听众。

另外，口头语经常挂在嘴边的人，大多办事不干练，缺乏坚强的意志。有些人，说话时没有口头语，这并不代表他们从未有过，可能以前有，但后来逐渐地改掉了，这显示出一个人意志力的坚强和追求说话简洁、流畅的精神。

若想通过口头语言更好地观察、了解和判断一个人的性格如何，需要在生活和与人交往中仔细、认真地揣摩、分析，这样才会收到良好的效果。

第四章
人身向来随心动，从行为举止知其心

爱幻想：双手托腮

以手托腮的动作，是一种替代的行为，是在用自己的手代替母亲或是情人的手，来拥抱自己或安慰自己。

在精神抖擞毫无烦恼的人身上，是不经常看见这样的行为，只有在他心中不满、心事重重时，才会托着腮沉浸于自己的思绪中，借此填补心中的空虚与打发烦恼。

如果你眼前的人，正用手托腮听你说话时，那就表示他觉得话题很无聊，你的谈话内容无法吸引他，或者他正在思考自己的事，希望你听他说话。而如果你的恋人出现这样的举动，也许他正厌倦于沉闷的聊天，希望你给他一个热情的拥抱呢！

倘若平日就习惯以手托腮的话，表示此人经常心不在焉，对现实生活感到不满、空虚，期待新鲜的事物，梦想着在某处找到幸福。想抓住幸福的话，不能只是用手托着腮幻想而什么都不做。“守株待兔”便是这类型的人最佳的描写。

有这种个性的人在谈恋爱时，会强烈渴望被爱，总是祈求得到更多的爱，很难得到满足，处于欲求不满的状态。

从另一个角度来看，这种人因为觉得日常生活了无创意，而习惯于沉浸在自己编织的世界中，偏离了现实世界，脑中净是浪漫的情怀，与之交谈，往往会有一些意想不到的有趣话题出现。

这种人就像一个爱撒娇的孩子一样，随时需要呵护，但太过于溺爱也不是好事。拿捏好尺度，适当地满足他的需求才是上策。而经常做出托腮动作的人，除了要自我检讨这种行为是否是因内心空虚产生的反射动作外，也应尽量充实自己，减轻内心的痛苦，试着通过心态的调整，改善表露在外的肢体动作。

挑战之意：双手叉腰

孩子与父母争吵、运动员对待自己的对手、拳击手在更衣室等待开战的锣声、两个吵红了眼的冤家……在上述情形中，经常看到的姿势是双手叉在腰间，这是表示抗议、进攻的一种常见动作。有些观察家把这种举动称之为“一切就绪”，但“挑战”才是其最基本的实际含义。

这种姿势还被认为是成功者所特有的姿势，它可使人想到那些雄心勃勃、不达目的誓不罢休的人。这些人在向自己的奋斗目标进发时，都爱采用这种姿势。含有挑战、奋勇向前趋势的男士们也常常在女士面前采用这种姿势，来表现他们男性的好战以及男子汉形象；但女人如果用这一姿势，给人的感觉则是不温柔，有母夜叉、河东狮吼的感觉。

在生活中，大家应该多些友爱和阳光，我们可以向困难挑战，可以向远大目标挑战，但不可以向同伴挑战，不可以用双手叉腰增添剑拔弩张的气氛。

意见不同：十指交叉

有一些人在谈话时，常常会将双手在胸前无意识地交叉在一起。最常见的姿势是把交叉着十指的双手放在桌面上，面带微笑地看着对方。这种动作，常见于发言人，这个动作出现的时候，常常使谈话处于一种平和的氛围之中。

通常，这种姿势常常也被女性拿来使用。当一个女子摆出这种姿势的时候，如果能够了解其中所代表的意思，就可以适时而动，接近她。

女性十指交叉的方法不同所代表的含义也不同：喜欢十指交叉的女性往往可能是在谈恋爱的时候曾经受过伤害，其内心对别人有一种戒备心理，以避免自己再一次受到伤害，可以说是一种很明显的本能防卫。如果一个女子用双肘支撑着交叉双手，或者把下巴放在交叉的双手上面，那就表明她是一个特别有自信的女性，或者是说她对自己的某些诱惑力相当自信。而把十指相对，将手势摆成尖塔形的女性，则是非常理性的女子，如果她们摆出这种姿势的话，一般表示她只对男子说的话感兴趣而不是对男子本身感兴趣。

防卫心重：双臂交叉

将双臂交叉抱于胸前，是一种防御性的姿势，是防御来自眼前人的威胁感，使自己不产生恐惧。这是一种心理上的防卫，也说明对眼前人的排斥感。

这个动作似乎正传达着“我不赞成你的意见”“嗯……你所说的我完全不懂”“我就是不欣赏你这个人”等。当对方将双臂交叉抱于胸前与你谈话时，即使不断点头，其内心也可能对你的意见并不表示赞同。

也有一些人在思考事情时，习惯将双臂交叉抱于胸前，一般而言，有这种习惯的人，基本上属于防卫心强的类型，在自己与他人之间画下一道防线，不习惯对别人敞开心胸，永远和对方保持适当的距离，冷漠地观察对方。

这种人是戒备心理强的人，大多数在幼儿时期没有得到父母充分的爱，例如：母亲没有亲自喂母乳、总是被寄放在托儿所、缺乏一些温暖的身体接触等。在这种环境之下长大的人，特别容易体现出此种习惯。

著名的日本演员田村正和，在电视剧中常摆出双臂交叉抱于胸前的姿势，因此他给观众的感觉，绝不是亲切坦率的邻家大哥，而是高不可攀的绅士。他不是那种会把感情投入对方所说的话题中，陪着流泪或开怀大笑的类型。他心中似乎永远都藏有心事，在自己与别人之间筑起一道看不见的屏障。这种形象和他习惯将双臂交叉抱于胸前的姿势似乎非常符合。

个性直率的人通常肢体语言也较为自然、放得开。当父母对孩子说“到这儿来”，想给孩子一个拥抱时，一定会张开双臂，拥他入怀。试试看将双臂交叉抱于胸前对孩子说“到这儿来”，孩子绝不会认为你要拥抱他，而是担心自己是否惹你生气，准备挨骂了。

显示威慑力：拍案而起

拍案而起，是形容一件事情重大而令人激动甚至愤怒的一个形容词。这个词现在屡屡见诸报端，一般都是形容一些领导人对某些大事件、突发事件以及民愤极大又没有得到良好解决的事件的愤怒心情和行为，也体现了这些领导亲民、爱民的作风和疾恶如仇的性格。

左宗棠曾三次拍案而起，义正词严，维护中华民族大义，在近代史上留下了光辉的一笔。

左宗棠，清代“同治中兴”名臣，一生很有成就。熟悉或研究过左宗棠的人，无不对他的为人处世、为官之道赞不绝口。他在事关中华民族利益的大是大非面前三次“拍案而起，挺身而出”的故事，尤为后人称道。

其中一次是，当他还是一个平民百姓时，林则徐在广州禁烟，得罪了洋人，洋人便用武力相要挟。清政府害怕了，就把责任往林则徐身上推，并撤销了他的职务，启用了投降分子琦善之流，同时还与英帝国主义签订了中国历史上第一个不平等条约，又是割地又是赔款。此时的左宗棠虽然人微言轻，但依然拍案而起，说：“英夷率数十艇之众竟战胜我，我如卑辞求和，遂使西人俱有轻中国之心，相率效尤而起，其将何以应之？须知夷性无厌，得一步又进一步。”他痛斥琦善“坚主和议，将恐国计遂坏伊手”，“一二庸臣一念比党阿顺之私，今天下事败至此”。他利用自己的朋友关系，四处联络，推动参劾投降派，让清政府重新启用林则徐。正是在舆论压力之下，朝廷不得不撤掉琦善，恢复林则徐的职位。

从上面左宗棠拍案而起，怒斥敌人的故事中，我们应该受到启发和教育。当一个人的人格和尊严受到侵犯时，不应该临阵退缩，而应该拍案而起，给敌人以迎头痛击。

力量的体现：紧握拳头

如果一个人在演讲或说话时，攥紧拳头向着听众说话，是在向他人表示：

“我是有力量的。”但如果是在有矛盾的人面前攥紧拳头，则表示：“我不会怕你，要不要尝尝我拳头的滋味？”

林肯总统在一次著名的演讲中，就采用过这种手势。

“有只狮子深深地爱上了一个樵夫的女儿。这位美丽的少女让它去找自己的父亲求婚。狮子向樵夫说要娶他的女儿，樵夫说：‘你的牙齿太长了。’狮子去看医生，把牙齿拔掉了。回过头来樵夫又说：‘不行，你的爪子太长了。’狮子又去找医生，把爪子也拔掉了。樵夫看到狮子已经解除了‘武装’，就用枪把它的脑袋打开了花。”林肯最后说：“如果别人让我怎么样我就怎么样，那我会不会也是这样的下场呢？”林肯说完这些话，攥紧拳头，加重语气说道：“我绝不会受任何人摆布！”

林肯在这儿攥紧拳头，表现出的是果断、坚决、自信和力量。平时我们听人演讲见人讲话时攥紧拳头，证明这个人很自信，很有感召力。但在日常生活中，我们与人发生不愉快时，请把你的拳头藏起来，不要攥起拳头在对方面前晃动，那样做的结果，势必会引起一场打架，这是不可取的。

果断的印象：手势下劈

手势下劈，给人一种泰山压顶、不容置疑之感。使用这种手势的人，一般都高高在上，高傲自负，喜欢以自我为中心，他的观点，不会轻易容许人反驳。这个动作伴随着的意思是“就这么办”“这事情就这样决定了”“不行，我不同意”等话语。

日常生活中，大家常遇到一些上司在讲话时，为了强调自己的观点，把手势往下劈。每当这个时候，听者最好不要轻易提出相悖的观点，对方一般也是不会轻易采纳的。平常与同事或朋友三五成群地争论问题，有人为了证明自己的观点而否定别人的观点，也常用这种手势来否定别人的观点，打断别人的话。善于识别这种手势语言，有助于我们为人处世采取适当的姿态。

坐姿与心理反映

在公交车或是普通座椅上，常将左脚放在右脚之上者，通常均是患有脑溢血的人，而且他们的脸色比常人要红，这是由于右脚的关节不能自由活动而导致的现象。由于右脚有毛病，很难将其置放在左脚之上。

不论哪只脚在上，大凡摆在上面的那只脚易于疲劳。当脚部出现疲劳现象时，可做脚踝部位的上下运动及扇形运动，促使毛细血管扩张，促进血液循环，将会大大有益于缓解病症。

坐稳后两腿张开、姿态懒散者，通常说来都比较胖。这种人由于腿部的肉过多，行动也不是十分方便，说得比较多而做得相对要少。这类人属于豪言壮语型，头脑中想的事情经常是被夸张了的。

坐下时左肩上耸，膝部紧靠，致使双腿呈“X”字形的人，一般均比较谨慎。但他的决断力比较差，即使是一个男性，也缺少男子汉的气魄，是比较女性化的男性。如果你对他有过多希望的话，其结果多为失望。

坐下手臂曲起，两脚向外伸的人，其决断力十分缓慢。每天他都在不断地计划些事物，但却什么也实现不了。这种人的理想与行动特别不协调，喜欢做白日梦。如果与这种人共事，相信一年中会出现不间断的纠纷。

坐下时两脚自然外伸，给人以一种十分沉着稳重印象的人，属性格直爽类型。这些人大都身体健康，对疾病的抵抗力很强。就命运而言，他也是十分幸运的。

坐下时，一只手撑着下巴，另一只手搭在撑着下巴的那只手的手肘之上，且架着“二郎腿”的人，大都不拘小节，面对失败亦能泰然自若。不过，如果你被这种人迷惑住，他会厚颜无耻地去逃避责任，甚至对你使出各种利己而卑鄙的手段。

双肩耸起，一腿架放在另一只腿之上，做出庄重堂皇之态的人，虽然志向远大，但却缺乏具体计划，致使他的志向如空中楼阁一般，无法实现。

坐在车上两脚长伸在外，阻碍通道，同时将双手插在口袋里的人，大多是贫困潦倒之人。如果其相貌长得不好，可能做出恐吓或威胁他人的行为。对这种人，最好采取避而远之的态度。

两脚弯曲，两手架在桌上伏身看书的人，容易患甲状腺异常及筋肿等疾病。如果是近视眼的人，他也可能会稍稍抬起屁股看书。

坐着看书时，脚尖竖起，同时眼睛不断向上翻的人，肯定是个急性子。这是一种天生的个性。即使他有很多看书的时间，但他还是显得非常繁忙，无法平心静气地看书。

在读书时，用手撑着下巴且姿势不良的人，其读书效率不高，同时此种姿态也是理解及记忆均有困难的人的象征。一个真正学习的人，是不会用这种不良姿态读书的。

古板型的坐姿

坐着时两腿及两脚跟并拢靠在一起，双手交叉放于大腿两侧的人为人古板，从不愿接受他人的意见，有时候明知别人说的是对的，他们仍然不肯低下自己的脑袋来接受。

他们明显缺乏耐心，哪怕只有几分钟的会面，他们也时常显得极度厌烦，甚至反感。

这种人凡事都想做得尽善尽美，定的却又是一些可望而不可即的目标。他们爱夸夸其谈，而缺少实干的精神，所以，他们总是失败。虽然这种人为人执拗，不过他们大多具有丰富的想象力。如果他们在艺术领域里发挥自己的潜能，或许会做得更好。

对于爱情和婚姻，他们也都比较挑剔，人们会认为这种人考虑慎重，但事实不然。应该说是他们的性格决定了这一切，他们找“对象”是用自己构想的“模型”如“郑人买履”般寻觅，这肯定是不现实的做法。而一旦谈成恋爱，则大多数都属于“速战速决”类型，因为他们的理念是中国传统型的“早结婚，早生子，早享福”。

悠闲型的坐姿

这种人半躺而坐，双手抱于脑后，一看就是一种怡然自得的样子。这种人性情温和，与任何人都相处得来，也善于控制自己的情绪，因此能得到大家的信赖。

他们的适应能力很强，对生活也充满朝气，干任何职业好像都能得心应手，加之他们的毅力也都非常坚强，往往都能达到某种程度的成功。这种人喜欢学习但不求甚解，可能他们要求的仅是“学习”而已。

他们的另一个特点是挥金如土。如果让他们去买东西，很多时候他们是凭直觉选择。对于钱财他们从来就是把它看作身外之物，“生不带来，死不带去”，以至于他们时常不得不承受因处理钱财鲁莽而带来的后果，尽管他们挣的钱不少。

他们的爱情生活总的来说是较快乐的，虽然时不时会被点缀上一些小小的烦恼。这种人的雄辩能力都很强，但他们并不是在任何场合都会表现自己，这完全取决于他们当时面对的对象。

自信型的坐姿

这种人通常将左腿叠放在右腿上，双手交叉放在腿跟儿两侧。他们具有较强的自信心，特别坚信自己对某件事情的看法。如果他们与别人发生争论，可能他们并没有在意别人的观点和内容。

他们天资聪颖，总是能想尽一切办法并尽自己的最大努力去实现自己的梦想。虽然也有“胜不骄，败不馁”的品性，但当他们完全沉浸在幸福之中时，也会有些得意忘形。

这种人很有才气，而且协调能力很强。在他们的生活圈子里，他们总是充当着领导的角色，而他们周围的人对此也都心甘情愿。

不过这种人有一个不好的习性，就是喜欢见异思迁，常常是“这山看着那山高”。

腼腆羞怯型的坐姿

把两膝盖并在一起，小腿随着脚跟分开成一个“八”字样，两手掌相对，放于两膝盖中间，这种人特别害羞，多说一两句话就会脸红。他们害怕的就是让他们出入于社交场合。这类人感情非常细腻，但并不温柔，因此这种类型的人经常使人觉得很奇怪。

这种人可以做保守型的代表，他们的观点一般不会有太大的变化，他们对许多问题的看法或许在几十年前比较流行。在工作中他们习惯于用过去陈旧的经验做依据，这本身并不是错，但在新世纪到来的今天，因循守旧肯定会被这个社会淘汰。不过他们对朋友的感情是相当诚恳的，每当别人有求于他们的时候，只需打个电话他们就肯定会效劳。

他们的爱情观也常常受着传统思想的束缚，经常被家庭和社会的压力压得喘不过气来，而自己仍要遵循那传统的“东方美德”“三从四德”等旧观念。

谦逊温柔型的坐姿

温顺型的人坐着时喜欢将两腿和两脚跟紧紧地并拢，两手放于两膝盖上，端端正正。这种人一般性格内向，为人谦虚，对于自己的情感世界很封闭，哪怕与自己特别倾慕的爱人在一起，也听不到他们一句暧昧的语言，更看不到一丝亲热的举动。对于感情奔放的人来说，这样的人实在是欲拒难舍，欲舍难离。

这种坐姿的人常常喜欢替他人着想，他们的很多朋友对此总是感动不已。正因为如此，他们虽然性格内向，但朋友却不少，因为大家尊重他们的“为人”，此所谓“你敬别人一尺，别人敬你一丈”。

在工作中，这种人虽然行动不多，但却踏实努力，他们能够埋头为实现自己的梦想而奋斗。犹如他们的坐姿一样，他们不会去花天酒地，他们很珍惜自己用辛勤劳动换来的成果，他们坚信的原则是“一分耕耘，一分收获”，也因此极端讨厌那种只知道夸夸其谈的人。在他们周围，想吃“白食”是不行的。

坚毅果断型的坐姿

这类人喜欢将大腿分开，两脚跟儿并拢，两手习惯于放在肚脐部位。

这种人有勇气，也有决断力。他们一旦考虑了某件事情，就会立即去采取行动。自然在爱情方面，他们一旦对某人产生好感，就会去积极主动地说明自己的意向。不过他们的独占欲望相当强，动不动就会干涉自己恋人的生活，所以时常遭到自己恋人的白眼。

他们属于好战类型的人，敢于不断追求新生事物，也敢于承担社会责任。这类人当领导的权威来自于他们的气魄。其实很多人并不是真心地尊重他们，只是被他们那种无形的力量震慑而已。从另一个角度来说，他们不会成为处理人际关系的“老手”。当他们遇到比较棘手的人际关系问题时，多半会求助于自己的老婆。但是如果生活给他们带来什么压力的话，他们一定能够泰然处之。

投机冷漠型的坐姿

这种人通常将右腿叠放在左腿上，两小腿靠拢，双手交叉放在腿上。

这种人看起来觉得非常温和可亲，状如菩萨，很容易让人亲近，但事实恰恰相反，别人找他谈话或办事，一副爱答不理的举动让你不由得不反思：“我是否花了眼？”你没有花眼，你的感觉很正确，他们不仅个性冷漠，而且性格中还有一种“狐狸作风”，对亲人、对朋友，他们总要向人炫耀他那自以为是的各种心计，以致周围的人不得不把他们打入心理不健全的类型。

这种人做事总是三心二意,并且还经常向人宣传他们的“一心二用”理论。

放荡不羁型的坐姿

放荡型的人坐着时常常将两腿分开距离较宽，两手没有固定的放处，这是一种开放的姿势。

这种人喜欢追求新意，偶尔成为引导都市消费潮流的“先驱”。他们对于普通人做的事不会满足，总是想做一些别人不能做的事，或者不如说他们更喜欢标新立异。

这种人平常总是笑容可掬，最喜欢和他人接触，而他们的人缘也确实颇佳，因为他们不在乎别人对他们的批评，这是其他人很难做到的。从这方面来说，他们很适合做一个社会活动家或从事类似的职业。

坐着时动作的变化

坐这个动作，也因人的不同而产生了各式各样的坐法。有的人是猛然地坐下，有的人则慢慢坐下，也有些人小心翼翼地坐在椅子前部，还有些人将身体深深沉下似的坐着。种种行为，无不坦白地表现出了各人的心理状态。

当大家看见某人猛然坐下的行为，一定视为不拘小节的样子，其实，完全出乎你所料的情形很多。换句话说，在其所表现出来的似乎极端随意的态度里，其实是在隐藏内心极大的不安。这是由于人具有不愿被对方识破自己真正心情的抑制心理，尤其在与他人的初次会面时，这一心理更加强烈。此种人坐下后，往往便表现出有些不安、心不在焉的态度，因此更可立即看出其心情。当然，知心朋友之间，则不能一概而论，而视为与其态度一致的心情表现。

那么，坐下之后怎么样呢？舒适而深深地坐入椅内的人，可视为在向对方表现处于心理优势的行为。因为本来所谓坐的姿势，是人类活动上的不自然状态，坐着的人必然在潜意识中想着立即可以站起来，心理学上，称它为“觉醒水准”的高度状态。随着紧张程度的解除，该“觉醒水准”也会因而降低。因此腰部是逐渐向后拉动的，变成身体靠在椅背、两脚伸出的姿势。此种并非发生何事都可以立即起立的姿势，是认为跟对方不必过分紧张之人常采取的姿势。

可是，与此相对的，始终浅坐在椅子上的人无意识地表现着比对方居于心理劣势，且欠缺精神上的安定感。因此，对于持这种姿势而坐的客人，如果同他谈论要事，或托办什么事，还为时过早，因为他还没有定下心来。

锁腿和锁脚

正如前面所说的，交叉双臂或双腿是一个人表示对对方持有的否定或防御的态度。锁定脚踝这一姿势也是这样。不同于交叉双臂或双腿动作的同一性和单一性，由于性别的不同，男性和女性在做这一姿势时，在具体方式上存在一定的差异性。男性在锁定脚踝时，通常还会双手握拳，并将其放在膝盖上。有时，一些男性则用双手紧紧抓住椅子或沙发两边的扶手。女性的这个姿势则有些不同，她们会将两膝紧紧靠在一起，两脚分别在左右两边，两手并排摆放在大腿上，要么就是一只手放在大腿上，然后再把另一只手放在这只手上。

大量的研究证实，这是一种努力控制和压抑消极、否定、紧张、恐惧，或是不安情绪的人体姿势。如果一个人做出此种姿势，则表明他在心里极力克制、压抑着自己的某种情绪。比如在法庭上，开庭之前，几乎所有的涉案人员就坐在各自位置上，他们通常会双腿交叉，双脚相别。而在审判的过程中，被审人员为了减轻心中的压力和消除自己心头的恐惧、恐慌情绪，更会紧紧地将脚踝紧紧地靠在一起。这就无疑显示了他们紧张、恐慌的心理。再如，面试时，如果你留心一下参加面试人员的脚部情况，你就会发现，很多人几乎都会做同样的姿势——把踝骨紧紧锁在一起。这个姿势就泄露了面试者心理情绪状态，即他们在努力克制自己心头的紧张、压抑、恐慌等情绪。此种情况下，为了帮助面试者控制好情绪，面试官就会暂时岔开主要话题，或者直接走到面试者旁边坐下，以拉近彼此间的距离，从而让其消除心头的压抑和紧张。如此一来，双方就能在一个相对轻松、友好的氛围中进行交流了。

锁住脚踝除了表示一个人在心里进行自我克制以外，它有时也是一种踌躇不决的信号。比如，在谈判的过程中，经验丰富的谈判专家在看见对方做出踝部交叉的姿势后，其心里往往会暗自窃喜，为什么会这样呢？因为这个姿势表明对方心里可能隐藏一个重大的让步，只是他现在心里摇摆不定，究竟要做多大的让步才合时宜。此种情况下，那些经验丰富的谈判专家会立即向对方提出一系列试探性问题，并采取一切可能的措施，让对方尽快改变这种犹豫不决的体式，以便促使对方最终做出较大的让步。

“数字 4”型坐姿

坐在椅子上时，一条腿规矩地放在另一条腿上，通常是右腿放在左腿之上，让身体和椅子成为一个“数字 4”型坐姿。这是美国人最喜欢采用的坐姿之一。

一般来说，此种姿势表现了想要进行争辩或是竞争的态度。在动物界的灵长类动物中，如黑猩猩和猴子在试图攻击对方时，为了避免让自己遭受伤害，往往就会采用此种姿势（站立）。那些采取此种姿势坐下的男性，从表面上看去，他们就更具一种控制力和霸气，因而，有时他们又显得有点桀骜不驯。这也是为什么很多美国人会给人留下骄傲自大印象的原因之一。

当然，此种姿势并不是美国男性特有的，有些时候，很多穿牛仔裤的美国女性在就坐时也才采取“数字 4”型坐姿。不过，她们采取此种坐姿往往是在和同性在一起的时候，因为她们不想让自己在男性眼中过于男性化或者看上去很轻浮。

需要注意的是，在亚洲和中东的一些国家中，“数字 4”型坐姿被认为是非常不雅或是非常不尊重对方的姿势，因为此种坐姿会让就坐者鞋子的底部完全暴露出来，而鞋子的底部通常是在泥土里走的。对方就会据此认为你视他如地上的泥土一样，这当然会让他心里产生不愉快的感觉。

正如上文所说，一个人保持防御或否定的姿势可能会在不知不觉中延长他的防御或否定态度。心理学家研究发现，一个人在两腿着地的时候，才容易作出决定。因而，在劝说某人或是与人谈判时，如果一个人长时间保持“数字 4”型坐姿，且没有丝毫改变的意思，这就表明，你对他的劝解或你和他谈判可能进入僵局了，除非你做出一定的让步。因为，对方的坐姿已经明白地告诉了你：“我是不会改变我的决定的，你看着办吧。”

腿的作用

从数百万年前到现在，人类的双腿主要有两大作用，其一是帮助身体前行，进而获得食物；其二是帮助我们在遇到危险时，可以迅速跑开。人的腿之所以有如此两大主要功能，归根结底，还是与人类的大脑有关。行为学家通过研究发现，人类大脑天生就有两种功能，即指挥身体去获取可以维持生存的物品和命令身体迅速离开它不想要的东西，而能帮助大脑实现这两大功能的就是人类的腿（这当然包括脚）。

正是因为如此，很多时候我们可以通过观察一个人使用腿脚的方式，就能知晓他现在的心理活动状况，也即他是要想离开呢，还是想留下来继续交谈，再或是有其他想法。把腿张开就暗示此人在心理上自认有优越感或是胸怀坦荡；而若是双腿交叉则表明此人具有较强的排外心理或者较强的戒备心理。

一个人腿的习惯性姿势除了可以反映他的心理情绪以外，还可以反映他对别人的态度。比如，当某个人犯了错误以后，其朋友、亲人或是长辈就会劝其尽快改正自己的错误。在劝说的过程中，如果犯错误的人坐在椅子上双腿交叉，两只手紧紧扳起其中的一只腿，极有可能其朋友、亲人或是长辈的苦口婆心是瞎子点灯——白费油，为什么这样说呢？因为被劝者坐在椅子上用腿摆放出来的是一种典型的拒绝劝说的姿势，其意思就是：你们尽管说吧，我的态度与我的身体一样，固定在这儿，不会改变一丝一毫。再如，在宴会上，当某位女士与某位男士交谈一会儿后，发现和对方并没有什么共同语言，于是打算结束和此人的谈话。想想她会怎样做呢？一般来说，她会这样做，首先她会把双手交叉抱于胸前，再把双腿交叉在一起，同时把脚尖指向对方身体的左侧或右侧，然后似笑非笑地看着对方。此种情况下，那位男士多半会识趣地主动结束谈话。如果对方没有察觉到自己的这一举动，这位女士就会马上采取进一步的行动，把一只腿夹在另一只腿上，身体侧向一方，以此向对方表明：你想说就尽管说吧，我可不想听！看见如此明显的“体语”，那位滔滔不绝的男士肯定会安静地、悄悄地离开了。

站姿与心理反映

除了坐姿，站立的姿势也可反映一个人的性格特征。

有的人站姿是抬头、挺胸、收腹，两腿分开直立，两脚掌呈正步，像一棵松树般挺拔。首先，这种人是健康自信的人，因为自信，所以这种人做事雷厉风行，十分具有魄力；其次，这种男人有正直感、责任感，是大多女孩子追寻的对象。

而那种站立时弯弯曲曲、头部下垂、胸不挺、眼不平的人，则是缺乏自信，做事畏缩不前，不敢承担风险和责任的人；除此之外，这种人可能就是那种专做偷鸡摸狗之事的人，因为做贼心虚，所以头抬不起，胸不敢挺；还有一种人也如此，那就是一辈子与药罐子为伍的人，当然，这种人不是他们不想挺直腰做人，而是因为有病毒时刻在侵扰着他们的身体。

对于那种站立姿势不倾不斜的人，则是前面两种人的一个折中。此种人遇着南风往北边倒，遇着北风往南边倒，但此类人就有大法术，那就是：不倒翁。为了不倾不斜，这种人极尽阿谀奉承、拍马钻营之能事，这种人还善于伪装，伪装得让人觉得马屁拍的声音不大，但很温柔舒服。因此，这种人一般城府很深、深藏不露，甚至于心肠歹毒、阴险狡猾，不得不小心。当然，那种做事缺乏主见、优柔寡断之人也在此列。

从站立的姿势看，一般提倡丁字步：两腿略微分开，前后略有交叉，身体的重心放在一只腿上，另一只则起平衡作用。这样不显得呆板，既便于站稳，也便于移动。站立的姿势适当，你就会觉得呼吸自然、发音畅快、全身轻松自如，特别有助于提高音量。只有好的站姿，才能使身姿、手势自由地活动，才能把自己的形象充分地表现出来。无论男性还是女性，站立姿势应给人以挺、直、高的美感。

就男性来说，站立时身体各主要部位舒展，头不下垂，颈不扭曲，肩不耸，胸不含，背不驼，髋、膝不弯，这样就能做到“挺”。站立时脊柱与地面保持垂直，在颈、胸、腰等处保持正常的生理弯曲，颈、腰、背后肌群保持一定紧张度，这样就能做到“直”。站立时身体重心提高，并且重点放在两腿中间，这样就能做到“高”。

就女性来说，站立时头部可微低，这样有利于显露女性柔和之美；挺胸，这样可以突出乳房，不仅能显得朝气蓬勃，而且是自信的象征；腹部宜微收，臀部放松后突，这样则能增加女性曲线美。

在正式场合站立，不能双手交叉、双臂抱在胸前或者两手插入口袋，不能身体东倒西歪或依靠其他物体。另外不要离人太近，因为每个人在下意识里都有一个私人空间，如果离得太近会使对方有被侵犯的感觉。所以在正式场合与人交谈时，不要与对方站得太近，而要尽量与他人保持一定的距离。

有人说：“站姿是性格的一面镜子。”此话一点不假。我们只要细心观察周围的人，从他们站立的姿势语言去探知其性格心理，也许会有收益。

4 种主要的站立姿势

当人们处于站立状态时，通常会采取 4 种姿势，即交叉双腿的姿势、双腿张开的姿势、立正的姿势，以及一只脚指向前方的姿势。一般来说，通过观察一个人站立时的姿势，可以大概了解他的心理活动状况以及他与别人的关系。

交叉双腿的姿势。当你参加有男士和女士共同出席的会议或宴会的时候，如果你稍微留心观察一下就会发现，总有一些人在站立的时候始终让自己的双臂和双腿保持交叉的姿势。如果你再进一步观察，就会发现，这些保持站立姿势的人彼此之间的距离都比较大。如果他们都穿着外套或者夹克，他们通常是将纽扣扣上的。如果你主动走上前去和他们聊聊，你就会发现，这些保持双腿交叉站立姿势的人几乎都是互不认识的。这就是为什么大多数人在陌生人中间总是站立的原因。

再来看另一个会议或是宴会场合，几乎每个人在站立的时候，都是双臂张开，手掌伸开，外衣敞开（如果穿着外套或夹克），身体重心落在一只脚上，另一脚则指向交谈对象，看上去非常的轻松、惬意。他们不断地进入或是走出他人的个人空间。如果你主动走过去和他们聊聊，你就会发现他们全都是非常熟悉的朋友。

正如前面所提到的，张开双腿表示坦率、真诚，并有一种优越感，而交叉双腿则意味着封闭、消极，或是带有自卑倾向的防御性态度。一般来说，如果一位女性做出“剪刀”样式的站立姿势，则说明她可能向对方传达了两种意思：其一，她不是想离开她现在所处的场所，而是想留下来；其二她想与其他人保持一段距离，不想任何人靠近自己。当一个男性做出此种姿势，其所表达的意思就较为明显——“我想留下来”。很多时候，男性张开自己的双腿代表着他想显示自己的男性气概，而交叉双腿则表示他想保护自己的男性气概不受外界的影响。因而，当他发现站在自己面前的某位男士比自己的地位低时，他就会有意识地展开自己的双腿，以此显示自己的男性气概和优越感，反之，当他觉得站在自己面前的男性的地位高于自己时，他就会有意识地将双腿交叉在一起，以免使自己显得气势过盛，处于易受攻击的地位。

双腿张开的姿势，此种站立姿势男性使用得最多，相对来说女性使用此种站立姿势的时候较少。因为，此种站立姿势有显示自己胯部（尤其是生殖器）的含义。一般来说，男性做出此种姿势，则在向对方表示：我是不会离开的！并以此来显示自己的支配、决定地位，以及他的男子汉气概。很多时候，竞技场上的男性选手们在比赛开始或是终场的时候，通常就会摆出此种站立姿势，以此向对方显示自己的男子汉气概和战无不胜的力量。

立正的姿势在日常生活中最为常见，无论是男性抑或是女性，都会广泛使用此种站立姿势。一般来说，此种站姿较为正式，表明了一种不温不火或是中立的态度。在陌生男女第一次见面时，女性尤喜欢采用此种站立姿势，因为这样能使她们的双腿保持并拢，从而能给对方一种矜持、含蓄的美好印象。除此以外，晚辈见长辈的时候、学生见老师的时候、下属见老板的时候，以及地位低的人见地位高的人的时候，往往也会采用此种站立姿势，以示他们对对方的尊敬之情。

一只脚指向前方的站立姿势在很多聚会场所较为常见，此种姿势最能揭示一个人的心理活动状态，因为一个人脚指向的方向，往往就是一个人心里所渴望去的地方或者是自己最感兴趣的地方。比如，当一个人和某一人群交谈时，他通常会将自己一只脚的脚尖指向与他说话最投机的那个人。如果他与对方交谈一定时间后，发现他和对方并没有太多的共同语言，于是打算离开。此种情况下，他就会在不知不觉中把自己那只伸出去的脚的脚尖指向身体的左侧或是右侧，以此来向对方暗示：对不起，我想离开了！

思考型的站姿

思考型站姿的人双脚自然站立，双手插在裤兜里，时不时抽出来又插进去。

他们比较小心谨慎，凡事喜欢三思而后行，如果让他们决定做一件事，不如你先给他们一份计划。在工作中他们最缺乏主动性和灵活性，往往生硬地解决很多问题，事后又常常后悔，这不能不说是其悲哀之处。

他们的姿势给人的感觉是好像总有很多忙碌的事情等着他们去做，其实是因为他们经常觉得不知如何是好。这种人的伟大之处是他们把爱情看得异常神圣，从不轻易玷污，以致在西方人的眼中，总是认为不可理喻，或许，这种人只应该出生在东方。他们既不轻易喜欢上一个人，更不会轻易向人表达他们对爱情的忠贞。

他们常把自己关在一个小屋子里，冥思苦想，构筑自己梦想的殿堂。正因为如此，他们大都经受不起失败的打击，在逆境中更多的是垂头丧气，正所谓：希望越大，失望也越大。

服从型的站姿

服从型站姿的人一般是两脚并拢或自然站立，双手背在身后。他们大多在感情上比较急躁，经常看到他们一个人猛追紧缠，也经常听到他们发誓不娶不嫁，如果让他们去经受爱情的长期考验，他们中的大多数要成为爱情的逃避者。

这种类型的人与别人相处一般都比较融洽，可能很大的原因是由于他们很少对别人说“不”。人的感情往往会受着一种潜意识的控制，都愿意听到别人对自己的赞美，而这种人生来就是学这套的。

他们在工作中不会有什么开拓和创新的精神，但能踏实到毫无反对意见的地步，在很多人手下也会很有用场。他们不是“拍马屁”的高手，甚至他们不知道该怎样去“拍马屁”，但他们却经常拍到“马屁”，应该说是他们运气很好。

他们的快乐来源于他们对生活的满足。而不愿与人争斗的个性既带给他们美好的心情，也带给他们愤怒。

攻击型的站姿

攻击型站姿的人常常将双手交叉抱于胸前，两脚平行站立。他们的叛逆性很强，时常忽略对方的存在，具有强烈的挑战和攻击意识。

在工作中，他们不会因传统的束缚而放不开手脚，即使偶尔被绑，他们也会用牙齿咬断这根绳索；如果嘴也被封住，他们会不断地用鼻孔出粗气，显露他们的存在。这种人的创造能力也就比其他类型的人发挥得更淋漓尽致，并不是因为他们比别人聪明，而是他们比他人更敢于表现自己。

古怪型的站姿

古怪型站姿的人常常将双腿自然站立，偶尔抖动一下双腿，双手十指相扣在胸前，大拇指相互来回搓动。这种人的表现欲望十分强烈，喜欢在公共场合大出风头。若什么地方要举行游行示威，走在最前面的，扛着大旗的大多是这种人。

他们喜欢争强好胜，容不下别人。如果大家都说太阳是圆的，他们一定会说是方的；若大家都说是方的，这种人肯定会问大家：“太阳怎会是方的呢？”他们不是愚蠢，而是十分聪明，大家都不能把井里的月亮捞出来，他们就行，不信？他们用一个洗脸盆就办到了。

抑郁型的站姿

抑郁型站姿的人通常是两脚交叉并拢，一手托着下巴，另一只手托着这只手臂的肘关节；这种人多数为工作狂，他们对自己的事业很有自信，工作起来十分投入。废寝忘食地工作对他们来说是家常便饭，自己的另一半更是经常被冷落在家，幸亏他们的伴侣多是善解人意的。

这种人更为引人注目的是他们的多愁善感，从他们丰富的面部表情就可以看出，他们是那么容易喜怒无常。甚至在他们的言行中也表露无遗，刚才还在与你喜笑颜开、夸夸其谈，突然脸色沉了下来，一句话也不说，最多时不时地在你们的谈话中苦笑一下，显得很深沉的样子，谁也不知道他们是因为读小学时失恋了还是刚才在办公室走廊里被上司训了一顿，或者昨天看电影迟到了，没有看到故事的开头。

他们对这个世界倒是很具有爱心，可以经常看到他们的奉献精神。

这种人很坚强，他们一般不会向人屈服，也不会由于重重摔了一跤，就不再继续在充满泥泞和荆棘的道路上前行。

社会型的站姿

社会型站姿的人双脚自然站立，左脚在前，左手习惯于放在裤兜里。这种人的人际关系处理得很协调，他们从来不给别人出什么难题，为人敦厚笃实。

如果让这类人去与客户建立关系，他们通常是先站在客户的立场替客户着想，帮助他们分析利弊，这在人情味重的东方国度里，往往会收到神奇的效果。

这种人平常喜欢安静的环境，找一二知己叙旧或者摆弄一下棋盘，给人的第一印象总是文质彬彬的，不过一旦碰上比较让人愤怒的事，他们也会暴跳如雷。

对于男女关系的问题他们有一种大彻大悟的体会，“男人不必为女人活着，女人也不必为男人活着”，他们最讨厌把感情建立在金钱上，也最不愿听到别人说他们是为了怎样怎样而与某人交往。

不同的人有不同的走路姿势

正如世界上没有相同的两片树叶，全世界虽然有 77 亿人，却找不出两个人的走路姿势完全一样，不同的人有不同的走路姿势。虽然世界上没有两个人走路的姿势完全一样，但在某些具体姿势上，还是存在趋同性。

近来，行为学家研究发现，通过观察一个人走路姿势不仅能大致知晓他的身体健康状况，还能大致了解他的性格特征。

如果一个人走路时“脚踏实地”，一步一个脚印，则说明其性格较为稳重，在做任何事情时都喜欢三思而后行，即使遇到非常紧急的事情，他也会对其进行有条不紊的处理，而不会出现手忙脚乱的情形。一般来说，此种人也比较重承诺、讲信义，答应别人的事都会尽自己最大努力去办。

如果一个人走路时高抬起自己的下巴，左右双臂做着较为夸张的来回摆动动作，脚也显得较为僵硬，则说明其较为清高，有时还显得有点自命不凡。在与人交往时，他总喜欢摆出一副高不可攀的样子，以此来满足自己那点可怜的骄傲感。

如果一个人在走路时喜欢双手叉腰，身体前倾，就像一个蓄势待发的短跑运动员，则说明其性格较为急躁，总希望在最短的时间内做尽可能多的事情。一般来说，经常保持此种走路姿势的人往往具有较强的爆发力和雄心壮志。有些时候，他可能会默默、急速地做着某件大事情，以此来向周围的人证明自己不是一个“莽张飞”。在与人交往时，他非常喜欢直来直去，也正是因为这个原因，他会经常得罪一些朋友。但总的来说，他的人缘还是相当不错的。

如果一个人在走路时经常低着头，双手放于衣袋之中，则说明其性格较为内向，不太喜欢与人交流，尤其是与陌生人交流。在做事时，他喜欢安安静静地做；与人交往时，他更倾向于同自己性格相似的人交往，但也不会排斥那些性格外向的人。

如果一个人走路时风风火火，大步向前，双臂还不由自主地前后摆动，则说明其性格非常外向，心直口快。与人交往时，他最不喜欢的就是那种“小肚鸡肠”的人，而倾向于与活泼开朗的人来往。有些时候，他做事时可能显得非常豪放、洒脱，但实际上他有自己严密的计划和规划。

如果一个人走路时身体前倾，则说明他性格较为内敛、温和，无论是学习还是工作，他都会严格要求自己。与人交往时，他往往显得非常谦逊，但能做到不卑不亢，因而很得朋友的尊重。

此外，当年轻、健康、充满活力的人走路时候，他们的步速要大大快于老年人，其手臂前后甩动的幅度都较大，以至于看起来像行军一样。部队行军时往往就会采取此种姿势，以显示出士兵们的蓬勃朝气与活力。不少政治家和公众人物在走路时也会采用此种大步流星的姿势，以此来显示自己的干练和魄力。

走姿与心理反映

人们行走的姿态，即步态，是千姿百态、变化万千的，有节奏均匀的慢跑、大摇大摆的阔步、老态龙钟的蹒跚、偷偷摸摸的蹑行、故作姿态的扭摆、兴高采烈的蹦跳、摇摇摆摆的跛行、无精打采的漫步、急促小跑的碎步、闲庭自得时的信步、消磨时间的散步、夸张行进的正步、风驰电掣的疾奔、犹豫不决的徘徊、姿态优雅的滑行、心焦气躁的急走等。这些步态，每个人在日常生活中都会用到其中的一部分。

每个人具有不同的走路姿势，能使他的熟人哪怕相隔较远也能认出来。至少有一些特征，是因为身体的结构而有所不同，但是步法、跨步的大小和姿势，似乎是随着情绪变化而改变的。如果一个人很快乐，他会走得比较快、脚步也轻快；反之，他的双肩会下垂，脚像灌了铅似的很难迈动。通常来说，走路快且双臂自在摆动的人，往往有坚定的目标而准备积极地加以追求；习惯双手半插在口袋中，即使天气暖和时也不例外的人，喜欢挑战而颇具神秘感。

一个自视傲慢的人走路时，他的下巴通常会抬起，手臂夸张地摆动，腿是僵直的，步伐是沉重而迟缓，似是故意引起他人的注意。

一个人在郁闷时，往往拖着步子将两手插入口袋中，很少抬头注意到自己往何处走。

走起路来双手叉腰像个短跑者的人，往往想在最少的时间内跑最短的距离，以达到自己的目标。他突然爆发的精力，常是在他计划下一步决定性的行动时看似沉静的一段时间内所产生的。

适当的步态可以表现出一个人积极向上、朝气蓬勃的精神状态，呈现出一种健美的姿态，正如古人所说的“行如风”，会给人留下良好的印象。

男子走路贵稳健、迅捷；女子走路贵婀娜、轻盈，但以自然明快为好。

法国心理学家简·布鲁西博士研究发现，人的性格与动作有着很大的关系。从一个人走路的姿势、笑的样子、说话的方式等，甚至从一个完全出于无意的小动作，都可能推断出对方当时的心理状态。这也就是说，即便是走路，也会反映出一个人的特点：沉着冷静的人走路时，步伐稳健；健步如飞的人，充满朝气。

另外，男女行走时，步态要求也不一样。男子走路时，头要端正，两眼向前平视，挺胸收腹，两肩不要晃动，步伐要稳健、有力。女子走路，头也要端正，不过目光宜温和平静，两手前后摇动幅度不要太大，步伐以飘逸、轻盈为佳。另外，不管男女，走路时，行走路线都应尽可能保持平直。不要两手插入衣袋、裤袋，也不要躬腰弯背，东张西望，边走边对他人品头论足；不要东摇西摆，有气没力，抢先或拖后，双手叉腰和倒背手；不要拖泥带水，重如打锤，砸得地板咚咚直响。

上班的路上要动作利落，抓紧时间。当领导喊你去他办公室的时候，尽管你还有没做完的工作，也要马上过去。当上司走到你的座位前时，要马上站起来。

昂首挺胸的走姿

有些人走路时抬头挺胸，大踏步地向前，充分表现出自己的气魄和力量，当然也难免给旁人一种骄傲的感觉。

这类人爱以自我为中心，淡于人际交往，不轻易投靠和求助别人，哪怕碰到自己根本就无法解决的事情时也是这样。他们思维敏捷，做事逻辑思维清晰，考虑问题比较全面。对于不是很复杂的事情，他们也时常为自己拟订一份计划。

他们习惯于修整仪容，衣履整洁，时刻使自己保持着美好的形象。无论是逛街还是访友，出门前他们总喜欢在镜子前端详一下自己："头发零乱否？衣服平整否？皮鞋光亮否？"

这类人的最大弱点是羞怯和没有坚强的毅力。时常看到他们有很多伟大的计划，却很难发现他们有成功的事业，加之个性羞涩，难以主动与人交往，时常不能充分发挥自己的能力，所以他们时常有一种"黄金埋土"的感觉。这种人还极富组织力和判断力，可惜他们时常说得多做得少。"说话的巨人，行动的矮子"也许是这种人的真实写照。

摇摆不定的走姿

这种人看似行为放荡，但对人热情诚恳，即使是女性也有一股侠义之气。处事坦荡无私，对电视台"露脸"等活动情有独钟。他们乐意帮人解决各种问题和困难，而且不需要别人的感激。需提醒他们的是：切勿锋芒太露，也不要有轻浮的举动。

步伐整齐的走姿

走路如同上军操，步伐齐整，双手有规则地摆动，在人们看来非常不自然，但他们却感觉那样协调。这种人意志力很强，对自己的信念十分专注，他们选定的目标一般不会因外在环境和事物的变化而改变。

行动急促的走姿

大部分人遇到紧急情况都会不顾一切地疾行，如果任何时候都显得来也匆匆，去也匆匆，好像屁股后面着了火似的就另当别论了。这种人办事比较急躁，虽然明快而又有效率，但缺少必要的细致，有时会草率行事，缺少足够的耐性。他们遇事从不推诿搪塞，勇敢正直，精力充沛，喜欢迎接各种挑战。

微倾式的走姿

有的人走路时习惯于身体向前倾斜，甚至看上去像弯着腰，倒并不是因为他们走得较快需用身体来平衡，与之相反他们大多数步伐还非常平稳。

这类人性格内向，而且有一颗关爱之心；害羞腼腆，见到异性常会红脸；具有较好修养，为人谦虚，从不花言巧语；注重感情，一旦成为至交则情深似海、痴心不改。但这种人常常对生活感到厌烦，这是由于他们受伤害多，又不愿向人倾诉，独自生闷气造成的。

他们从不欺骗他人，非常珍惜友谊和感情，只是平常不苟言笑，与人相处也是一副“借他米还他糠”的冷漠样，很难与人相处。但一旦成为知交则至死不渝，尤其在恋爱或婚姻出现分歧、决裂时，他们总是抱着“宁肯人负我，我绝不负人”的观念。

八字式的走姿

内八字式走路的人，表现得滑稽可笑。他们永远是副憨实厚道的样子。但这种人在厚道的外表下，并不显得沉静。他们平常留意生活中的细节，事事喜欢按部就班地进行，如果有突发事件发生，他们就会大乱阵脚，而显得手足无措。

这种人的形象注定了他们不会创新，情愿跟着潮流走。当别人把一定的权力交给他们，而使其成众人注目的焦点时，他们就会浑身不自在而烦躁不安，因为他们只追求平淡的生活。

其他的走姿者

1. 手足协调的人

这种人对待自己十分严厉，不允许出现半点的差错和放松，希望自己的一举一动都可以成为他人的榜样，具有相当坚强的意志力和高度的组织能力。但他们容易走向武断独裁，让周围人产生畏惧，对生命及信念专注固执，不易为别人和外部环境所动，为实现目的会不惜一切代价。

2. 手足不协调的人

这种人走路姿势是双足行进与双手摆动极不协调，而且步伐忽长忽短，让人看了极为不自在。这种人生性多疑，对什么事都是小心翼翼、瞻前顾后；责任感不强，做事往往有头无尾，甚至溜之大吉。

3. 步调混乱的人

因为心不在焉，所以这样的人走路步调混乱，没有固定习惯可言，或是双手放进裤袋，双臂夹紧；或是双臂摆动，挺胸阔步。他们一般豁达大方、不拘小节。

4. 落地有声的人

这种人双足落地的时候发出清晰的响声，行进迅速，昂首挺胸，一副精神焕发的样子。他们志向远大，积极进取，精心设计和打造自己的未来和生活，期望一天比一天过得更好。他们是理性成分超过感性成分的人，做事有条不紊、规规矩矩，同时注重感情，热烈似火，是个好的情人或伴侣。

5. 走路文质彬彬的人

这种人走起路来不疾不缓，双手轻松摆动，富有教养。但是这种人胆小怕事，没有远大的理想，而且不思进取，喜欢平静和一成不变，所以总是原地踏步和维持现状。他们遇事冷静沉着，不轻易动怒。以这种姿态走路的女人多属于贤妻良母型。

6. 走路横冲直撞的人

这种人走路迅疾，不管是在拥挤的人群当中还是在人迹罕至之地，一律横冲直撞、长驱直入，而且从来不顾及他人的感受。他们性情急躁，办事风风火火；坦诚率真，喜欢结交五湖四海的朋友，讲义气，不会轻易做出对不起朋友的事。

7. 走路犹疑缓慢的人

这种人走路时仿佛身处沼泽地，行进艰难。他们大多性格较软弱，容易知难而退，不喜欢张扬和出风头；遇事总是三思后而行，绝不轻易冒险迈出第一步，结果往往错失良机；憨直可爱，胸无城府，重视感情，交友谨慎小心。

8. 慢悠悠走路的人

这类人平时总是慢慢悠悠走路，说明此人无所事事，游手好闲，不务正业。他们大多性格迟缓，对自己放任自流，凡事得过且过，顺其自然，没有过高的追求，缺乏进取心。

9. 走路故弄玄虚的人

这种人走路左晃右摆，一副弱不禁风的样子。好像在故弄玄虚，明明一无所有却要摆出一副卓尔不凡的架势。这种人遇到难题不是推卸转移就是不了了之，不允许别人有半点对不起他们，奸诈虚伪，善于阿谀奉承，往往导致事业、爱情和生活上的失败。

10. 走路连蹦带跳的人

这种人手舞足蹈、一步三跳且喜形于色，一定是听到了某种极好的消息，或得到了意想不到的、盼望已久的东西。他们城府不深，不会隐藏自己的心思。此类人往往人际关系良好，朋友也不少。

11. 走路不安静的人

这种人除了睡觉以外，没有片刻安静的时候，喜欢东窜西窜，以引起他人的注意。他们做事粗心大意，丢三落四，但慷慨好施，不求名利与享受，安分守己，认真经营自己所热衷的事业；喜欢凑热闹，害怕孤独；健谈，常常口若悬河，评古论今；思想单纯，喜欢户外活动，特别是徜徉在大自然当中。

第五章
餐桌上流露真性情，看透餐桌上的人心百态

不停换座位的人是挑剔的完美主义者

我们经常会和家人、朋友或者同事去餐厅吃饭，这时候，就会涉及找座位的问题。通过观察一个人找座位的方式，可以看出这个人的性格及判断能力。

比如，有的人一进餐厅，就迅速地环顾一周，然后找一个位置坐下了。但是，没坐多久，觉得这个位置不好，太靠外了，周围都是人，有点嘈杂。于是，就换了座位，坐到了里面一个角落的座位上。但是，刚坐一会儿，又觉得这个角落显得太拥挤了，而且闭塞，感觉很压抑。而靠窗的那个位置好像很好，能看到外面的风景，周围又没有多少人。于是，又赶紧坐到了靠窗的位置。就这样，他从进餐厅起，就一直不停换座位。只有他一个人还好，有的时候，会让和他一起吃饭的朋友不堪其苦。其实，这样的人，是十分挑剔的。他们无论买什么，都想要最好的。他们对自己的要求也很高，无论做什么，都想达到最好的程度，是个完美主义者。可是，世界上本没有什么是十全十美的，所以这样的人不仅自己活的辛苦，也会让身边的人很累。而且，他们一再地换座位，说明他们的想法很不成熟，作决定也很少深思熟虑，而总是有点苗头就去做，觉得不对了再改。这样的人，很难使别人信赖。

与不停换座位的人相似，有的人也总会找错座位。但是他们不是因为觉得自己的座位不好而换，而是缺乏判断力。比如，当他带着大家去就坐的时候，走到跟前才发现位子不够。这样的人，通常是缺乏判断力的。他们常常想帮大家做些事，但是，总是会作出一些错误的判断，或者导致一些失误。不过，他们那种有点傻的诚实的性格，也会非常受大家欢迎。

和找错位子的人类似，有一种人，也喜欢为大家找位子，但是他们很少像上面那种人一样迷糊。这种人到了餐厅，通常会先环顾一下，然后指着一个饭桌对大家说，就坐那里吧。这样的人和找错座位的人相反，是非常有判断力的，并且他们非常自信，也有领导能力。不过有的时候，也会因有点独断专行让别人反感。但是他们有什么想法会直接表达出来，比较坦率。

有些人与主动给别人找座位的人正好相反，有的人喜欢跟在大家后面。当大家去吃饭时，他们从不说自己想坐在哪里，也不会带领大家就座，而是跟着大家，当有人指定好位置后再和大家一起坐过去。这样的人依赖性很强，没有主见，他们习惯于接受别人的指导和照顾。在做事的时候，他们也很少积极主动地去做，而是配合别人，或者被别人指挥着去工作。

还有一种人，当进入餐厅后，会首先问店员有没有座位。他们不会主动找位子坐下，而是让店员给自己安排一个座位。这样的人，很少考虑别人的想法，做事过于理智，干什么都以最合理的方式进行，有点不近人情。

只有你用心观察，从生活中处处都能发现人们的性格特点。当你和他人一起进餐时，不妨多观察一下，判断他们都是怎样的人。

坐在固定座位的人，渴望安全感

在日常生活中，吃饭是免不了的。无论是在餐厅吃饭还是在家里吃饭，选择座位也是必需的。因此，座位的选择可以看出很多问题。

比如，在吃饭的时候，通常座位都是不固定的，大家可以随便坐。但是有的人，却一定要选择固定的座位。如果这个位置是空的，他们会直接坐过去，如果这个位置被别人坐了，他们还会想办法让别人起来，自己去坐。像这样的人，有很强的防卫心理。他们对于处理人与人之间的关系时非常苦恼，他们也不知道怎么和人打交道。他们常常有不安的感觉，对自己在一个团队或者群体中的存在价值感到迷茫。他们也不自信，觉得别人会轻视自己。所以，他们选择固定的座位，想创造出一个自己熟悉的小环境，以便使自己的心情平静下来，使自己有安全感。而且，这样的人个性比较认真，做什么事都容易较真。如果是固定的工作，他们就能完成得很好。但是，他们不懂得变通，所以不适合创造性的工作。总之，他们防卫心很强，正是来自于他们缺乏安全感，觉得别人会伤害自己。

其实，选择固定座位，也是一种划分势力范围的表现。比如，在家里坐固定的座位，就划分了在家里的势力范围；在公司坐固定的座位，也是在公司里划出自己的空间。哪怕是一些常去的餐厅或商店，都可以通过坐固定的座位，划分出属于自己的势力范围。他们之所以这样做，是因为只要在自己的势力范围里，他们就会觉得轻松、自在，而且很放心，不用担心别人伤害自己、轻视自己，这是防卫心理很强的原因。

不过，固定座位也有它的好处。大学教授们总结出，固定的座位可以给人留下深刻的印象，也可以调动人们的积极性。因为大学课堂是不会规定座位的，所以很多学生会每回上课都变换位置。而这些学生难以令人留下深刻印象。相反，总坐在固定座位的学生常会留给教授们深刻的印象，自然而然便会不时地加以注意。

比如，去参加一次会议，尤其是例会，有的人总比别人早一步进入会场，挑选面对主持者的位置或是主持视线容易看见的位置，并且每次开会都坐在同样的位置上，经过一段时间之后，大家会在心里默认那是这个人的位置，于是他的存在便被大家肯定。同时，更奇妙的是，如果他有固定不变的位置，往往也能加强他参加会议讨论的意愿，并能变为积极讨论者之一，要求发言的次数也会增多。所以，大学教授们才说，固定的座位可以给人留下深刻的印象，也可以调动学生发言的积极性。

家庭餐桌上也同样遵循这个道理。如果仔细观察你会发现，各个家庭餐桌的形状是经过深思熟虑才选择出来的。而且，不同的饭桌形状可以显示出家中各成员权力的分配情况：家长拥有绝对权威的家庭多会选择长方形桌子；观念封闭、地位分明的家庭会选择正方形桌子；而民主开放式家庭则钟爱圆桌。

在家长拥有绝对权威的家庭，家长肯定坐在长方形桌子的一端，并且是离门最远，背靠着墙壁的那个位置。这个位置足以显示他的地位，并能凸显他的权威。而坐在他对面的，背对门的肯定是最没地位的家庭成员；圆桌的各个位置几乎都是平等的，圆桌会议往往具有平等协商的意味。使用圆桌的家庭，往往会用民主的方式解决问题。

选择固定座位的人，都有特定的心理和性格。只要我们多分析，就可以推测出这个人的性格。

吃饭速度快的人，作决定的速度也很快

吃饭，是我们每天都会做的。但是，大家可能不知道，从一个人进食的习惯也可以推断出这个人的性格特点。

比如，有的人吃饭速度很快。快速进食的人，一般都是精力充沛的工作狂。而且，他们下决定的速度也很快，他们不会听你啰啰唆唆地说一堆废话，而会直截了当地根据自己的判断下决定了。迅速地吃饭，迅速地下决定，说明他们很珍惜自己的时间，追求高效率。有的人吃饭，更是风卷残云似的，甚至有点狼吞虎咽。这样的人，一般情况下都是个性豪放、精力旺盛的。他们办事干脆果断，待人真诚友善，并具有强烈的进取精神和奋斗精神。在购买物品时，他们也喜欢实用性的。还有一些人吃饭的时候，对食物不加节制，一遇到自己喜欢的食物就暴饮暴食。这样的人性格比较直爽，不善于隐藏自己的情绪，喜怒全写在脸上。

而有的人吃东西就比较慢。这样的人在思索问题时会花上许多时间，反复斟酌，直到自己认为无懈可击了，才会作出决定。他们吃东西很慢，也是因为他们有点挑食，因此，在待人接物方面都是比较挑剔的。和他们相似，有的人在进食时，把食物分割成若干小块，再逐一食用。他们一点儿也不着急，慢慢地享受嘴里的食物。这样的人，做什么事都小心、谨慎，为人也很细心、认真，但是会给人一种保守、顽固的印象。如果你和这样的人交往，注意不要用太激烈的言辞，否则可能会激怒他们。

还有的人，吃东西的时候细嚼慢咽。他们吃饭的时候，已经不止是慢了，

而是极慢。他们会细细地咀嚼和品味嘴里的食物。这样的人，办事周全、严密，没有把握的事从来不做。他们的为人也比较冷漠，对什么事都比较挑剔。但是，他们一旦把你当成朋友，也会真诚地与你交往。

有的人吃饭的时候喜欢一个人。他们愿意单独进食，不喜欢与人共餐。这样的人，性格比较冷淡，不愿与人分享。他们还会孤芳自赏，有自恋情结。不过，他们的性格也比较坚毅沉稳，对自己要求很高，责任心也很强。他们很信守承诺，言行一致，答应别人的事再难也会做到。

有的人对食物来者不拒，不管点什么菜，他们都能吃得津津有味，从来不挑食。这样的人，对食物不加选择，所以在与人交往时也很少挑剔，个性很随和，不拘小节。他们的心态比较阳光，生命力很旺盛。同时，他们还多才多艺，应对能力也很强，无论是什么工作，都能处理得游刃有余。而有的人和他们相反，对食物浅尝辄止，他们的食量比较小。这样的人，大部分个性保守，做事谨慎沉稳。他们缺乏创新和进取的冲力，并且习惯于墨守成规。

总之，观察一个人吃饭的习惯、吃饭速度的快慢和方式，都可以判断出这个人的性格特征。

吃东西时默不作声的人，比较内向害羞

平时吃饭的时候，有人喜欢边吃边兴高采烈地说话，有人却是默不作声，一声不吭，只是一个劲地低头专心吃饭。

吃饭时闷声不响的人，一般都是性格比较内向、比较害羞的人。他们性格内向，平时已经养成了不爱说话的习惯，跟别人说话时要么不敢正眼去注视对方、脸红，要么一开口结结巴巴，要么显出一副不知所措的样子，这些都是他们害羞的表现。因此，即使别人主动与他们说话，他们也不肯多说。他们一般不会主动与别人讲话，上台发言时也不敢抬头，声音语气也常常显得极为不自信，或许他们心里并没有什么自卑的地方，也没有感觉自己是一个不自信的人，但他的举动在别人的眼里就是一种不自信的表现。他们的表现欲不强，不会动不动就和别人抢风头、争先进，更多的时候他们会默默无

闻地跟在别人的身后，直到自己的实力被证明。其实，这都是因为内向的原因，而害羞又是性格内向的人所共同具备的特点。

不过，也有这样的情况，你看他们进餐时一声不响，他们心里可能正在琢磨这盘菜的做法呢，他们可能是个美食家，一心一意放在食物上，顾不上跟别人说话了。又或者是他在考虑其他的事，对你们现在正在说的话题一点儿兴趣都没有，甚至觉得很无聊。不过大多数人都是因为害羞或孤僻，才会在进餐时不说话。

因此，当我们聚餐时兴高采烈地和朋友们聊着天时，突然发现有一个人总是一言不发，或许他就是这种内向型害羞型的人。所以，不要武断地以为他是在生谁的气，也不要埋怨他破坏聚餐的气氛。

有些人却正好相反，有的人在吃饭时，一面吃饭一面说个不停。这样的人性格通常比较急。他们有的时候，甚至等不及把食物吃完就迫不及待地要说话。

这样的人，一般处理事情时也比较性急，他们总是急于求成，急功近利，对什么事情都没有耐性，总希望一下子完成或一下子做好，甚至没做完一件事情，就迫不及待地要做下一件事情了，以至于常常连一件事情也做不好。而且，他们无论做什么都匆匆忙忙，在别人眼里总是有点冒失。吃饭也不闲着，边吃边干着其他事。这都是性急的人养成的生活节奏，改也改不过来，你让他慢下来，他便不能适应，甚至不知道该怎么生活。

因为他们的性格很急，所以脾气也比较容易暴躁。他们的忍耐力极差，而且从他们的内心来讲，他们并不愿让自己忍耐，这跟他们直率的性情有很大的关系，他们有了委屈或不满，不会憋在自己的肚子里，而是一刻也不停地发泄出来。从他们边吃饭边唠叨上也能发现这一点。他们甚至都不能先忍一会儿，忍到吃完饭再唠叨。当然这种性格不仅体现在吃饭中，即便是在做其他事情的时候遇到一些令自己不愉快的事，也会忍不住边做事情边唠叨。

因此，当我们遇到有人边吃饭边唠叨个不停时，我们就可以初步判断这是一个性格急躁的人。而吃东西时默不作声，则是内向型的人，容易害羞。

总是吃个不停的人，内心比较空虚

在吃饭的时候，有的人吃得很少，可能是为了减肥。有的人则是定时定量地吃饭，生活很规律。还有的人，整天不停地吃东西，就好像永远也吃不饱一样。这样的人，很可能是内心比较空虚，他们要靠吃东西来消除内心的烦躁和焦虑。

整天抱着东西吃个不停的人，往往是内心空虚无聊的人，他们的空虚已经到了无法消遣的地步，只好通过吃来消遣。有时候，可能我们自己也会有这样的情况，一个人在家里看电视或是做别的什么事时，只要看到面前摆着吃的东西，就忍不住要去吃，但另一方面自己其实并不是太想吃，因为自己根本不饿，只是感觉手本能地放在了食物上，然后本能地又放到了嘴里。这其实就是一种内心空虚的征兆。内心空虚时就会总觉得无所事事，总想为自己找点事做，可是又不知道找什么事情好，所以只好看到什么可做的就去做了。比如，看到面前有吃的东西，立刻就去吃了，而并非要等饿了或是到开饭的时候才吃。不过，可惜的是，吃并不是消遣空虚的出路，吃过之后可能才会发现，空虚不但没有被消遣掉，反而越演越烈了。因为用错误的方法做错误的事情自然不会得到正确的结果。这样下去必然是恶性循环，于是到了在不饿的情况下，抱着食物吃一整天的程度。

因此，我们如果发现有人每天抱着食物不停地吃，就可以推断出，这是一个内心比较空虚的人，有的时候，甚至连他自己都不知道自己内心的空虚。而有的人，则很少这样，他们总是按时按量吃饭，这样的人，原则性很强。

这些吃饭定时定量的人，往往是那种生活十分有规律、有节奏，原则性很强的人。如果没有特别意外的事情发生，他的这些生活规律、生活节奏、生活原则是绝不会轻易改变的。就连吃饭，他们每天都安排着固定的时间，不到那个时间说什么也不吃，就是吃也咽不下去。而一旦到了吃饭时间，无论发生什么天大的事情也不能阻挡他。而且，他们每天每顿饭就吃那么多，再多一点都吃不下或者拒绝吃，也不会少吃一点。因为吃饭都这样讲原则，所以他们在做其他的事情上也表现出了很强的原则性。在他们的生命里，原则是最重要、最不可或缺的东西之一。这样的人做什么事情都会讲原则，会坚持原则，一旦有人提出的要求超出了他的原则底线，那他说什么都不会答应。

其实，有原则是一件好事，它意味着无论什么事情，到了他们那里都会事先有个尺度，而对没有原则的人来说，他们就会失去这个尺度，所以他们常常会办一些事后令自己后悔不已的事情，原因就在于他们办事时没有尺度。而且，讲究原则的人，并不一定就是那种为人处世很呆板的人，有时他们在办事时也会非常灵活，只要别触犯原则性的问题。

对酒的不同的偏好反映不同的心理

饮酒是人们在社交场合最为常见的应酬方式，它是人们沟通和联络感情以及解决问题的最好方式。通过饮酒可以了解对方的性格，或作为把握理解对方心态的参考，多半也是解决问题的较好时机。

比如，有的人喜欢喝威士忌。这样的人，适应能力强，能充分采纳别人的意见，出人头地的愿望非常强，只要有机会即希望从中赚大钱或期待上司的认可。对待女性非常重视礼仪并表现亲切，会明确表达自己的心意。不过，具体饮用的方法不同，还有不同的性格。喜欢喝纯威士忌的人，具有男性气概、冒险心强，拒绝受形式束缚，对强权势力带有叛逆性。富有创造力、独创性又极具正义感。外表上对女性表示冷漠的态度，内心却是温柔的；喜欢喝稀释的威士忌的人，这是最为普通的男性性格，渴望能充分把自己的观念传达给对方，适应能力非常强；喜欢加冰块喝的人，无法确切地用词语或表情传达自己的心意。仔细观察周围的情况，易被别人的意见所左右。但是，在公司里通常是平步青云，平常会隐藏自己的感情。

有的人喜欢喝中国的白酒。这种人，如果餐桌上没有白酒便索然无味。喜爱白酒者一般能适应社会而又乐善好施。也有好好先生的一面，很在意对方的感受，易受吹捧，受人所托无法拒绝。对女性尤其表现得亲切，即使被对方为难也不在意。在公司或职场中由于关照部属而深受部属们的爱戴，却很难获得领导的认可。在混乱的局面中能发挥卓越的能力。这种男性多半为了认同自己而愿意为对自己的能力有极大期待的人奉献心力。虽然失败多，却也有大成就。

有的人喜欢喝洋酒。年轻男子中喝洋酒的人已经越来越多。商店到处都有洋酒的陈列。用餐必定有洋酒，或者约会中必喝洋酒的男性是极具个性的。这类男性喜欢追求豪华的生活，喜爱从事辉煌的工作，在服饰等方面却比较挑剔。他们中的许多人有国外生活经验，也有些人则是崇尚新潮。

有的人喜欢喝鸡尾酒。喜好带点甜味的鸡尾酒者很少有豪饮型。与其说是喝鸡尾酒，不如说是感受那种气氛，或渴望与女性对谈。如果喜好辣味而非调味的鸡尾酒（如马丁尼酒），是具有男性气质的表现，在工作上能充分发挥自己的才能与个性，值得信赖。同时具有责任感，举止行为有分寸。而喝甘甜的鸡尾酒是不太喜爱酒精的男性，或渴望邀约女性感受饮酒的气氛，或期待借酒精缓和对方的情绪。如果向女性劝喝酒精度高或较为特殊的鸡尾酒，乃是暗自期待利用酒精使女性无法作冷静的判断。跳舞前劝女方喝鸡尾酒的男性，通常希望和该女性有更深层次的交往。

有的人喜欢喝啤酒。根据美国社会调查研究所的调查显示，喝啤酒是表现轻松愉快的心情，渴望从苦闷的环境中获得释放。约会时喝啤酒的男性，通常想要表现最原始、最自然的自己。如果向同行的女性劝喝啤酒，是希望对方和自己有同样的心情，或内心期待愉快的交谈。既不矫揉造作也不爱慕虚荣，可称为安全型。如果喝特别指定品牌的啤酒，这种男性可要警戒。有些人会选择和其公司系统相关的啤酒，而有些人也会在啤酒的品牌上表现个人的特性。事实上各品牌的啤酒味道相差无几，特别指定品牌只是心理上的作用。选购外国啤酒的人性格上和喜爱洋酒派类似。特别喜好喝德国啤酒的男性，只是想向女性表现自己异于一般男性。喜好喝黑啤酒的男性，通常对强壮的体魄向往不已。

边看书边吃饭的人，争分夺秒

吃饭是我们生活中不可缺少的一项重要内容，因此，人们就会在不经意间养成一定的饮食习惯，而这些习惯又可体现出一个人的性格。

比如，有的人喜欢边看书边吃饭。这类人是非常珍惜时间的人。对他们来说，吃饭只是为了满足身体的需要，如果不吃饭也可以活着，他们极有可能会放弃这件既耽误时间又浪费精力的事情。因此，他们是争分夺秒的人，他们会珍惜点点滴滴的时间，并利用这些时间做一些对自己有益的事。所以，这类人有坚定的目标，并且雄心勃勃。他们也会制订具体的计划，以便使自己的梦想变成现实。总之，边看书边吃饭的人，拥有积极向上的乐观精神，会争分夺秒地利用时间，把自己的想法付诸行动。

也有的人喜欢边走路边吃东西，这样的人也是非常珍惜时间的。他们认为吃饭简直是浪费时间，所以才会在走路的时候吃饭，这样就可以把吃饭的时间省下来了。不过，虽然他们经常给人以来也匆匆、去也匆匆的感觉，像是永远时间紧迫的大忙人的样子，但实际不一定如此。这样紧张的生活状态很有可能是由于他们自己缺少组织性和纪律性造成的。他们以为边走路，边吃东西是在节省时间，事实上，很可能是他们对自己的时间没有安排好。因此，这样的人大多比较容易冲动，经常会意气用事，最终使事情发展到不可收拾的地步。

还有的人喜欢一边看电视一边吃饭。这样的人，多是比较孤独的，电视或许是他们消除内心孤独的最好方式之一。他们可以把自己的感情寄托在故事的喜怒哀乐里。

有的人喜欢在餐桌旁站着吃饭。这种人并不是特别讲究吃，他们会尽力讲求方便、简单，只要能填饱肚子就可以。所以，他们在生活中，并没有太大的理想和追求，很容易获得满足，也很容易开心。他们的性格很温和，懂得关心别人，为人也很慷慨、大方，会为了朋友和家人付出。

有的人喜欢边做饭边吃。这类人一般情况下生活节奏快，因为有许多事情要做，他们表现得也比较繁忙。所以，他们更多的时候只能一边做饭一边吃。但他们并不以此作为自己的烦恼，甚至还觉得很高兴，能够自得其乐。

有的人喜欢在餐厅里吃饭。他们觉得在家里吃饭，既要做饭，吃完还要收拾，太麻烦，不如在餐厅里，简单又方便。这样的人，多是比较懒惰而又喜欢享受的。他们不善于照顾自己，但希望别人能够体谅他们，然后来关心和照顾他们。他们不太愿意轻易付出，往往会在别人付出以后自己才行动。

有的人吃饭定时定量。这类人生活十分有规律，而这些规律如果没有特别意外的事情发生，是不会轻易改变的。但这并不意味着他们为人处世呆板迟钝，相反，却可能很灵活，只是无论在什么时候，都具有一定的原则性。

有的人不喜欢吃早餐。这样的人分为两种，一种是非常热爱丰富多彩的生活，他们不想因为要吃早餐而浪费自己的时间，使自己的生活暂停片刻。另外一种，肯定是有一份自己非常厌恶的工作，想吃早餐却又要上班，就不想吃早餐了。而有的人不喜欢吃正餐，很喜欢吃零食。这样的人，把零食当成自己的知己，在压力很大，内心很焦虑的时候，他们会通过吃东西来缓解。因此，他们喜欢不停地吃，即使肚子不饿，也会以吃零食来放松自己的心情。

不同的人有不同的吃饭方式，通过观察他们的吃饭方式也可以判断出他们是怎样的人。

喝醉酒猛打电话的人渴望关怀

在现代生活中，无论是聚会还是谈生意，人们总是免不了喝酒，尤其是男性。如果一个喝醉酒的人，不老实回家睡觉，而是猛给别人打电话，这说明什么问题呢？

比如，喝醉酒的人，自以为想起了一件重要的事情，而打电话给别人，但是接电话的人，却常常会被他所谓的理由弄得哭笑不得，尤其是半夜三更接到电话，更往往让人在困得要命的时候还听得莫名其妙。

其实，喝醉酒打电话是一种“非常识的行为”，因为他们已经不具备人与人交往应有的常识。例如，深夜一两点时，毫不顾虑别人的休息时间打电话给别人，而对方听到的只是醉汉的喊叫声或音乐声。“我现在正在喝酒，你给我马上过来，我会一直等到你来陪我为止。”当你接到这种电话时，即使置之不理将之挂断，对方也还是会再打来，并且说一些“你真是太不够意思了，对朋友一点都不关心”等令人讨厌的话，如果电话中再夹杂着吵闹、酒醉的杂乱声，更会让人心情不爽。而仔细分析这些人的举动，就可知道在喝醉酒时打电话的人，完全是因为孤独，需要他人的关怀。比如，我们常常在夜晚的街道上，看到一些醉汉漫无目的地晃荡，有时也会看到他们无缘无故地骚扰行人。他们的这些行为，无非是想诉说自己的孤独，渴望他人的关怀而已。

由于日积月累的心理紧张，当他们脱离群体时，就会想方设法地释放。而这种感觉，平常是被压抑的，所以借着酒醉，就可挣脱束缚。因此，他们为了使自己身心获得解脱，所以才会出现醉酒后，深夜打电话来博取他人注意的行为。所以，在这种情形下，他们只是为了解除平常内心的不满，或者借机发泄和领导、同事间的不愉快情绪，并渴望得到朋友的理解和关怀。这样的无礼举动，多半都是以较亲密的友人为对象。

喝醉酒的人，心态已脱离现实，和接电话的人的想法有很大的差别，两人当然话不投机。如果有人认为，对方既然已经喝醉了，只要随便说些应付他的话敷衍过去就算了（这通常是一般人的处理方式），其实这样是不行的。虽然他们现在喝醉了，但是他们的大脑还是很清醒的。这样做会让他们觉得更加孤独。因此，如果他们采取宽大容忍的态度，照顾和宽慰他们，会让他们从心底里感到温暖。

事实上，人们在喝醉酒以后不止是猛打电话的，他们还会有各种各样的反应。通过观察喝醉酒以后人们的不同反应，可以判断出这是一个怎样的人。

比如，有的人会在喝醉后倒头就睡。他们在喝醉后很困很困，只想睡觉。这样的人是非常理智的。他们在平时就很注意自己的言行，哪怕是喝醉了，也是安静地睡觉。他们的品行一般都很好。

有的人喝醉后却很快乐，甚至会大声唱歌。这样的人天生乐观，为人豁达。他们平时的生活也很规律，没有不良嗜好，也是属于理智型的。

而有的人喝醉后会哭泣。这样的人生性消极、悲观，并且平时有可能经常受到轻视和忽略。他们的内心很自卑，却无法调节、无处排解。因此，当他们喝醉后，会忍不住地哭泣。而与之相反，有的人会在喝醉后一直笑。这样的人为人随和、不拘小节，乐观且富有幽默感。

还有的人喝醉后会变得很爱说话，一直唠叨不停，甚至想找人打架。这样的人，情绪非常不稳定，他们平时虽然表面平静，只是在克制而已。有的时候，他们还会信口开河。这样的人，大多经常受到压制，有怀才不遇的忧愁，所以在喝醉的时候，就会忍不住说出心中的不满。

总之，喝醉酒后猛给朋友打电话的人，是希望能和更多的人交往、沟通，借以解除心中的不满。通过醉酒后的其他表现，也可以推断出这个人的性格。

喜欢乱加调味品的人比较有想象力

在吃饭的时候，每个人都有自己不同的口味。比如，有的人喜欢辣，有人喜欢酸，有人喜欢甜。所以，我们经常会听到有人在点完菜后说，“多放点辣椒”“少放点醋”等。还有人口味重，喜欢多加盐，有人口味轻点，尽量少放盐等。总之，不同的人，有不同的口味。因此，在我们日常烹饪时，我们会根据自己的口味，选择不同的调味品。而且，无论是谁，无论是哪一种口味，在烹饪时都难免会用到油盐酱醋等常用的调味品，许多人还喜欢用一些家庭烹饪不太常用的调味品。因此，从对调味品的使用和添加方式上也可以看出一个人的个性特征。

比如，有的人喜欢乱加调味品。这种人，具有丰富的想象力。他们在使用调味品上不固定，经常会换口味。他们可以发动自己发达的想象力，尝试各种不同的味道。这样的人，一般比较多变。而且，他们做起事情来显得比较灵活，敢于突破，不墨守成规，但有时也会弄巧成拙。喜欢在烹饪时乱加调味品的人，多是做起事情来比较轻率的人，他们往往不考虑后果，想到哪里做到哪里，一冲动起来就什么都不顾了。他们的性子也比较急，受不了“三思而后行”这种行为准则，所以常常在轻率之下匆忙作出错误的决定。他们冲动，做事情不经过大脑，经常会做出一些常人无法预料的事情。因此，他们有时像天才，有时像疯子。于是，在别人眼里，他们可算是一种比较另类的人，但在做事情上往往无法得到别人的信任，因为他们做起事情及作出的决定都显得很轻率。他们发达的想象力也得不到认可。

另外，喜欢乱加调味品的人，性格之中也有一种不安定因素。他们喜欢尝试，不停地尝试，并不考虑是否合适之类的问题。这种人比较适合从事一些创意性的工作，比如，文学、艺术类的工作。他们充满了各种新鲜的奇怪的常人无法理解的想法，这种思维是需要经常做创意工作的人所需要的。这也是他们想象力丰富的产物。

而有的人和他们恰恰相反，在使用调味品上比较固定，经常使用的就那么几种，没有使用过的，就从来不用。这样不喜欢乱换的人，一般都是比较稳重可靠的人，他们做事情一般不冒险，没有十足的把握是不会放手去做的，所以他们做事情往往让人比较放心。而且，他们不喜欢轻易尝试新事物，有的时候，难免被人说成是墨守成规的人。

总之，如果你有机会去别人家做客，发现自己吃的菜里充满了各种各样的味道，那一定是主人添加了不同的调味品。你也可以就此推断出，这家的主人是一个充满想象力、敢于去尝试新事物的人。

主动给人倒酒的人心中有个小算盘

小言是入职不久的新员工，这个季度由于她所在的部门业绩优秀，部门主管决定举行一场庆功宴。在庆功宴上，小言通过细心观察，发现了一个非常有趣的现象。有两个人，一个人平时就很机灵，非常会来事儿，看到谁的杯子空了就马上过去给他倒酒，礼数非常周到。还有一个人呢，和刚才那位同年进入公司，但一到酒桌上，除了上厕所外，屁股就没有离开过椅子，而且都是别人给他斟酒。小言琢磨着这两个有什么差别呢？

在公司的聚会上，我们常常会碰到小言所见的情形。有的人不管是上司还是同事，都会主动帮他们倒酒，还是一种人呢，只等着别人来给自己倒酒。

心理学家发现，一般来说主动给他人倒酒的人都属于能够关心他人的类型，但是他们心中也会有个小算盘，即“我不想因为喝醉酒而失去理性。”比如，有可能他非常讨厌本部门的某人，害怕自己醉酒后借着酒劲把抱怨和不满发泄出来，那样就要得罪人了，而且在部门里恐怕也很难混下去了。也就是说，他们不想把内心某种感情意识化，只想把它埋在内心。从这个角度来看，这样的人冷静而富于心计。

与之相反，等着别人来给自己倒酒的人往往以自我为中心，他们的思想和行为都以满足自己的欲求作为第一出发点。他们喜欢周围的人照顾自己、奉承自己、围着自己转，喜欢通过这种方式赶走内心的孤独感，而他们对别人的关心也就没那么多了。在酒桌上，他们从没想到通过给他人倒酒来增进或改善人际关系，恐怕在那样的场合，他们想着只要自己开心就好了。由此看来，这种类型的人不善于有计划地行动。

还有一种类型的人喜欢自斟自饮，这样的人一般不喜欢他人对自己指手画脚，讨厌自己的步调被打乱，是属于个性比较强的人。

点菜犹豫不决的人缺乏决断力

很多单位也常常会有聚餐，其实这不仅仅是一次聚餐，也是一个窥见对方性格的好时机，因为从一个人点菜的方式也可以看出其性格。

点菜时会大声地叫服务员的人是自我表现欲强，对周围的人大声喧嚷以表示自我存在的类型。同席的人虽然觉得丢脸，但当事者为了表现自己，不在乎会对他人造成干扰。如果还叫了好几次，也能看出性急的一面。

对服务员用命令口吻说话，老是摆出“我是客人”这种态度的人，会对地位与身份的上下关系斤斤计较（在不自觉的状况下），别人对自己带有（自己认为的）诬蔑态度时，会出现说出脏话等激烈反应。

点菜时打手势招呼服务员过来的人，心理学家认为这种人会去考虑周围环境，设想到别人的立场。不喜欢出风头，但另一方面却拥有“为所应为”

的执行力。在机会来临之前，会一直蛰伏等待。

会等服务员拿菜单过来的人耐性很强，是天生的乐天派，稳重自得。虽然从“怎么还没拿菜单来”的反应多少看得出急躁的一面，但却不招摇，自我主张不强烈，因此也容易累积压力。

上了菜单，开始浏览店里的菜色。接下来，就来看看哪种人会用哪种方式来点菜。

点菜犹豫不决、无法下决定的人。心理学家认为这种人太在乎别人了，缺乏决断力。会因为胃口太大，对各种不同事物都会转移焦点而极度迷失。

速战速决点菜的人性子急，却也有想法太过天真、缺乏深思熟虑的一面。这种人拥有领导者的特质，但过于独断，并且不相信别人，且有“凡事求快”“不想落于人后”的竞争心。

“跟大家一样就好”的人是没有主见的人，总是左思右想而失去主见，对自己缺乏自信。跟别人步调一致，行动积极主动，会掉进死胡同里。

点菜时会提示别人点菜的人，很有礼貌，个性亲切。心理学家认为这类型的人虽然计划周详，却不会有更深入的想法。与总是跟随他人点同样的菜的人相同，是“同调性”很高的人。而一边问别人，却点了跟对方不同的菜色，印象中是那种不在乎别人而自行其道的人。

最后还是跟别人点一样菜色的人喜欢遵从多数意见，希望与别人一样的倾向很强。不会坚持己见，经常会因为配合别人而改变自己的意见，是难以信赖的人。对自己所属的团体归属意识强烈，不喜欢离开集团或让集团产生混乱。

点菜时一次点了一大堆的人，心理学家认为这类型的人往往心浮气躁。想法与需求非得直接表达才甘心，有点孩子气。不照顺序来，一次全包、浮躁的态度，可说是对于失败（点太多而吃不完）的可能性缺乏慎重考虑的人，也欠缺“随机应变”的弹性。

下次，当你与他们一起进餐时，不妨观察对方点菜时的态度，你也可以看出对方的性格。

付账时速度很快的人怕被人看不起

心理学家发现，从一个人掏钱的方式和他拿钱的习惯可以推断出他的性格。因为从一个人掏钱的方式或拿钱的习惯，我们可以推出金钱在他心中的地位，从而判断出他是怎样的人。

比如，有的人掏钱速度很快。不管是吃饭还是买什么东西，刚吃完或者拿到东西，就立马掏钱付账，这样的人其实最怕被人看不起。他们怕掏钱慢了对方会认为自己没钱，会看不起自己。因此，他们通常会在口袋里放一叠厚厚的钞票，目的是为了显示自己很有钱。他们认为钱是最好的身份象征。为了让别人知道自己有钱，他们有时还会把整叠的钞票拿出来张扬。在整理钱包时，也会把面值大的钞票放在外面，把小额钞票夹在里面。当你和这样的人接触时，应该要注意自己的语言，因为他们比较容易受到刺激。

有的人对钱比较粗心大意，喜欢把钱随处乱塞。如果你到他们家去，会发现到处都是他们随便乱放的零钱或者整钱。他们也很少把钱整整齐齐地放进钱包里，而是胡乱塞在钱包、手提袋、衣服口袋里。心理学家认为这类型的人一般对创作比较感兴趣，能够欣赏艺术与大自然的优美，把宇宙视为乐趣的源泉，而不认为金钱最重要。

有的人非常省吃俭用，用钱时十分谨慎。心理学家发现这类型的人的成长经历通常比较坎坷，所以对没有钱的体会非常深刻。这样的人大多工作都很努力，因为他们知道只有努力工作才能摆脱贫困。但是，他们虽然知道勤奋工作，却不知道怎样与人相处，而且，由于他们把钱看得太重，也没有什么真心的朋友。

有的人非常喜欢把钱藏起来，因为他们经常担心被小偷光顾。这样的人一般很难相信别人，总是怀疑对方，严重者精神会有点不正常。他们对什么都不确定，买东西也没有明确的目标。甚至会出现因为到处藏钱最后藏得自己都找不到了的尴尬情况。

有的人会对钱斤斤计较。这种人一般分两种情况：第一种情况是，对任何金钱交易都十分小心，不管是零钱还是大钱，不管是钞票还是硬币，在付钱找钱时都会清点得十分仔细。这类人一般都有很重的猜忌心理。在他们看来，世界上到处充满欺诈，所有的人都不可信。另一种情况就是，他们可能会因为一块钱和别人争吵得面红耳赤，却肯花几万块去国外旅游。此类人没有什么金钱的概念，喜欢享受，比较任性。

有的男性在掏钱的时候要求女方付钱。心理学家认为这样的男人是严重缺乏安全感，他们总是希望别人能够帮助自己。在买东西时，他们也总是挑那些有保修的商品。

前面说了掏钱速度快的人，还有一种类型是摊账时结算速度特别快的人。在中国，人们总是习惯于请客。我们总是觉得“AA 制”有点伤和气，也显得太小气。不过，近些年来，我们也开始学着摊账了，因为这样可以避免浪费，也有利于长远交往。摊账，简单地说，就是单纯地以人数平均分摊所消费的数额。

比如，酒足饭饱的时候，大家都还在想着这顿饭谁请客的时候，就会有一个人站出来宣布“一人收多少多少钱”。很容易看出，这个人对金钱和摊账方面的执着。心理学家认为这类型的人多半性格容易紧张，做事情非常认真，并且有自己的原则，所以对人对己都会严格要求，态度比较强硬。他们总是在准确地计算着每个人应该摊账的份额，因此玩的时候总是不能放开心情好好享受。不过，他们重视礼仪秩序，对于那些随便的人会感到厌恶，并且总想改变对方，强迫对方接受自己的想法。

有的时候，在喝酒的场合，摊账的时候会有很大的价差，因为这时会因各自所喝的量而定。这些会以喝酒的分量决定摊账多少的人，考虑非常周详，连最细微的环节也会注意到，并有将其具体实行的能力。而大多情况下，女士是不喝酒的，因此这种因为各自喝酒的量而摊账的方式会使女士比较高兴。并且，女士对连这个都能算出来的细心人士会有好感。由此可以看出，能够这样付账的男士，也是很有心机的。他们在避免自己多花钱的同时还能够取悦女士。

总之，心理学家认为通过一个人掏钱和拿钱的方式和习惯，或者这个人摊账的方式，都可以推断出这个人的性格。从一个人对待金钱的态度，最能看出这个人的内心。

通过喝茶看人

茶叶作为中国乃至世界最著名的饮品之一，历来深受世界各国人民的喜爱。茶叶中富含多种维生素以及抗氧化物质，是不可多得的健康饮品，经常饮用的人，能够减缓细胞衰老速度，消除疲劳，延年益寿。通过喝茶这样一个行为，我们可以发觉很多有价值的信息，而这些信息对于我们了解一个人，具有很大的参考价值。

喜欢喝普洱的人，非常注重规矩和原则。这种人信奉“无规矩，不成方圆”，在他们眼里，万事都有其原则和处理套路，在做每一件事情之前，他们都会制订详细的行动计划，让所有的工作流程一目了然。这种人最讨厌散漫无度的人，对粗心大意的处事方式十分排斥，他们无法容忍一团糟的工作生活环境，即使是自己的衣着打扮，也要显得干净利落、平整自然。

喝英国红茶的人，情感细腻而脆弱，他们就像一个孩子一样，期待别人的关心和了解。这种人的内心十分敏感，能够通过别人一些细微的表情和动作，判断他人的情感变化。他们渴望呵护和认同，希望别人能够了解自己的真实心理。这种人任性而天真，对自己信任或者喜欢的人，会投入自己全部的情感。

有的人对花茶情有独钟。这种人能够克制自己的感情，很少出现大喊大叫、失声痛哭等极端情绪，他们处事沉着，待人平和，谈吐大方自然，他们总是能够让交流变得轻松和睦，即使是面对一些敏感或者容易产生分歧和争执的话题时。但是，这种人对于突发状况缺乏经验和必要的心理准备，在面对狂躁不安或者激愤的人时，常常感到手足无措，心神不宁。

绿茶口味清淡，茶香淡雅，饮来只觉神清气爽，满口留香。喜欢绿茶的人，胸襟坦荡，志向高远，他们更注重一个人的内在修养，而不会过于关注一个人的外貌长相，他们最讨厌的就是那些浮华、虚伪的人。这种人排斥华而不实的东西，不喜欢打扮自己。在他们看来，衣物只是御寒遮羞的工具而已，只要穿得干净整洁就够了，通过衣着打扮炫耀和表现自己，是非常幼稚和可笑的。

喜欢喝热茶的人，性格开朗活泼，热情好动，他们思维敏捷，善于交际，富有创造力；另外，他们也是冲动的、疯狂的，时常带些小情绪，也时常与人发生摩擦和口角，让人又爱又恨。

喜欢凉茶的人，处事冷静果敢，他们往往是有一定专长和天赋的人，拥有自信，敢于挑战自我；同时，这种人善妒多疑，充满幻想，行为怪异，表情冷漠，给人一种距离感，难以接近和了解。因此，这种人的社交圈较小，没有多少人真正地了解他们。

当然，也有一些人，天生就对茶叶不感冒，他们解决饥渴的途径很直接，可能就是倒一杯白开水。这种人的想法非常单纯和简单，即使面对一个错综复杂的问题，他们也能够将它们进行合理的拆分和归类，各个击破。这种人专注力强，任性而固执，对于新生事物缺乏认同感，比较封闭和保守。

喝茶的场所有很多，你可以一个人，在家里独自泡上一壶茶；也可以和几个人一起，去茶楼里坐一坐。通过不同的场所，我们同样可以了解一个人的性格特征。

一般而言，喜欢在家里品茶的人，追求清静自然的生活，拥有个人的节操和坚守，他们安心地生活在个人的世界里，不受外界喧嚣和嘈杂的干扰，安静本分；另外，这种人缺乏进取心，甚至有些懒惰，他们处事比较消极保守，安于现状，甘于平庸。在当今这个竞争激烈的社会里，这种人很难取得显著的成就。

喜欢去茶楼消费的人，懂得享受生活，他们不会整日为了生计东奔西走，以致忘记了生活本身所应有的快乐和消遣。这种人具有一定的能力和地位，居功自傲，争强好胜，他们迷信于自己的能力和才华，总是以为只有自己才是最出色、最不可或缺的人。由于不善吸取别人的想法和意见，这种人显得十分专横和跋扈。

通过一个人放置茶杯的位置，我们也可以获得一些潜在的信息。在喝完一口茶之后，有人会将茶杯放在身体的一侧，同时用手扶着或握着茶杯的边缘，使得手臂横亘在谈话双方的中间。这是一种典型的防御姿势，说明他对你还有些排斥和抵抗，或者在意见上和你有分歧，但又不能直接说出来。而如果一个人把茶杯放在一个相对靠前的位置，自然地摊开双手，这说明他赞同你的观点和态度，你们之间的交流是诚恳有效的。

通过喝咖啡看人

咖啡作为一种常见的饮料，直到晚清时期才传入我国，但其优雅醇厚的口感，略苦还甜的味道，像中国的茶叶一样，带给人意境悠远的回味，很快就在神州大地传播开来。现在去星巴克喝一杯咖啡，度过这个周末的最后一个下午，似乎早已不再是欧美人的专利了。

通过人们喝咖啡时选择的咖啡品种、煮咖啡的方式等，我们可以了解一个人的性格特征和喜好，为什么有些人喜欢喝蓝山，而另一些人酷爱卡布奇诺？有些人喜欢速溶咖啡，另一些人却坚持自己磨咖啡豆？让我们一起探个究竟吧。

性情浓烈、贪图刺激的人，对非洲出产的咖啡豆兴趣浓厚，那里的咖啡，经过深度地炒制和烘焙，色泽黝黑，仅仅闻起来就有一股浓烈的咖啡香，非常符合他们的追求；性格平和的人，则喜欢口感中性的黑咖啡，不酸亦不苦的味道，能够让他们享受宁静和安详。对于一个清新寡欲的人，微微泛酸的哥伦比亚咖啡，无疑是他们的不二之选，单纯的味觉，能够让他们徜徉在简单自由的世界里，无拘无束。

蓝山咖啡，向来以其险峻的生长环境、艰难的采摘过程以及复杂的加工技巧而显得稀有，昂贵的价格使其成为咖啡中的奢侈品。喜欢喝蓝山的人，追求物质享受和地位，他们向往奢华富裕的生活，对金钱和权势充满渴望。这种人，喜欢依仗奢侈的生活品和消费方式展现自己的价值，他们物质生活丰富，但与之对应的精神世界却相对贫瘠。

作为一款经典的混合饮料，卡布奇诺向来深受众人尤其是年轻人的喜爱。它是混合了咖啡和牛奶之后的产物，充满气泡，口感润滑。品尝它的时候，你可以明显感觉气泡在你口中破灭消融的过程，就像生命中的躁动和轻浮一样，带着酸苦的回味，消失在脑海里。喜欢卡布奇诺的人，懂得享受生活，他们会在静谧的午后，放下手中的所有琐事，安静地享受十几分钟的欢愉和平静，他们不会将生活过得狼狈不堪，追求宁静和自由，倾听内心的声音，把每一天过得像一篇清新自然的散文，而不是繁冗拖沓的命题作文。

意大利咖啡，因为特殊的加工工艺，口味强烈，苦味十分明显。热衷意大利咖啡的人，生活节奏紧张，在他们眼里，每天都有新的任务等待解决，他们像拧足了发条的钟表一样，一刻不停地保持着战斗状态，他们专注力极强，总是想方设法地谋取最高利益。意大利咖啡浓郁的口味，能够让他们时刻保持清醒。

有的人喜欢喝速溶咖啡。速溶咖啡能够省掉磨咖啡以及煮咖啡的时间，因而这种人的时间观念很强烈，能够最大限度的利用时间。但过于紧张的时间观念，也让他们变得心浮气躁，无法全身心的投入一份工作中去，常常这件事情还没处理好，一掐时间，感觉浪费了太多精力，马上开始另一件事情，最终一事无成。

如果一个人喜欢亲自磨咖啡豆，他会让自己参与制作咖啡的过程中去，并从中获得乐趣和满足感。这种人充满求知欲和好奇心，喜欢亲自尝试一些新鲜事物，他们对于固有的想法和经验具有抵触心理，想法激进，敢于颠覆传统、挑战权威。

如果一个人肯花大量的时间过滤咖啡，这说明他具有比较优越的物质生活，自由的时间安排。这种人追求完美，他们愿意为了喜欢的事物，经受考验和磨砺，付出超出常人的精力和时间，只为达成更美好的结果。

有些人喜欢自己尝试混合若干种咖啡，以期获得意想不到的口感。这种人不甘于平庸，追求个性与时尚，为了获取别人的关注，不惜花费时间和金钱，他们的想法无可厚非，可惜这种人常常脱离实际，在一些没有意义的事情上耗费了过多的精力，阻碍了自己的发展和进步。

一般而言，相较于喝茶、喝牛奶，喝咖啡的人往往自信心过剩。他们拥有突出的能力，但往往过于自高自大，目中无人，这种人无论是肢体动作还是言谈中，都透着一股“神圣不可侵犯”的疏离感——能力让他们比常人更接近成功，但性格却让他们与很多机会擦肩而过。要想摆脱“怀才不遇”的境遇，他们需要放下身板，尊重他人，打破身边的藩篱，亲近他人，这样自然会使局面好转起来。

通过喝水看人

水是生命之源，是包括人类在内所有生命存在的最重要的资源。水在生命演化中起了非常重要的作用。可以说，世间万物都离不开水。在中国古代，水被列为“五行”之一，在西方国家水也是一种重要的元素。人们的生活都离不开水。有位科学家曾经说过：“人可以七日不吃东西，但不能一天不喝水。”由此可见水对于人类来说是非常重要的。其实不必多说人们也知道水的重要性，但是人们却并不完全知道，每个人的喝水方式是不同的。比如说有的人喜欢牛饮，一口气喝光一瓶水；有的人喜欢小口喝水，以求充分吸收；还有的人喜欢用吸管喝水，等等。一般来说，喝水的习惯和方式也和其他动作一样可以透露出人们的很多信息来。下面我们就具体的来看一下，简单的喝水动作暗藏了哪些玄机。

有的人在喝水时，喜欢握住水杯的上部分，而且喜欢一边喝水一边说话。这样的人性格大多数都非常的爽朗，甚至有些粗犷。他们一般不会去在乎那些鸡毛蒜皮的小事，所以周围的人都非常乐于和他们交往。他们大多数都非常乐观，有一种“天塌下来还有个高的顶着”的豪迈感。这类人的感染力都非常强，他的气质会不知不觉地感染到他周围的人。他们说话的声音都非常洪亮，在宣布事情时会给人一种不怒自威的感觉，这样的人具有领导者的气质，非常适合成为一个团队中的核心人物。

有的人在喝水时，喜欢握住杯子的中间部分。从安全的角度来说，这样握住杯子是最安全的，因为杯子不会轻易地从手上滑落下去。从这里我们所能看出的第一个信息就是，这一定是一个严谨的人，做什么事情都会将失败的可能性降至最低。这样的人适应能力都非常强，而且非常随和。他们非常有信用，一旦答应了他人就一定会做到，但他们却经常因为答应了什么棘手的事情而感到困扰。在社交场合中，他们总是表现得非常睿智，懂得利用对方的话题来逐渐引导对方，获得他人好感，所以说这样的人交际手段都特别高超。

还有的人在喝水时，喜欢握住杯子的下半部分。这样的人一般都非常敏感，他们总是很缺乏安全感，做事情也总是害怕有什么纰漏。这类人一般都非常缺乏自己的主见，而总是认为他人说的才是正确的，有一些盲从的感觉。如果说握住水杯的那只手小拇指有些微微翘起的话，那则说明这个人有一些神经质，而且心理特别脆弱，受不了打击。一旦在做事时受到了挫折就会很轻易地灰心丧气，认为自己不是那块料。这样的人心里始终是焦虑不安的，因为他们太不自信，无时无刻都在担心着自己会犯错。但这也并不是说这样的人浑身都是缺点，他们的理想都非常远大，而且都很有艺术天分，同时品位也比一般的人高出很多。

有的人喝水时喜欢用两只手握着杯子。这个动作看上去有一些滑稽，好像生怕杯子从手中自己飞到地上摔破一样。这样的人一般感情都比较脆弱，内心空虚，总是需要别人安慰才行。他们时常会觉得自己非常孤独，但又不想开口与人倾诉，有些热心人的想要缓解他们心中压抑的情绪过来聊天，往往是没说几句话就终止了话题，所以这样的人大多人际关系处理得都非常糟糕。他们在谈话时总是喜欢一边触摸对方一边谈，这算是一个不好的习惯，有些人非常反感这样。这类人的性格都有些孤僻，不易相处，但对于异性他们却经常会滔滔不绝地说个不停，所以这样的人大多比较受异性的欢迎。

有些人在喝东西时有这样的习惯，就是不管杯子里放的是酒还是普通的水，他们都习惯先摇晃一下杯子才慢慢地喝下去，似乎是很喜欢听冰块敲击杯子时的响声一样。这样的人一般都非常缺乏安全感，他们总是觉得自身情绪的稳定只是暂时性的，所以他们需要找一些小动作来缓解自己紧张的情绪。想要这种人定下心来去安安稳稳地做事几乎是不可能的，他们就像多动的孩子一样，喜欢到处走动，连安静地坐在椅子上都不太可能。这些人的好奇心非常强，总是喜欢去尝试做一些新鲜的事情，但由于心性不够沉稳，他们很少会坚持到最后。

有的人喜欢在吸烟时拿起水杯，先吸几口烟，然后喝一口水。这样的人都非常自信，他们的精神一直都非常放松，除非是面临真正棘手的事情时才会紧绷起来。在社交场合中，他们优雅的谈吐很容易就能赢得他人的好感，是一个不可多得的交际人才。这些人的交际手段都十分纯熟，判断力也非常强，而且他们能够将对方说得心服口服。可以说这类人是个天生的优秀营销员或是公关人员。

通过吃饭习惯看人

中国有一句俗话，叫作“民以食为天”。人只要活着就离不开食物，食物对于人来说，是除空气和水之外最重要的，我们甚至可以说，人这一辈子，就是为了“吃”而努力着的。我们可以从一个人喜欢吃什么样的东西来观察这个人的性格。同样的，通过一个人吃东西的方式，我们也可以观察出这个人的性格特征来。接下来，就让我们来简单地了解一下。

有些人吃东西时，喜欢将食物分割成一个一个的小块，然后再一点一点慢慢地吃下去。这样的人，性格都非常的传统和保守，他们做事非常小心谨慎，生怕得罪他人。在为人处事方面，他们无时无刻都在扮演着好好先生的角色，在面临抉择时，他们也大多都会保持中立。由于他们从来不会冒险，所以他们在事业上取得的成就都很小。虽然他们在某些场合会表现得比较有主张，不去理会他人的意见，但由于他们天生“老好人”的性格，这些想法并不会表露得那么明显，而是会以非常隐晦的方式传递给对方。

有些人吃东西时非常程式化。他们总是喜欢将所有事情都一步到位地做好之后，再坐下来慢慢享用面前的美食。喜欢这样吃东西的人，思维都非常缜密，他们在对待事情时，总是思前想后，花很多的时间将所有可能出现的意外都考虑周全之后，才会放手去做。这样的人一般都很挑食，所以他们的身体一般都比较瘦弱，但他们的头脑却比大多数人都要聪明。他们喜欢在事前做好充足的准备，然后再摆出一副运筹帷幄的样子，顺利地解决事情。如果事情突然发生了意外，超出了他们的估计，他们就会感到茫然无措，不知如何是好。

有的人饭量很小，他们在吃饭时，只吃一点点就放下筷子不吃了。这样的人性格一般都比较传统和保守，他们在做事时，总是十分的小心谨慎，生怕出一点问题。在人际关系方面，他们也都尽量地拉近自己与他人之间的距离，努力地处理好双方的关系。他们做事非常墨守陈规，喜欢以老方法解决问题，因为他们觉得只有这样，才能将事情的风险降至最低。由于他们不敢承担风险，做事的思维也略显僵化，所以他们将是一个非常优秀的守业者，而并不适合去创业。这类人做事非常沉稳，但却缺乏冲劲，所以在上司看来，他是一个非常敬业的好员工。而在下属眼里，这样的上司却显得有些刻板、严肃。

有的人吃饭很快，总是一副狼吞虎咽、风卷残云的样子。这样的人精力都非常旺盛，性格也非常的直率、豪爽。他们对待他人十分的真诚、热情，属于可以为朋友“两肋插刀”的类型。这样的人做事也非常干脆、果断，从不会前怕狼后怕虎，一副犹豫不决的样子。但他们却经常自以为是，不听他人的劝告或建议。这种人的自我意识也比较强，有很强的竞争心理和进取精神，不管面对多困难的事，他们总是会拼搏一番，绝不会轻易地妥协和认输。

与前一种类型的人正好相反，有些人吃饭的速度非常慢，总是细嚼慢咽，好像很享受每一口食物所带来的充实感一样。这样的人在做事时，很喜欢享受事情慢慢完成的过程，但这并不是说这样的人不看重结果，相反，他们非常喜欢结果所带给他们的满足感和愉悦感。这种人做事非常周密，思维也十分严谨，可以说他们从不会打没有把握的仗。在为人处事方面，这种人不管对自己还是对别人的要求都十分严格，有时甚至显得有些苛刻，所以在很多人眼里，他们十分的挑剔和残酷。

有的人在吃东西时，不懂得讲究“度”，一旦碰到自己喜欢的东西，就非要吃到够、吃到不能再吃了才会罢休。这样的人性格一般都十分直率和豪爽，所以很多人都喜欢同他们交往，在社交场合，这种人也十分吃得开。他们的组织能力比较强，所以周围的人总是会以这样的人为中心，拧成一股绳。直爽的他们并不懂得掩饰自己的情绪，不管是开心还是愤怒都会清晰地表现在脸上，很容易让人明白。

还有些人，他们在吃东西时，不喜欢同他人一起，而是喜欢单独一人静静地品尝美食。这种人的性格往往都非常孤僻，甚至有些孤傲。他们自命清高，不喜欢同其他“俗人”们搅在一起，更多的时候他们都在欣赏自己，显得有些自恋。但这样的人做事非常稳重，韧性也非常强，而且十分有责任心。这样的人都非常重承诺，虽然他们不会轻易答应对方的要求，但只要他们答应，就一定会做到，是真正的“言必信，行必果”类型的人。虽然这样的人总是独来独往，但周围的人对他们的评价都非常高，无论是他们的上司还是他们的亲人、朋友，都对他们的能力和行事风格十分满意。

一般而言，每个人都会有喜欢吃的东西和不喜欢吃的东西。但有些人却不同，他们对食物几乎是来者不拒的，他们对食物从来都不挑剔，甚至可以说，只要是“能吃的”他们都吃。这样的人对待他人非常的亲切、随和，对待事情也不拘小节，从来不会为了一些鸡毛蒜皮的小事而斤斤计较。他们的头脑都非常聪明，非常富有才华，而且他们的精力十分旺盛，即使是同时做几件事也会十分游刃有余，不会手忙脚乱。

第六章

身体会释放信号，从小动作看出人的情绪状态

吐舌头是一种否定和拒绝的信号

午休的时候，几个学生凑在一起聊天。其中学生A提高声音说：“最近我妈妈从日本回来，给我带了岚的亲笔签名CD哦！她还说，如果我这个月的月考能进前十名，就带我去看岚的演唱会！”另一个学生问：“岚的演唱会门票不是很难买吗？”“我家亲戚有渠道可以弄到！连签名CD也是我家亲戚在中间牵线的！我跟你们说哦，我还从我家亲戚那听到了不少关于岚的八卦哦……”其他几个学生听后频频伸出了舌头，有些隐忍的不耐烦，因为她们知道A又在吹牛了，根本就没有她口中所说的那位亲戚。

例子里，当其他学生听到A的吹牛后，频频伸出了舌头，但他们其实并没有爱伸舌头的毛病。那他们的这个动作代表什么意思呢？

心理学家认为，谈话过程中伸舌头是一种拒绝的信号。人在婴儿时期，还不能灵活地使用自己的手，更不会说话，都是由父母喂食。当婴儿吃饱后不想吃时，就会把奶头或食物推出来。再大一点后，如果他们不喜欢某人，就会像那人做鬼脸。此时，伸舌头也有拒绝、抵触的意思。

当成年人，人们当然不能对自己不喜欢的人做鬼脸了，但吐舌头的表情还是会经常出现。当人们遇到麻烦事，或者被迫和不喜欢的对象聊天时，人们常常会在无意中做出这个动作。例如，当人感到厌烦时，会敷衍地说一声“哎”，然后伸伸舌头，或者仰仰头向前伸伸下巴。

有时候，在谈话的过程中一直沉默的人如果突然用舌头舔自己的嘴唇，这是发言前的一种准备，意思就是说，“该我说话了”。

此外，在从事某项工作时，有的人会一直张着嘴伸着舌头，这个动作是

自己非常投入的一个信号，同时也是一种拒绝打扰的信号，“请不要打扰我！”也有的人在做这个动作时，拒绝的意味没那么强烈，仅仅只是“请不要管我”的意思。

人一害羞就挠头

在我们受到他人的表扬时，比如，“你这身衣服好可爱”“你的字写得好漂亮”“你真善良，如果是我估计就不会这么做了”“你工作可真负责仔细”，我们常会因为害羞不自觉地挠头，虽然我们的头并不痒。我们为什么会在害羞的时候做出如此动作呢？

这种行为在心理学上称为“自我接触”。所谓自我接触，就是当内心一直紧张不安时，通过接触自己身体的某一部分缓解紧张情绪的一种行为。也就是说，当我们受到他人的赞扬时，我们是很高兴的，但又担心表现得过于明显，如果通过挠头等接触自己身体的动作可以让内心稍微平静下来。

也许有人会有疑问了，自我接触的定义中说的是“通过接触自己身体的某一部分”，为什么这部分一定是头呢？手或者脸不行吗？确实，按照定义所说，“自己身体的某一部分”应该是任何部位都可以，但在心理学家看来，“挠头代表害羞”很久以前就已经成了约定俗成的规定。所以，当人想向对方强调“我现在很害羞”的心情时，就会无意识采用挠头这种方式。

被他人表扬后，如果表现出一脸理所当然、当之无愧的神情，肯定会让他人觉得不满，觉得你太过狂妄。但是如果你把“我很害羞”的心情用语言表达出来，又不太妥当，所以这时大部分人就会采用挠头的方式，向周围的人表达自己的害羞、不好意思的心情，心理学家如此总结出。

鼻子的细微动作暗藏玄机

有经验的警察为了解读犯罪的肢体语言，常常会把目光放在犯罪分子鼻子的细微动作上。这是因为警察发现，虽然鼻子本身并不能表达感情，但是鼻子周围的神经组织却十分敏感，里面“隐藏”着很多人们内心深处的秘密。

一位对肢体语言有着颇深研究的警察发现：人们在感到愤怒和恐惧时，鼻子就会胀大。所以你在与他人的谈话中，看到对方的鼻子稍微胀大时，则多半表现对方对你的话不满或对自己的感觉有所控制。还有，如果一个人平时鼻子不会冒汗，在与你的谈话中鼻子突然开始冒汗了，则说明对方很紧张或十分焦躁。如果一个人在与你的谈话中突然捂住了鼻子，则说明对方对你的谈话十分反感。

这名警察的一位好友威廉最近喜欢上了一位漂亮的小姐，并对其展开了强烈的攻势。在无数的鲜花和情书的攻击后，这名小姐终于同意和他吃一次饭。

威廉为了展现自己独特的男人魅力，喷了不少名贵的香水，还特地带了几支名贵的雪茄。

在餐桌旁坐定后，威廉立即拿出自己的雪茄点上。在谈话过程中，他向这名小姐吐出了一个又一个美丽的烟圈，想通过这种方式打动小姐的心。

漂亮的小姐在闻到烟味后，并没有做出很强烈的抗议，而是用手捂住了自己的鼻子。但是威廉陷入在自己的爱情模式里，并没有发现这位小姐的动作。继续吞吐着烟雾，最终这名小姐捂着鼻子起身离开了。

当人们对周围的环境表示厌恶时，常常会通过捂住鼻子来表达这一点。上面例子里的美丽小姐想通过这种方式向威廉传达自己的拒绝，但是威廉没有读出该小姐的意思，继续做着不该做的举动，最终错过了把该小姐追到手的机会。

这位警察还发现，当人们在一个陌生的环境中时，往往会十分焦躁不安，这时他们的鼻孔就会变大，甚至还会有出汗的情况。在陌生的环境中，人们说话的声音也会不由自主地压低，让声音从鼻孔发出来。这时因为这些人认为与陌生人大声说话会暴露自己的身份。另外，当人们想掩饰一件事的时候，也会让声音从鼻孔里发出来。体察细致入微的 FBI 人员就是通过这些反常的现象来判断人们内心的变化的。

20 世纪 90 年代，一个配有武器的凶手在逃狱后的几天里就制造了一起重大的谋杀案，FBI 人员奉命将其捉拿归案。

FBI 人员根据各方的资料判断这名犯罪分子躲在其姐姐家。一天上午，FBI 为到其姐姐家，出示证件后，开始询问一些问题。FBI 问："你弟弟这几天有来过吗？"犯罪分子姐姐压低声音，从鼻子里发音说："没有。"敏感的 FBI 马上发现了她说话的异样。

FBI 人员继续问道："你弟弟有没有可能在你不在家时潜入你的房间？"犯罪分子的姐姐继续压低声音，从鼻子发音说："应该不会。"FBI 发现她的鼻音加重了，这些变化让 FBI 对她的回答产生了怀疑。

在离开之前，FBI 问了最后一个问题："那么，根据你的回答，我们可以总结出你弟弟不在你这儿，是吗？"这次，犯罪分子的姐姐仍然压低了声音从鼻子发音来回答，FBI 由此确认她在说谎。于是，FBI 人员申请了搜查令，结果发现她弟弟就藏在她家密室里。

上面例子里的 FBI 人员就是通过犯罪分子的姐姐鼻音的变化以及其持续压低声音做出了"她在撒谎"的判断，事实证明果真如此。

此外，人们的鼻子有时会发生颜色的变化。例如，当一名男子向一名女子告白失败后，他的鼻子可能会出现泛白，这是因为其自尊心受挫了。所以，在谈话中，当你发现对方的鼻子泛白的话，那么对方的心情一定是畏缩不前的。

在我们的日常的生活中，鼻子的变化是极其少见的，而且是极不容易被发现的。但是只要我们用心观察，这些细小的变化也不会逃过我们的眼睛。

把头歪在一边表达顺从的态度

在日常生活中，我们会看到一些人习惯把头部歪在一边。心理学家认为这类型的人一般比较温顺、依赖他人。当他们把头歪在一边时，传达的是一种顺从的态度。因此习惯把头歪向一边的人往往能很快消除他人对自己的戒心，融入新的环境中去。此外，由于社会的男女分工不同，男女对把头歪向一边也有着不同看法。一些性格刚强的男人不愿意歪头，因为他们认为这是一种屈服，而一些女性则喜欢通过歪头来获得他人的帮助。

在“二战”刚刚结束的时候，FBI 抓到了一名德国女间谍。这名女间谍受过专业的肢体训练。而且性格坚强，善于伪装，不是一个等闲之辈。

刚开始审讯不久，从美国 FBI 总部传来了一个新消息。这名女间谍通过袖珍型的微型摄像机，拍摄到了美国某重要军事基地的军事信息和秘密武器资料。FBI 人员对这名女间谍进行了严格的审问，想从她的口中获得关于这些资料的信息。但三天三夜过去了，这名女间谍一口咬定袖珍型的摄影机不是自己的，自己也没有去过什么军事基地。

FBI 发现这次自己遇到了难缠的对手。他们暂停了这样的审讯，开始投入大量的精力研究微型摄像机和秘密资料上留下的指纹。经过不断地分析和对比，FBI 发现微型摄像机和秘密资料上残留的指纹和女间谍的指纹完全吻合。

FBI 对这名女间谍又展开了新一轮的指纹分析和对比。虽然这名女间谍继续吻合，但是当她知道残留在微型摄像机和秘密资料上的指纹与自己的指纹完全吻合时，她的头不由得偏向了一边。FBI 捕捉到了这一细小动作，知道这名女间谍虽然表面平静，但是心理防线已经被攻破，开始表现顺从的态度。

正如 FBI 所料，在接下来的审讯中，这名女间谍没有再继续狡辩，而是把自己盗取美国秘密军事基地资料的计划全盘托出了。

例子里的 FBI 就是通过女间谍偏头这一细微的变化，读出了女间谍内心的心理变化，攻破了其心底的防线。

此外，心理学家还发现，当两个人处在交谈中时，如果一个人缓慢地点头，表示这个人对谈话的内容很感兴趣；如果一个人很快速地点头，则表示对方对谈话的内容感到不耐烦；当谈到一件事时，如果一个人配合地点头，则表示这个人同意你的意见。

一个人如果摇头的幅度过大，则表示这个人急于否定某些事，而这些事中肯定存在着某些隐情。而如果一个人摇头的频率和幅度很小，则表示这个人对看到的和听到的存有一些怀疑。

在生活中，我们有时候会看到有些人在他人面前把头低成垂下的姿势。这种姿势传达出的是一种缺乏自信、不好的信号。所以在公众面前，尤其是在正式场合或演讲的时候，要尽量出现这种动作，因为它表现了你的失败。心理学家还发现，当人们对听到的或看到的事情不满或持反对意见时，有时也会低下头。所以，当你在与他人谈话时，不能轻易做这个动作，因为它会让对方误以为你不赞同谈话内容。

从小动作中看出放松的迹象

当人们处于感觉轻松而舒适的环境中时，与那些处于压力之中的人相比，他们的行为有很大的区别。如果他们是完全清醒的，他们的姿势和动作很有可能显得更加坦率，而且不会像焦虑或紧张的人那样充满防御性。当他们放松的时候，更有可能随意地坐着或躺着，“让自己尽情放松”，不像那些感觉浑身不自在的人那般拘束和压抑。

1. 逐渐放松

一般来说，随着人们对彼此越来越了解，渐渐地，他们不会像起初那么害羞和不好意思。心理学家研究发现，当人们在社交场合中变得越来越放松的时候，他们会改变自己的姿势、手势和动作。据观察，在西方许多国家和地区，这种逐渐解冻融合的过程可能会经历以下的这些阶段：

开始，两个陌生人面对面站立的时候，相互之间会隔开一段距离，并交叉双腿和双臂。如果他们穿着夹克或外套，上面的纽扣可能都会扣得严严整整的，即使天气不冷也会这样。

一会儿之后，这两个人可能会松开交叉的腿，双脚微微向外。他们的双臂可能仍然保持交叉，放在胸前。

每个人在说话的时候，可能都会开始用放在上面的那只手臂和手做手势。做完手势之后，说话的人可能会将这只手放在上面，而不是将手放在另一只手臂的下面。

随着紧张情绪越来越少，每个人在说话的时候可能都会松开交叉的手臂，将一只手插进口袋里，或者用手做手势来强调自己讲述的内容。

随后会解开夹克或外套最上面的纽扣。两个人可能都会向前伸出一只脚，指向他所关注的那个人，而后面那只脚承受着身体的大部分重量。

随着两个人从陌生到熟识，他们可能会向着彼此移得越来越近，直到他们最后刚好处于彼此私人空间的范围之内。

2. 放松的迹象

心理学家发现，人们在公司放松的方式可以显露出他们对身边同事的态度，以及彼此之间的关系。

在相识的人之间，如果某个人呈现出非常放松的身体姿势——例如，懒散地伸开四肢躺在沙发上，与他不是非常了解的人交谈——这一姿势可能会被其他人认为是没礼貌、不够谦恭的表现，或者表明这个人对他人存有极度的支配欲。这两种可能性都是不好的，都有可能会发生。要避免这种不和谐的、容易引起冲突的互动，我们大多数人在社交场合中只能在一定程度上放松。我们选择让自己“看起来”机敏灵活、警觉，善于接纳周围的人。例如，聚会时，一个人在坐着的时候可能会保持身体笔直，跷着二郎腿，双手轻轻地放在大腿上。如果是这样，他随后就会表现出适当的率真和开放。

当在亲密的朋友、亲人面前的时候，人们往往会觉得自己处于完全放松的状态。放松自在的姿势主要反映在开放式的身体语言中，其中可能包括放松地坐着或躺着的姿势，当人们躺在床上或懒散地躺在沙发上的时候，就可以看见这些姿势。

教你看清否定、怀疑和讽刺

心理学家发现身体语言包含许多种方式，可以用于表达否定、怀疑和讽刺。

1. 表示“不”的姿势

人们有许多表示“不”的姿势，比我们想象的要多得多。

（1）摇头：将头从一边转向另一边。这种说“不”的方式起源于婴幼儿时期，如果婴儿不想继续吃奶，他就会将头转向一边，离开妈妈的乳房——这个姿势在全世界范围内都存在。然而，在埃塞俄比亚，这一姿势只是将头突然转向一边，然后再次面向前方。

（2）晃动脑袋：这个动作有些令人困惑，看起来像是摇头。但是，保加利亚人、印第安人和巴基斯坦人用这个姿势来表示“是”。

（3）头猛然向后仰：在意大利南部、希腊、土耳其和阿拉伯语国家，人们用这种方式表示“不”。然而，在埃塞俄比亚，同样是这一姿势，却表示“是”。

（4）轻抚下巴：头部向后倾，一只手指背面来回地轻抚下巴。这种说“不”的方式在意大利南部以及邻近的岛屿上非常普遍。

（5）摇手：一只手上举，手掌朝外，从一边迅速地向另一边摇动。在做这个手势的同时，人的脸上没有微笑，还可能会随之摇头。有的时候，人们在喧闹的房间里向对方做这个动作，是表示“我不要了，谢谢”的含义。在这一姿势的“夸张”版本中，双手交叉，掌心朝外，置于胸前。

（6）挥手：日本人表示“不”的时候会举起右手，将手向侧面转，放在脸部前方，同时，从一边向另一边挥动前臂和手。

（7）摇食指：伸出一只手，掌心朝外，拇指和其余3根手指蜷缩，竖起食指，从一边向另一边摇动。摇食指这种手势，在世界范围内为人们所普遍使用，用来表示否定的意思。它意味着“不要那么做”，父母通常用这种手势训斥和告诫孩子。

2. 拒绝、反对

在会议或聚会上，如果某个人被其想极力回避的人强拖住谈话而感到厌烦的话，他很有可能会给出更加明显的拒绝信号，并非仅仅表现出没兴趣。而如果他做出下列动作和姿势，另一个人可能会意识到自己遭到了拒绝和反对：

（1）侧身，将头扭向一边。

（2）面无表情。

（3）目不转睛地凝视着中间距离的某个点，这样一来，另一个人就无法和他视线相对，也就难以将谈话继续下去。

（4）假装打哈欠或真正打哈欠。

（5）板着脸、撅着嘴，或者嗤之以鼻。

（6）坐立不安，拨弄手指，或剔指甲，或剔牙，或者将指关节弄得咔咔作响。

（7）厌烦地摇头，或公开地表示不同意。

（8）转身离去。

3. 耸肩

我们往往会用耸肩这一动作表示“我不知道”“我不明白”“我没有办法”或“这不关我的事”等意思。当某个人感受到自己处于某种威胁之下的时候，尽管他并没有表现出任何反抗意见，但是会缩成一团，完整的耸肩动作呈现出的就是这时候的样子。耸肩有好几个表现形式，下面的内容将描述其中的一些形式。

（1）将双肩缩在一起：这个猛然紧缩的动作非常常见，在缩紧双肩的同时，还会扬起眉毛，两边嘴角下拉，与此同时摊开双手，掌心向上。脑袋有可能会倾向某一侧。

（2）两边嘴角下拉：这个姿势是耸肩的简化版本，在法国比较常见。

（3）摊开两只手：掌心向上，手指微微弯曲，这种动作非常普遍。

（4）举起一只张开的手：举起的这只手掌心向外，与肩膀的高度齐平，两个肩膀微耸。

心理学家发现，当人们做出如下身体动作和表情时，常常表示怀疑和讽刺。

1. 不相信

在世界的不同地区，人们用各自的方式表明他们不相信某个人告诉他们的事情。

（1）抚摸喉咙：在南美洲，表示不相信的姿势是用食指上下反复抚摸喉咙。这个动作表明，来自于那个朋友喉咙的言辞都是废话，简直是在胡扯。

（2）用食指指着另一只手掌：将一只手展开，手掌向上，另一只手的食指指向掌心。这种姿势犹太人经常使用，意味着“如果你说的事情真的发生了，那么我的手就会长出草来”。

（3）提起一只裤腿：一个男人从大腿处抓住一只裤腿，然后小心翼翼地往上提，就好像刚刚踩了一堆粪便一样。美国男人可能会表现出这个动作，将之作为一种开玩笑的方式，表明别人刚刚告诉他的事情就好比一大堆粪便。

（4）拍打肘部：用一只手拍打另一只手臂的肘部，在荷兰，这个动作用于表达“不要相信或指望他”。

（5）转动眼珠：转动眼珠，露出大部分眼白，并扬起眉毛。这个动作意味着“你会相信这件事吗”，或者，当一个健忘的人又开始重复一个经常讲述的趣闻轶事的时候，这个动作表示“哦，瞧吧，他又开始了……”

（6）敲太阳穴：用手指轻轻叩击太阳穴，具体的位置各个国家有所不同，这个姿势意味着“他简直是疯了”。

2. 讥笑

讥笑是嘲弄性的方式之一，具体有以下几种类型：

（1）扭曲的微笑：一边的嘴角被强有力地拉伸，以至于脸颊缩拢产生褶皱。这样一种不对称的微笑透露出一个人假装表示友好的赞同，事实上，当时他产生了敌意或在蔑视对方。在西方世界，人们会像这样表达自己的轻蔑。

（2）拇指指甲对拍：两个拇指的指甲相互轻轻碰撞，就好像拍手的微型缩影一样。在拉丁美洲、西班牙和荷兰，这是鼓掌喝彩嘲弄性的一种形式。当预期的事情在现实中正常发生时，人们往往会用这种姿势。

（3）缩拢的手：将缩拢的手降低，且仅降低一次，是马耳他人说“很好”的讽刺性方式，而这个人真正的意思是“你这个白痴、笨蛋”。

在平时的生活中，只要我们多多关注对方是否有以上这些小动作，就可以知道对方是否有否定、怀疑和讽刺这些情绪了。

这些动作说明他情绪低落

沮丧和抑郁时人们的反应看上去可能并不十分激烈，但只要留心观察仍然可以察觉到。

1. 坏情绪的迹象

（1）感觉马马虎虎。在美国和欧洲，如果人们不是那么快乐，当其他人关心地询问“你最近怎么样”的时候，他们会伸出一只张开的手，掌心向下，并来回转动。这个姿势往往伴随着一句这样的话——“哦，马马虎虎吧！”

（2）感觉烦透了。当有人问及“最近怎么样”的时候，一位过度劳累的人可能会说“我已经受够了，都到这个限度了”，并且会举起一只手，掌心向下，举至前额，进一步阐明“这个限度”到了什么程度。在这个动作中，这只手象征着他们想象中的会让自己溺死的水位线的高度。

（3）自我批评或感觉尴尬。当人们意识到自己做了某件蠢事的时候，他们可能会声称自己非常笨，应该自己打自己。伴着类似的自责的话，他们同时还会作出假装打自己的动作，张开手拍打自己的头部，通常会打在身体的4个部位：脸颊、额头、头顶和脖子后部。

心理学家研究表明，拍打落在身体的哪个部位，显示出的不仅仅是自我批评，还涉及事情的严重性。如果一位员工因为自己的粗心大意而谴责自己，拍打自己的额头，那么老板的指责可能不是非常严厉。如果这位员工拍打的是脖子后部，那就说明他可能认为老板知道他的错误后会将他看作“眼中钉”。

（4）伸舌头。在中国的许多地方，如果某个人“多嘴”或说了不应该说的话，他可能会迅速地伸一下舌头，表现出自己感到非常尴尬。

（5）沮丧。沮丧气馁、情绪低落的人可能会拖着缓慢而费力的步伐前行；将两只手放在口袋里，并且/或者——低着头，欠着身。注意：某个正在思考的人也可能像这样走路。

2. 郁闷至极

如果人们感到自己在社交中失礼或出丑，或者他们生活中的所有事情都不顺，有的时候，他们可能声称自己几乎想要“自杀”。当他们这样说的时候，同时会做出自杀的姿势，这往往是在开玩笑的场合中。所使用的姿势和动作根据不同地区惯常使用的“自杀”方式而有所变化。

（1）在世界范围内：反映出想要自杀的情绪且遍及全球的一种姿势是将食指横放在喉部，就好像要用刀子割开喉咙一样，这种姿势也被广泛用来威胁和恐吓他人。

（2）在西方：想要自杀的动作是用食指对着脑袋，其余的手指团缩在手心，拇指朝上，就像一把左轮手枪上的枪栓一样，然后将拇指向下拉动。

（3）在新几内亚：在新几内亚的岛民可能会紧紧地握住脖子，模仿出勒脖子使人窒息的动作。

（4）在日本：日本人可能会将手放在腹部，掌心向上，用手的侧面在腹部“砍”自己。这个动作模仿的是日本式的切腹自杀，这是日本男性一种传统的自杀方式。

如果我们看见对方有以上这些小动作，就可以知道对方现在的情绪很低落了，所以说话行事的时候一定要更加小心，以免激怒对方。

边踱步边抽烟，内心一定在交战

心理学家研究发现，人们处理香烟的姿势包括抽烟、捺熄、夹烟等动作，都能显现出人的性格特点和处世态度。如果你的交流对象是个吸烟者，他吸烟时的姿势对于你了解他的内心世界有着很重要的参考价值。例如：

1. 边抽烟边踱步，内心在交战

如果你在劝服他人后，发现他一边抽烟一边踱步，心理学家发现这表明他的内心正在交战，你的话已经起了作用，只是他的内心还在挣扎。他自己倾向“可以下决心了”，但又怕遭到别人的反对，通常这样的人比较优柔寡断，他需要的是别人继续的说服鼓励和赞同支持。

2. 吸一口抖一次烟灰，内心焦虑不安

如果你和他谈话之后，发现他不停地弹落烟灰，甚至吸一口抖一次烟灰，这表明他的内心有冲突，忧虑不安。也可能是你的劝服条件不能打动他，他在极其焦虑的情绪里挣扎着。

3. 没抽几口就按熄香烟，想结束交谈或心有定数

如果你的交谈者，在点完香烟后，没有按照平常的习惯抽完整根烟就忽然熄灭，这是他想结束谈话，心里有了决定的标志。不过，如果你的谈话对象是在被你激怒的情况下熄灭香烟，这样的动作则表明他火气正旺，情绪很不好。

4. 抽烟时手掌朝外，外向而健谈

如果你的交谈者在抽烟时手掌朝外，那要恭喜你！这是一个跟谁都谈得来的人。你想让他安静一会儿，那是不可能的，他喜欢和你以及各色人等交谈。与他交流，点根烟的轻松闲聊比正襟危坐的交谈要收获更多。

5. 用指腹夹香烟，为人和善老实

交谈中，用指腹夹香烟的人颇为常见。看来你要好好感慨下，“天下还是好人多了”，没错，这样夹烟的动作，表明抽烟者是个真实、毫不含糊、值得信任的人。表面上看，这样的人老实低调，甚至有些保守。其实大多时候，这样的人都很有信心，能靠自己的力量按部就班地完成工作。

6. 喜欢将手夹在离烟头位置更近的人

这类人敏感细腻，注意细节，非常介意别人的看法和评价，因而会显得有点内向。但与小指伸向外侧的那类相比，他们更善于控制自己的情绪。如果自己不开心时，他们不会立刻表现在脸上和动作上，遇事能比较沉得住气，属于小心翼翼、对细微小事顾虑周全的慎重派。他们会压抑自己的感情，充分思考后再采取行动。

7. 喜欢将手夹在离烟嘴位置近的人

这类人大多自我意识较强，喜欢引人注目，我行我素。他们通常是活泼大方、不拘小节的乐天派。他们坦率直爽，行动迅速而敏捷。他们讨厌受周围人束缚，会明确地表示自己的喜、怒、哀、乐。他们热爱社交，又喜欢照顾人，因此在晚会上很受欢迎。

8. 习惯将手夹在烟中央位置的人

心理学家发现这类人适应能力颇佳，属安全型人物，待人和善。他们大多不太会拒绝别人的请求，有时心里虽不乐意，但不会表现出来。他们对人、对事都相当小心，不管做什么事情都小心翼翼，不太提自己的意见。常会在别人行动后，经过确认后才开始行动，是慎重派的类型。他们也很在乎别人对自己行动的看法，很在意周遭人的视线。因此，他们不会随意将自己的欲望和欲求表现于外。

9. 经常用指尖夹烟的人

心理学家认为这类人性格较为温和、亲切，攻击欲望不是很强烈。他们对自己的信心不是很足，很多时候总喜欢用悲观的态度去看待一些事情，这往往使他们活得很累。他们的心地较为善良，做事总会为别人留下一定的余地，他们也不太喜欢冒险，一般不会去做风险性较高的事情。他们的生活态度较为严格，做任何一件事情都会认真地对待，并且喜欢追求高效率、高质量。

10. 抽烟时喜欢有一些身体轻轻摇晃、抖腿等下意识动作的人

一面抽着烟，一面喜欢有一些下意识动作，总是不安静、喜欢动个不停的女性，一般爱好广泛，属于只要我喜欢就好，不注重外观的类型。他们通常不太在意他人的看法，想怎样就怎样，但他们做事积极，待人热情。不过他们中很多人见异思迁，不喜欢也不习惯于单调、乏味的生活。

总之，抽烟的行为传达了微妙的信息，抽烟的动作也能体现出人的性格和情绪。要想了解他们，不妨从那些微小的习惯动作入手，点中他们的穴位。

边打电话边信手涂鸦是为了缓解心中的紧张感

打电话是最常见的行为，透过这一行为，我们往往可以看出动作实施者的内心世界。一般来说，大部分人都喜欢在通话时紧持听筒的下端。这种人外圆内方，表面看似怯懦温驯，实则个性坚毅，对事对人一旦下定决心，永不改变。他们一般很守信用，一旦答应你什么事，会尽力去做好，适合与之成为朋友。打电话时做这样的动作，在男性中较多见，心理学家认为他们大都性格干脆、做事爽快；这样握听筒的女性，往往对事物的好恶十分明显，且固执到底。遇事爱凭自己的好恶，一点也没有通融的余地，因而不大讨男性的喜欢。

通过观察可以发现，人在打电话时，还有一些其他的手上动作，如：

1. 边打边信手涂鸦的人

打电话时，对方有时因为愤怒而不停地向我们咆哮，我们恨不得马上把电话挂断，但有时又不敢这么做，于是便会产生精神压力。为了减轻自己的精神压力，我们的手会无意地动起来，边打边信手涂鸦，以便给大脑一些刺激。

2. 用双手握住话筒的人

这样的人很感性，易受外界的影响。这样握听筒的女性，一谈起恋爱来，很容易受爱人的影响，性格也会随之起变化。这样握听筒的男性，大多会有一些女性气质，对于一些细微的事情，往往也会左思右想，优柔寡断，不知如何是好。

3. 用手轻柔地握住话筒，并使话筒与耳朵保持一定距离的人

这样的人，其行动力和社交活动能力往往是相当强的，并且有很强的自信心，十分好胜，也很希望周围的人能够注意他。如果是女性，这样的人一旦遇到她所倾爱的男性时，则会一改以往任性的性格。这样握听筒的男性则比较少见。

4. 边通话边用手玩弄电话线的人

心理学家观察发现，做这样动作的多见于女性，她们比较喜欢空想，一方面多愁善感，另一方面又有倔强的脾气，她们在电话中一说起来常常会没完没了。同样，做这样动作的男性较少见。

5. 用手抓握话筒上端的人

做这样动作的女性较多，她们通常有一种歇斯底里的特征，只要有一点小事不合心意，就会大发脾气，情绪改变非常快，所以与周围人的关系常常很紧张。这种女性与异性相处时，爱怎么样就怎么样，往往使对方束手无策，陷入困难的处境；而这样握听筒的男性，常常头脑灵活。

打电话这个看似很平常的动作，心理学家告诉我们也可以从中看出对方的心绪状态。

爱用手捂嘴巴的人性格内向

你的周围一定有这样的人，他们笑起来总习惯用手捂住嘴巴。这样的人性格大多比较内向，属于十分安静的人，他们大多有自闭心理。同样，捂住嘴巴笑的女孩，她们往往也是容易害羞的人，她们性格会很温和。这类人一般不会轻易向他人吐露自己内心的真实想法，包括亲朋好友。

平时不笑都喜欢用手捂嘴的这种行为在女性身上比较常见，此类人性格较内向、保守，甚至有点自闭，她们严重自卑，不敢过多暴露自己。如果你是她不熟悉的人，那她会对你“戒”心百倍，一直竭力隐藏自己，试图做某种掩饰。即使是在网上，她也不会多透露给别人一点关于自己的信息。

一般来说，在谈话的过程中，我们都不会非常直观地谈论自己，但在不知不觉、有意无意当中总有透露自己的时候。一般我们多留心谈论内容，多观察谈话者的神态和动作，细心一点，都会获得一些有益的东西。可是如果你遇到一个在说话时爱用手捂嘴巴的人，你想了解他就困难得多了。他一般拒绝谈论自己，包括曾有的经历，自我的性格以及对外界事物的态度和看法等，他的性格比较内向，甚至很自卑，没有特别喜欢、特别厌恶的东西，主观意识比较淡薄，不太爱表现和公开自己。对于这样的人，即使在你的反复启发下，他勉强谈论了自己，也只是在单纯地叙述，他不会加入过多修饰成分，而是习惯将自己置于事外，仿佛在谈论一个外人，这样的人比较客观、理智，情绪也比较沉着和稳定，一般不会有过激的行为。

与此相反，如果你遇到一个在说话过程中习惯性做捂嘴动作的人，他却不回避和你讨论自己。甚至对自己曾有的经历、个性特点等夸夸其谈。则表明这是个主观意识较浓厚、爱表现和公开自己、多少有点虚荣的人，而且他有很深的城府。做出捂嘴的动作无非是在影响你的判断力，这样的人特别喜欢表达对外界一些事物的看法、态度和意见等，一般来说，这样的人性格大多外向，感情色彩鲜明而且强烈，特别注意细节。

此外，爱用手捂嘴巴的人在恋爱的时候不够大方，如果他对一个人有好感，不会很明白地表示出来。如果你约这样的人出去，他会连笑都加以掩饰，到底答不答应你的示好，他会纠结上一段时间。在态度方面也表现得不够大方，因为他天生就不够自信，甚至有些自闭。如果你和这样的人起争执，他一般会选择顺从你。长期捂嘴笑的人，一旦结了婚的话，男的会惧内，女的会怕老公。

总是把发票揉成一团的人心中压力过大

付款的时候，我们一般都会收到购物小票或发票，有的人会不在经意间把购物小票或发票揉成一团，这是为什么呢？心理学家认为，总是把发票揉成一团的人心中压力过大，或存在着某种欲求不满，他们通过这种行为来让情绪平静一些。这种通过其他方式来发泄情绪的行为，心理学中被称为“转移行为”。心理学家分析出，在日常生活中经常难以自制地做出转移行为的人，一般性格敏感，他们容易积压精神压力，也很容易忧虑。

转移行为的具体形式因人而异，有时即使是同一人，在同一情况下发泄的方式也会不同。而且转移行为随处可见，比如影视作品中常见的夫妻吵架时，经常会摔碎杯子和盘子，这也是转移行为的一种。虽然把情绪发泄到小纸条或杯子、盘子上不能从根本上解决问题，甚至也不会带来多大的快感，但人们还是会忍不住这样做。而且因为发泄对象完全是没有关系的事物，也可以说这是一种乱发泄。

细心观察，在人们面对紧张和压力的时候，总会通过一些小动作将情绪透露给你。让我们看看其他的一些体现出紧张和内心压力的小动作：

1. 不停地清嗓子

你会发现，很多人原本嗓子没有不舒服的感觉，可是在准备比较正式的演讲前，他会不停地清嗓子。这不是怪癖，只是紧张的缘故。不安或焦虑的情绪会使喉头有发紧的感觉，甚至发不出声音。为了使声音正常，他就必须清嗓子。这也是有的人说的“紧张得连声音都变了”的原因。如果你遇到说话不断清嗓子、变声调的人，这表示他们非常紧张、不安和焦虑。

2. 狠狠掐烟或任烟自燃

抽烟有时会被认为是缓解紧张、压力的方法。生活中，你常常可以看到这样的动作，有人在烟没有抽完的时候，忽然把烟狠狠掐灭或是把它搁在烟灰缸上任其燃烧。其实这样动作的潜台词常常也是压力、紧张、焦虑。

3. 屁股底下像坐了球儿

每个人在当学生的时候大概都被老师说过：“你能不能好好坐着？你屁股底下坐球啦？”当你和别人聊天时。如果发现他坐立不安，那就表明他感到压力或不安，有时候无聊也会有这样的动作。

很多动作看起来很平常，实际上也是紧张不安的表现。比如撕纸、捏皱纸张、紧握易拉罐让它变形，等等。并且你可以发现，当一个人的紧张感、不安感严重的时候，这样的动作出现的概率更大。人们似乎希望借这些动作来缓解，同时稳定情绪。

但是，为什么会发生这种乱发泄的行为呢？心理学家认为这是因为人们并没有了解自身精神压力的真正原因。如果能在了解自身精神压力原因的基础上，通过转移行为很好地发泄负面情绪，那么这样的转移行为就是一种健全的精神压力消除法。比如，心存不满的时候可以去搏击俱乐部用力打沙袋，这样既锻炼了身体又宣泄了情绪；再比如，心里很焦虑的话，可以拿抹布把家里地板或家具都擦一遍，也有助于让内心平静下来，还可以让家里变得更干净。

预示冲突的信号

如果意见不一致发展演变成个人之间的厌恶、敌意与不和，在不知不觉中表现出来的不满的姿势和动作就会变成有意地侮辱，继而发展为公开威胁的行为，最后逐渐变成表示冲突的姿势，可能最终会导致暴力。

1. 隐藏式表示不赞成

某个人如果反对他人的观点，但是又不方便说出来，作为替代，他可能用沉默或看起来与手头事情毫无干系且没有意义的动作泄露出这种消极否定的情绪和感受。心理学家总结出如下几个常见动作：

（1）低头。一个爱挑剔或不满的倾听者很有可能低着头，这个看起来像是无意间做出来的动作，却表明倾听者不喜欢或不同意说话者所说的内容。

（2）封闭式姿势。某个人不同意讲话者的观点，如果这个人是坐着的，他很有可能呈现出所谓的"封闭式姿势"——双臂交叉，跷着二郎腿，身体保持直挺。

（3）揉眼睛。当一个人百无聊赖地坐着时，他可能会频繁地揉眼睛，或者揪拉眼皮。可以说，这些不满的姿势给予大脑反馈，强化并延长了爱挑剔和不满的情绪状态。

（4）摘线头。当倾听者不赞成或不同意的时候，他可能会在衣服上轻轻地撕拉，就好像要消除微小的线头一样。摘线头的人可能会盯着地板看，而不是注视着说话的人。这些细微的动作，揭示出他有许多没有说出来的反对意见和理由。

2. 开放式表示不赞成

某个人如果厌恶他人的想法和态度，并且认为自己没有必要掩饰这种情绪和感受的时候，他可能会以很明显的动作表现出来。

（1）翻白眼。心理学家发现，某个人如果对另一个人翻白眼，嘴角会降低，额头产生皱纹，眉毛向下，他可能正在思考对那个人感到不满的某些事情。

比如，那个人支持的事情，或那个人所说的内容。

（2）嗤之以鼻。某个人如果不相信或不喜欢另一个人所说的内容，他可能会表现出这个动作和姿势——抽动肌肉，鼻子会斜向一边，就好像要让鼻子远离令人讨厌的气味一样。

（3）食指互指。伸出两只手的食指，指尖相互对指，接着向彼此移动，然后再分开。在西班牙和拉丁美洲，这个动作表示不同意。

3. 侮辱性的姿势

心理学家研究发现，侮辱性的姿势主要涉及头和手。这里给出了几种姿势和动作。

（1）轻叩头部。一个人用他的食指反复轻叩头部。尽管这个人轻叩的是他自己的额头或太阳穴，但是这表明他认为别人的大脑出了什么毛病。

（2）用两只手轻叩头部。在这个动作中，两只手同时轻叩头部。这个动作表示另外一个人做出的蠢事或蠢主意给了他强烈的刺激，激怒了他。

（3）在太阳穴处打圈。用食指指着太阳穴，并进行小范围的打圈。这个动作表明自己的大脑处于紊乱无序的状态，或者表明某个人就像一只被用坏的钟，需要上发条。

（4）伸出舌头。一个人只是面对着他想要羞辱的那个人伸出舌头。与摇头表示“不”一样，这个动作起源于婴幼儿时期拒绝食物的动作。这个动作在孩童中非常普遍，受到了广泛的运用，而且在一些成年人中也可以看到。

（5）击打肘部。右手上举，掌心向前。左手握拳放在右臂的肘下，与此同时，右臂向下砸左手的手背。在倘兰，这个姿势意味着“迷失了方向”。

（6）击打手腕。当左手与右手腕做出劈砍动作的时候，右手向上轻弹。这是一个表示“滚开”的姿势，主要被使用于突尼斯、希腊等国家。这个动作可能源于一种惩罚性的动作——在将小偷驱逐出部落之前先砍断他的手。

（7）用手推。五指伸展，掌心向前，好像要把什么东西推开一样，一般推向他人的脸部。在希腊，这是一种古老的表示侮辱的方式，意思是说“去死吧”“见鬼去吧”“下地狱吧”。这种方式源于战争时期的拜占庭人，他们会从大街上舀出一堆淤泥或粪便，胡乱涂到俘虏或囚犯的脸上，以示侮辱。

（8）字形手势。掌心向内的“V”字形手势在英国有“走开”的意思。大多数人认为这个姿势具有侮辱性的含义。一般认为这个手势始于中世纪时期的英国，当时英国人一般用弓箭作战，法国人威吓说抓住英国的士兵一律砍掉他们使用弓箭最得力的两根手指。后来，英国战胜，弓箭手们傲然地伸出这两根手指，以对法军表示蔑视。

4. 表示敌意的姿势

有的时候，厌恶情绪变得越来越强烈，足以演变成公开的冲突。一般事先会有一些警示性的迹象，表明可能会出现打斗。这主要表现在男性之间，心理学家给出了如下几个例子判断彼此的性格。

如果两个陌生男人感觉对他们自己缺乏信心，则可能会设法表明他们的男子气概。他们站立着，手叉腰，或者将手指卡在腰带处，这个姿势是为了吸引别人注意自己的身体。一些研究人员认为，这个姿势意味着“我比你拥有压倒性的优势，因为我很强壮”。如果两个男人仅仅是在友好的谈话中判断彼此的性格，那么他们可能半侧着身体，半面对着彼此。

（1）准备打斗。如果他们面对面地站着，两脚分开，手叉腰，或者将手指卡在腰带处，表明他们可能非常讨厌对方，并且可能准备开始一场打斗。

（2）突然停止打斗。敌对双方可能做出进攻性的姿势，而不是真正袭击对方。其中一方可能会针对另一方或某个人或某件东西，呈现出这些威胁性的姿势和动作。

（3）晃动拳头。这个动作是在对手面前用拳猛击空气。

（4）抬起手臂。这个动作就是抬起一只手臂，好像要袭击对手一样，但是却突然停止。

其他的动作还包括一个人猛击自己的拳头，或者猛击桌子。

当你看见对方有以上这些小动作时，就可以知道这是冲突的预警了。这时候你行事应该更加小心。

这些小动作说明他已经快缴械投降了

一个有经验的人在与人交涉的时候，他一定不会一直喋喋不休，他会留心观察谈话对象的肢体语言，这既可以避免引起别人反感，又可以看出对方是否有被劝服的信号，从而达到自己的目的。在生活中，我们可以从下面这些身体语言中挖掘出对方心理开始动摇的信号。

1. 摸袖口，拨纽扣

如果你发现，和你交谈的对象，开始出现摸袖口、拨纽扣的动作并伴有若有所思的表情，这基本可以肯定对方已经卸下防卫，他的心理开始动摇了。一般情况是，对方坐在你面前，手肘靠在桌上，或是将手臂放在椅子上，再用另一只手的手指轻摸袖口和纽扣。这表明他在考虑你所说的话，这种姿势是在告诉你，“你说得好像蛮有道理呢，我再想想……”如果你遇到这样的情况，你可以采取下一步的措施了。不过，你需要注意的是对方手上的动作是否缓慢轻柔，如果是频繁动作，伴着焦躁的神情，你就要考虑对方是不是不耐烦了。

2. 模仿你的动作

你做了一个手势，他也跟着你做了同一手势，这是他在模仿你。当对方开始有意无意模仿你的动作时，表示你对他有一定的影响力，他对你甚至有些崇拜和敬重，你的话更是在他的心海里荡起了涟漪。

3. 和缓点头

这种点头，不是指点头如鸡啄米似的快速点头，而是和缓自然的，这是表示赞许、信任、内心契合的点头。通常，他会选择在你一句话未结束时就开始和缓地点头，并伴有嘴角微微上扬的表情。这就表示你已经掌握了他的需要，你的话已经起了作用。

4. 手心向上，拿笔等待

当你的交谈对象很自然地拿起了笔，像是等待记什么东西的时候，如果你注意观察，他的手通常是手心向上的。或者是他手边没有笔，可是身体语言也不自觉地流露出这样的拿笔动作，这就表示，你的话产生了作用，他的心理开始动摇，对你也没有戒备了。

5. 露出前颈，微张嘴巴

颈部是人类比较脆弱的地方，也是人类最容易受到攻击的部位，所以人在潜意识里都有保护颈部的欲望。如果你发现，和你交谈的人在不知不觉的状态下露出了前颈，并伴有微张嘴巴的身体动作，你就该明白他这是心理开始动摇的标志，也是对你示好的表示。他认为你安全、可靠、值得信任。

第七章

社交表现露品性，从社交场合识人心

初次见面就喜欢身体接触的人自信心强

在生活中，我们经常会遇到这样的情况：你的上司，或者资历比你深的同事，在你加班到很晚时，会拍拍你的肩膀，并说些鼓励的话。或者，你要进行一项比较重要的任务时，会拍拍你的后背，说：“加油！”还有的时候，老板在听完某位员工的述职报告后，简单地轻拍一下该员工的背部。在他们接触我们的身体时，我们会感到很踏实，有被信任和重视的感觉。

为什么我们会有那样的感觉呢？这是因为，一般情况下，人会根据对象的不同来调整自己的位置。当我们和喜欢的人说话时，会不自觉地靠得很近，而和不喜欢的人说话就会保持一定距离。当我们的上司或者资历比较深的同事拍我们的肩膀时，已经不止是靠得很近，而是有了身体接触，这是一种亲近和信任的表现，他们的这些身体接触往往就是表示对我们工作的肯定和鼓励，所以我们能愉快地接受。

但是，有的人初次见面，也会触碰对方的身体，行为学家认为这就是过于自信的表现了。因为一般情况下，人们都会觉得和自己不熟的人有身体接触会令对方厌恶，所以初次见面时会保持一定的距离。但是，这些初次见面就触碰对方身体的人不会这样认为，他们会有一种居高临下的优越感，觉得自己拍对方的肩膀或者后背对方会很高兴。所以说，在他们的潜意识里，是认为自己很了不起的，这类人是过度自信的。

这种情况在管理层或政界比较常见。比如在2003年伊拉克战争期间，布什和布莱尔作为强大同盟的两位领导人，以“团结平等”的形式出现于各大媒体的报道中。其中，有一张很著名的照片——布什右手握住布莱尔的手，左手从后面揽住了布莱尔。这样的动作，很容易就让大家感受到了布什洋溢出来的自信和对整件事的控制权。

因此，当你和对方初次见面，对方就与你有身体接触，说明对方是一个过于自信的人。不过，不同的身体接触部位，也可以说明不同的含义。

1. 对方轻轻触碰你的手，是想给你留下好印象

行为学家近来研究发现，有意识地轻轻触碰一下对方的手可能会让自己给别人留下很好的印象。因此，当有人轻轻触碰你的手时，很可能是想给你留下美好印象。而且，如果对方从事的是服务行业工作，那他的这一举动就可能是想博取你的好感，从而使自己获得更多的小费。因为，心理学家专门做过一个小测验。他们让一家饭店的部分服务员在客人结账时有意识地轻轻触碰一下客人的手肘或是手。结果发现，这样做的女性服务员从客人那里得到的小费要比没有这样做的女性服务员多40%左右，而男性服务员也这样做时，其所得小费也要比没有这样做的男性服务员多30%左右。

2. 对方接触你的手肘，是想拉近你们之间的距离

因为大多数人不把手肘当作个人的私密空间，所以选择这个部位碰触通常不会让人感觉到被侵犯。而且因为大部分人并没有和陌生人身体接触的习惯，这样短而轻的碰触刚好给对方留下了印象。因此，如果对方轻轻地、短短地碰触你的手肘，是想拉近你们之间的距离。

因此，当你与对方初次见面时，对方在与你进行握手的同时能用自己的另一只手去轻轻触碰一下你的手或手肘，是想获得你的好感或拉近你们之间的距离，从而使你更加认真地倾听对方，并加深了他在你心目中的良好印象。所以说，初次见面就有合适的身体接触，可以给别人留下好感，也难怪会自信满满了。

总之，如果是初次见面或者在双方不熟悉的时候就和对方有身体接触的人，是过于自信的。如果运用得当的话，会取得良好的效果，这样的人也比较容易在管理层或政界获得成功。

握手时一直盯着你的人，心里想要战胜你

西班牙斗牛的节目中，那些被激怒的公牛会在进行角斗之前把眼睛瞪圆了一直盯着对方。在这点上，人类也是一样。世界上大多数国家的人都不会对不熟悉的人进行直视，一直盯着对方会被认为是没有教养的表现，甚至被看成是一种故意挑衅的行为。心理学家分析发现，当某人和你握手时，一直直视你，甚至盯住你不放，这其实是对你的挑衅，他的心里是想要战胜你。

如果遇到和你握手时一直盯着你的人，并且他对你的注视时间超过5秒，这人除了想在心里战胜你之外，往往还对你有一种威胁。这种盯视还会被用到其他场合，例如，警察在审讯犯人的时候通常对他怒目而视，这种长时间的对视对于拒不交代罪行的犯罪者来说有着无声的压力和威胁。有经验的警察常常用目光战胜罪犯。

可见，即使是罪犯也不喜欢别人用眼睛紧紧盯住自己。因为被人死盯住之后，心里就会产生威胁和不安全感。事实上，在你和对方握手、交谈时，如果遇到长时间盯着你的人，由于他眼神传递出来的信息产生了副作用，你从他的视线中是感受不到真诚、友善、信任和尊重的。

在生活中，人的角色是多样的，眼神之间可以传递不同含义的讯息。心理学家发现，影响一个人注视对方时间长短的因素主要有三点：

1. 文化背景

文化背景不同的人注视对方的时间可能存在很大的差异。在西方，当人

们谈话的时候，彼此注视对方的平均时间约为双方交流总时间的55%。其中当一个人说话时，他注视对方的时间约为他说话总时间的40%，而倾听的一方注视发言一方的时间约为对方发言总时间的75%；他们彼此总共相互对视的时间约为35%。所以，在西方国家中，当一个人说话时，对方若能较长时间看着对方的眼神，这会让说话的人感到非常高兴。因为他认为对方这样做，说明对方很在意他的讲话，或者是很尊重他。但是，在一些亚洲和拉美国家中，如果一个人说话时，对方长时间盯着他看，这会让他感到不舒服，并认为对方很不尊重他。比如，在日本，当一个人说话时，如果你想表示对他的尊敬之情，那么你就应该在他发言时尽量减少和他眼神的交流，最好能保持适度的鞠躬姿势。

2. 情感状态

一个人对他人的情感状态（比如喜爱或是厌恶），也会影响到他/她注视对方时间的长短。比如，当甲喜欢乙时，通常情况下，甲就会一直看着乙，这引起乙意识到甲可能喜欢他/她，因此乙也就可能会喜欢甲。如此一来，双方眼神接触的时间就会大大增加。换言之，若想和别人建立良好关系的话，你应有60%～70%的时间注视对方，这就可能使对方也开始逐渐喜欢上你。所以，你就不难理解那些紧张、胆怯的人为什么总是得不到对方信任的原因了。因为他们和对方对视的时间不到双方交流总时间的1/3，与这样的人交流，对方当然会产生戒备心理。这也是在谈判时，为什么应该尽量避免戴深色眼镜或是墨镜的原因。因为一旦戴上这些眼镜，就会让对方觉得你在一直盯着他，或是试图避开他的眼神。

3. 社会地位和彼此熟悉程度

在很多情况下，社会地位和彼此熟悉程度也会影响一个人注视对方时间的长短。比如，当董事长和一个普通员工谈话时，普通员工就不应该在董事长发言时长时间盯着他，如果那样的话，他就会认为你在挑战他的权威，或是你对他说的某些话持有异议。这样一来，肯定会在他心里留下不好的印象。心理学家提醒我们，和领导或上级谈话时，最好不要长时间盯着对方，你可以采取微微低头的姿势，同时每隔 10 秒左右和他进行一次视线接触。不太熟悉的两人初次见面时，彼此间眼神交流的时间也不宜太长，如果一方说话时，另一方紧紧盯着对方，这肯定也会让对方感到非常不舒服。

目光接触是非语言沟通的主渠道，是获取信息的主要来源。人们对目光的感觉是非常敏感、深刻的。通过目光的接触来洞察对方心理活动的方法，我们称之为"睛探"。目光接触可以促进双方谈话同步化。在对方和你交谈时，如果他用眼睛正视你，你可以更有效地理解他的思想感情、性格、态度。同时，通过"睛探"，可以更好地从对方的眼神中获得反馈信息，及时对你的说话进行必要的调整，通过这样的审时度势，一旦发现问题，可以随机应变，采取应急措施。

从握手方式就能看出对方对你的态度

握手是在相见、离别、恭贺或致谢时相互表示情谊、致意的一种礼节，双方往往是先打招呼，后握手致意。据说握手最早发生在人类"刀耕火种"的年代。那时人们手上经常拿着石块或棍棒等武器。他们遇见陌生人时，如果大家都无恶意，就要放下手中的东西，并伸开手掌，让对方抚摸手掌心，表示手中没有藏武器。这种习惯逐渐演变成今天的"握手"礼节。而现在，握手已经逐渐演变为人们用来维系业务关系的一种沟通方法。但就是这样一个小小的握手礼，其中却暗藏着不少玄机。

莫里斯与女友在餐馆就餐时，遇到了女友的前任情人比尔。女友尴尬地为两人介绍，莫里斯与比尔握手致意。两只手紧紧地握在一起，莫里斯感觉到对方的力度越来越大，并且扳着他的手，想让自己的手心朝下。莫里斯暗想：这可真是个厉害人物。

从上面的例子来看，简单的握手动作就可以接受到对方传递过来的信号：他是否喜欢你？是不是心理很强势，想打压你？比如比尔与莫里斯握手时将手掌翻转，使自己的手心朝下，就给对方制造出一种强势的感觉，这种不喜欢是不加掩饰的。

这种凌驾于人的握手方式并不少见，心理学家曾对 350 位高级行政主管开展了一项关于握手的调查研究，这群研究对象 89% 为男性。结果显示，在各种面对面的会谈中，88% 的男性主管和 31% 的女性主管在握手时都会采用这种能够制造强势效果的握手方法。而且这种握手的力度也会相对较大，甚至会令对方有轻微疼痛感。

通常情况下，握手只是人们见面时表示问候、离别时表示再见的一种礼仪。但是，你可以从握手这一细节动作上预见对方是否喜欢你，了解他想表达控制还是顺从的意思，了解他的个性特点。一般来说，性格温和、内向的人在与人握手时通常会采取顺从的姿势，这也表示他比较崇敬你。而性格外向、脾气火爆、霸道的人与人握手时，通常会采取控制性的握手姿势，这表示他不是十分喜欢你，或者是想让你感受到他对你的震慑力。有趣的是，当两个性格温和、彼此有好感的人握手时，他们通常会表现得温文尔雅、谦卑有礼。如此一来，双方便形成了一种平等、融洽的关系。

心理学家分析出，初次见面的双方握手致意，通过这一动作，你可以感受到对方传递过来的一些微小的信号，这些信号可能是无心，也可能是有意。而你也可以因此构建对对方的初步评价。一般来说会有这样三种评价：一是认为对方很强势，觉得对方并不喜欢你，他甚至想控制你；或者觉得对方比较弱势，你认为自己可以掌控对方；或者感受到彼此的平等地位，能够感受到对方很喜欢你，你也觉得和他在一起很舒服。

著名的盲人作家海伦·凯勒曾经这样写道：“我接触过的手，虽然无声，却极有表现性……我握着他们冷冰冰的指尖，就像和凛冽的北风握手一样。也有些人的手充满了阳光，他们握住你的手，使你感到温暖。”海伦·凯勒虽然不能用眼睛观察到对方，但她的触感是极其敏锐的，她关于握手的描写也极其精彩地展现了握手能带给人的不同感觉。可以说，要知道对方是否喜欢你，握手便知分晓。

打招呼的用语也能表现性格

在和陌生人接触时，一个比较关键的细节就是该如何称呼对方。心理学家研究发现，称呼得好，就可以迅速拉近彼此之间的心理距离，使双方很快建立友好关系；称呼得不到位，双方还是会形同陌路，关系难以发展，生意也就比较难做了。对于一些比较大众化的称呼来说，一般也不要使用，这会使对方感觉你和别人完全一样，没什么特别的，你们之间的关系也是一般而已。所以你应该使用一些比较特别的、让别人感觉亲近的称呼，来迅速改变你们的关系。

在平常生活中，你可能听到这样的话，也可能对别人说这样的话：不用称我老师，叫我名字就行了。听了这话或说了这话，你或他（她）便感觉彼此的关系进了一步。在爱情片中，我们常常看到男女主人公这样的对白：不要叫我 ××，叫我阿 × 吧。看到这，你就知道，两人的关系发生了变化，至少某一方希望另一方认为两人的关系发生了变化。为什么会这样呢？因为彼此的称呼与彼此的心理距离有关。也就是说，两个人称呼的改变，通常意味着两个人心理距离的变化。

众所周知，对初次见面的人，一般会以对方的姓加上头衔，如 × 经理、× 大夫、× 老师等，而不直接以名字相称。时间长了，相处久了，熟悉了，才会直呼其名。也就是说，以名字相称是建立在两个人相对亲密的关系上的。当两个人心理上的距离愈来愈靠近时，他们的称呼法也会从姓加头衔，然后到名，再到昵称。

我们也常常看到，某个人与另一个人虽然见面不久，关系不算是亲密，但他也以名字或昵称来称呼对方。这意味着什么？意味着他希望尽快拉近与对方的关系。这也是政治家们将对手“化敌为友”的惯用手法。面对一个从未谋面的人，他们也能够用一种非常自然非常亲切的口吻喊出对方的名字。例如，美国的前总统里根和日本的前首相中曾根康弘在初次会面时，对中曾根康弘，里根总统直呼其名，叫他“康弘”；对里根总统，中曾根康弘也同样直呼其名。其实，日本人并没有直呼其名的习惯，中曾根康弘之所以违背自己的民族习惯，无非是想强调两国的友好，希望会谈能在亲密友好的气氛中进行。

这种通过改变称呼来拉近彼此间心理距离的方法，在销售行业也广为利用。

有一个业务推销员，一次要去拜访一位房地产公司的老总。房地产公司有位前台小姐叫钟晓慧。钟晓慧作为一位接待小姐，每天都要接触到不少的访客，她可以清楚地区分哪些人亲切或哪些人不亲切。推销员要想见到老总，必须先过了她这一关。

第一次拜访时，推销员以锐利的眼神专注地看着她胸前的铭牌标志，然后神采奕奕地和她打招呼："钟小姐，我是李总的朋友，我有很重要的私人事情要和他谈。""对不起，今天李总吩咐不见客。"钟晓慧一点儿都不给他面子。

第二天，推销员又来了。他这次改变了风格，在彼此熟悉之后，他说道："呀，改变发型了，很配合你的风格嘛，以后就叫你'晓慧'好了。晓慧，我今天有重要的事情得跟李总谈，请转告一声。"他说完热切地看着钟晓慧。钟晓慧这次变得非常爽快，立刻带他去见李总。

一般而言，"× 小姐"是比较正式的称呼，如果总是运用这样的称呼，给对方的感觉是你始终和她保持着一段距离，她自然就要和你也保持距离了。但是，直接称呼对方的名字，是关系很好的朋友之间才用的，推销员很自然地改变称呼，便会迅速拉近彼此之间的距离，加深双方之间的感情。可见，如果总是局限于陌生人的礼仪，你是根本无法再进一步加强两个人的感情的。要想与陌生人迅速建立关系，或者改变你与朋友、顾客、客户之间的关系，就要改变你对他们的称呼，用一些亲切的称呼来拉近彼此的距离。

心理学家提醒我们，就一般的生意场合而言，如何改变称呼还是要看具体情况，并不是越早改变称呼就越好，也不是一上来就直接称呼对方名字就好，你应该根据双方关系的进展情况来随机应变。有时你必须让出一段时间让对方慢慢习惯，不要太过急躁，否则会显得轻浮。在改变称呼时要不留痕迹，尽显自然。例如胡雪岩在初次拜见稽鹤龄时，先是称对方为“稽大哥”，然后称“老兄”，最后又改为“鹤龄兄”，在不露声色中就将彼此的关系加深，并且不着一丝痕迹，这种高超的交际手腕和生意手段着实令神鬼感叹。

在生活中，这种交际方法也常为我们所用。比如：遇到一个难以接近的朋友，你试图接近他（她），不妨直呼其名或者请他（她）直接叫你的名字。面对你的同事，你希望与他（她）走得更近，不妨偶尔称呼他（她）的昵称或让他（她）称呼你的昵称。当然，你要表现得尽可能的自然，不要让对方感觉你是在装腔作势。如果真能那样你们的距离就能因此而拉近，事情便很容易解决。

与不同人的交往方式暴露他的性格

在我们的生活中，我们不仅会遇到新人，也会遇到旧人，为了了解这些人，心理学家建议可以通过观察其对待他人的方式来探测其性格。心理学家认为，有三种人最能反映出对方的个性：小孩、同事以及日常往来的人。

有的人可以很容易地和小孩打成一片，有的人却即使已为人父母依旧抓不到和小孩交往的诀窍。大部分情况下，一个人与小孩的关系具有非选择性的物质。心理学家研究发现，一个人对待及训练小孩的方式可以反映出他的价值观和对待他人的态度。

一位著名的心理学家和一位好朋友应邀去参加一个晚宴。他的这位好朋友有两个活泼好动的女儿，这位好友常常带女儿出席晚宴，而且会把她们介绍给每一位客人认识，他的两个女儿会彬彬有礼地和每一位客人打招呼。但是当大人们都坐到餐桌前时，小孩会离开大人到一旁去玩，这样大人才能进行不受打扰的对话。心理学家的这位好友很为自己的两个女儿自豪，他知道她们有被重视的需要，同时也知道如果身边没有坐立不安、总出乱子的小孩，大人们会玩得更尽兴。

这位心理学家的另一位好友也应邀参加了这个晚宴，同时也带上了自己的孩子。但是与上述好友不同的是，这位好友允许自己的孩子在晚宴时可以四处狂奔。而这些不受管教的孩子总出乱子，或打破玻璃杯或弄翻了菜，不仅给晚宴的工作人员带来了麻烦，也给参加宴会的客人带来了不少困扰。

这位心理学家认为，他的第二位朋友不懂得体贴宾客和主人，反映了他以自我为中心的观念以及未尽教养之责的缺失。

你是否曾警告孩子让他别碰某样东西？是否要求他们在电影院中要保持安静？是否会让小孩加入谈话而不是只有在他人问话时才可以说话？你会和孩子一起玩吗？若这些问题的答案都是肯定的，则说明你是一个体贴、细心、有耐心、有幽默感的人。如果答案是否定的，则显示了相反的特质。

我们的工作场所就像一个小王国，每天我们都得应付上司、同事和下属。从一个人对待这些人的态度，也可以看出其性格。

一个对员工尊重、仁慈、友善的主管，通常都是有自信、慈悲、积极并关心自己形象的人。如果主管对下属有如对奴隶，说明此主管通常缺乏安全感、跋扈、迟钝、粗心，在工作中如此，在生活场合中也如此。

员工对主管的态度也能反映其部分性格。有些员工愤世嫉俗，有些员工逢迎谄媚，这些反映出虚伪做作的性格，渴望得到他人的认同。有些员工则是谦恭有礼、敬业乐群，这表明他对自己所扮演的角色游刃有余且高度自重。

有些人乐意帮助同事，有些人却认为自己的成就是建立在同事的失败上的。后一种类型的人喜欢自扫门前雪，不与同事交际。一般来说，与同事关系越好的人，对自己越有信心，对生活也就越满意。

观察一个人如何对待日常往来的人，也可以给你一个很好的借鉴。如果他在对待你的时候体贴得体，但对餐厅老板却鲁莽，对倒开水不小心碰到他的侍者却怒目圆瞪，那么这种人绝不是真正的有涵养，他是那种有选择性的目的才会对别人好，而显然不会注意那些微不足道的小人物。

所以，心理学家认为，当我们在评估一个人时，应该仔细注意他如何对待杂货店店员、银行人员、快餐店的侍者以及加油站的服务员等。当收款机有问题时，会生气地瞪着店员，还是会安慰对方？经过自食其力的残障者时，是会嗤之以鼻还是掏钱买幅字画？

心理学家总结道，真正仁慈、体贴、有自信的人，对待别人的方式不会依自己的心情或对方的价值而异。而我们若想了解一个人，只要观察他对他人的态度就可以察觉其一二。

常常与人靠得很近的人性格外向

我们走在街上常常可以看到这样的情景：两个好朋友走在一起，其中一个人把手臂搭在另一个人的肩膀上，两个人距离很近。这种看似亲密的举动其实默默传达着非语言的信息。心理学家就曾指出，喜欢和别人靠得很近的人性格大多外向。

一般来说，当你与他人交谈时，对方碰触你的方式和碰触你的位置不同，会呈现出不同的心态。轻拍肩膀的动作可以给对方打气，仿佛通过肩膀传递了力量，但是有事没事总喜欢搭别人肩膀的人往往喜欢当老大，这类型的人多半比较以自我为中心，虽然看似想和你做朋友，心里却希望你臣服于他们。

一位心理学家就曾在法国进行了一个有趣实验，找几个有型男士，走访不同的消遣胜地，与百余名女性搭讪。实验结果显示，被俊男轻轻搭过肩膀的女性当中，有高达 65% 的人同意与俊男共舞。而与俊男没有任何身体接触的女性当中，就只有 43% 同意跳舞。

专家研究发现，在男士追求心仪的女性的时候，搭肩膀比眼神交流、语言调情、用手指轻撩对方的掌心更容易点燃爱的火花。能够手搭肩膀的男士往往比较自信，喜欢当老大，更能显现出男士魅力。而肩膀被男士轻触的女性，会更倾向于臣服男人的老大魅力之下。

通常碰触点越往上，表示对方越喜欢自己占有一定的优势地位。因此，我们可以根据对方碰触你的位置来观察、分析他人的潜藏心态。

1. 碰触前额以上的部位

我们经常可以看到妈妈轻抚孩子的头顶、轻拍后脑、摸摸额头等，做这些碰触通常都是表示安慰、爱抚、鼓励或者激励。因此，在生活中，能对你做这些动作的多半都是长者，他们喜欢以老师自居，觉得自己社会经验丰富可以帮助你，这些均是一种信任的表达。

2. 碰触胳膊或拉手

碰触你胳膊或拉你手的人，往往比较内向，骨子里有退缩的成分。但是他们希望与你有更多的交流，于是会透过蜻蜓点水的碰触来表达友好。

3. 碰触腰部

这种碰触方式在情侣之间以外是比较少见的。有些人可能在某些突发状况来临时，扶住你的腰部。这多半出于一种保护的心态。

总体来说，对于男性，如果想俘获某位女士的芳心，或者是在女友面前展现自己大男子汉的气概，可以把手臂搭在她们的肩膀上，当然，要做得温柔得体才能增加自己的魅力。如果对象换成了男性，就要斟酌一番了，若是关系很好的兄弟，靠得近一点很正常，如果是不熟悉的朋友还是稳重一些好。

爱打断别人说话的人爱自我表现

试想一下，现在我们正与某人谈话，向他阐述自己的观点。如果对方在我们说话的过程中，毫无征兆地不停打断，拼命说他自己的观点，或者拼命否定，“你这样想完全不对”“我是这样想的”，这类话语连珠炮似的吐出来，是不是会让我们火冒三丈？说起来，这样的人还真不少呢。

正因为这样做让人讨厌，所以我们从小就被教育别人说话时不要随便打断，这是一种非常没礼貌的行为。可是，还是有那么一些人做着这种没礼貌的事。他们热衷于交谈，并且特别喜欢在别人话音未落，甚至正说到重点时打断别人，迫不及待地倒出自己的看法。这样的“插话党”，非但不会被赞有想法，反而让大家厌恶，不愿意跟他们交流。而且，这些“插话党”，自己还没有意识到自己的行为有哪些不妥呢。“我只是想说自己的想法而已呀，用得着那么小气吗！”你越是想躲开他们，避免跟他们交谈，他们越是喜欢加入你们的谈话。

心理学家认为，从心理学角度说，“插话党”的行为泄露了他们想要表现自己的内心。

我们常常讽刺那些以自我为中心的人有“中二病”，就是说他们处于青春期，妄想什么都得顺着自己的心意。每个人都经历过从青春期到成人期的过渡。与青春期不同的是，成人期是一个自我互动的阶段。而在自我中心阶段的青春期，我们会感觉自己是世界上独一无二的，总是在观察自己的表演，自己的感受永远放在第一位，认为没人比自己更值得被围观了。他们因为过分关注自己，所以误认为周围人都不理解自己，一副众人皆醉我独醒的高贵冷艳的调调，自然不会去照顾别人的感受。而且，他们往往比较容易曲解别人的意思，认为他们都在对自己指手画脚，在背后对自己品头评足。以上种种，使他们把自我中心的交流方式变成一种自我防御的机制。等到了自我互动的成人阶段，表现日渐符合社会规范要求，言行变得成熟稳重，注重他人的感受，在交往中受到欢迎，也乐于与人交往。

那些喜欢打断别人讲话的人，心理学家认为，很可能没有很好地完成青春期——自我中心到成人期——自我互动的过渡。他们的心理成长未能跟上胜利的成长，导致他们不能准确找到自我定位，只有不断重复那种自我防御机制。

心理学家分析说，打断别人说话对健康不利。喜欢打断别人讲话，喜欢表现自己，实际上就是一种爱表现心理的外在体现。爱表现心理是一种消极的情感类型，如果任其发展，会产生不好的后果。比如，遇到需要团队合作的时候，如果有那么一个听不见别人的意见、高傲自大的人存在，对整个团队而言都是悲剧。过于高估自己的能力，对他人的观点和才能不能作出客观的评价，久而久之就会变得自私自利，做出损害整体的行为。带来的后果就是整个团队都讨厌那个人，人际关系变得很差。在这种压抑的气氛和心理状态下长久地生活，当然不会快乐。

对陌生人微笑的人多是开朗大方的社交专家

我们从小接受的教育是尽量不要跟陌生人说话，更别说是微笑。因此，如果有人能够对陌生人微笑，说明他是一个开朗大方的人。心理学家认为，一般这样的人多是一些接受过高等教育、思维更加开阔、思想更加开放的人。

能够向陌生人微笑的人，在性格特征上比较开朗大方。在朋友中，他们往往是最热情的。他们通常不会想太多，不怕遭到冷遇或白眼，或者说他们心里已经提前做好了遭到冷遇或白眼的准备。而一般人在面对陌生人时心里的想法就复杂得多了，他们轻易不主动向陌生人微笑或开口，一是戒备心理比较强，二则是怕遭到对方的冷遇或白眼甚至辱骂，实际上通常不会有这样的情况发生。他们在对待陌生人的态度上也常常竭力表现出友善的一面，因为他们喜欢结交朋友，他们把“多一个朋友多一条路”当作信条，他们热衷于社交活动，所以他们愿意向陌生人微笑，并且希望把一个个的陌生人发展为自己的朋友，发展为自己的人脉关系。

心理学家认为，能够向陌生人微笑的人都是开朗大方的社交专家，他们的脑子里埋藏着深厚的社交意识，他们懂得怎样去与人打交道，怎样跟人沟通。所以，当你在路上、在地铁上或是在公园里，有陌生人对你微笑时，你不用怀疑他们是不是认错了人，也不用太过担心你是不是被坏人盯上了，或许，你遇到的只是一位喜欢对人微笑、喜欢交朋友的人。

和能够向陌生人微笑的人相似，有的人在交往中会主动向人打招呼。这样的人，是想在人际关系中占主动。

在交往中，有人把先后打招呼也当作身份的象征——碰见比自己职位高、混得好的人就主动打招呼，碰见不如自己的人就昂着脸等着别人先打招呼。有些碰到熟人不愿主动打招呼的人会想：大家都走在路上，凭什么他（对方）不先打招呼，而要我先打招呼呢？而能够主动打招呼的人心里都不会这样想，他们甚至根本就不会想太多，开朗热情的天性让他们来不及多想就已经开了口问了好。心理学家研究发现，这样的人在人际关系方面总是占据主动地位，能够协调好复杂的人际关系，能够成为朋友当中的人际枢纽。所以，这些喜欢主动打招呼的人，见了熟人往往远远地就笑脸相迎，他们能够主动与他人沟通交流，主动去结交一些朋友，主动邀请他人一起出去游玩。这样的人心胸也比较开阔，他不会斤斤计较。

因此，在人际交往中，有的人特别热心，通常他远远地看到你就会跟你打招呼或挥手致意。这些人多为热情大方的人，他们在人际关系中常能占据主动。当你下次走在路上时你可以观察一下，那些主动和你打招呼的人，多是平时性格开朗、心胸开阔、很有交际能力，且在人际关系中占据主动地位的人。

喜欢和老实人为伍的人性格多愁善感

有的人在交朋友时喜欢找老实巴交的人。他们觉得与那些精明强干的人为伍，可能有一天会遭到背叛，做出一些伤害自己的事情。而与老实的人交朋友不用担心这一点。他们觉得这些老实人一旦与自己成为真心的朋友，便会对自己推心置腹，还有特别的关心照顾，常常会在自己需要帮助的时候出来帮助自己，甚至自己背叛了他们，他们也无怨无悔。而且，跟老实人在一起永远都不会吃亏，还永远不用担心他们会背叛自己。

这些人之所以有这样的想法，心理学家认为他们可能是在交友的路上受到过什么伤害，以至于一朝被蛇咬十年怕井绳，让他们不敢再去结交那些比自己聪明强干的人，因为害怕再受伤。他们觉得太聪明能干的人会欺骗自己、背叛自己，而老实巴交的人则不会。就算是和那些平时比较老实的人交往，他们也要通过长期的观察才会决定自己是不是要交这个朋友，因为有些人只是表面上比较老实，而心里却很狡猾，如果不经过长时间的观察，可能就无法发现一个人的真面貌。所以，这些人活得比较累，他们总是担心遭到背叛，在交友的时候小心翼翼。也同样是因为他们害怕别人的背叛，所以他们选择一个永远不会背叛友情的人，这样他们便不会在友情中受到伤害。

心理学家研究还发现，喜欢与老实巴交者为伍的人性格比较多愁善感，他们的感情比较细腻，对待友情与爱情都十分的认真，是重情谊的人，他们也比较敏感，常常朋友一两句无心的话，都会触动他那敏感的神经。敏感而重感情的人，本身就容易受到伤害，因为一些在别人眼里无足轻重的事情和无足轻重的话，在他们眼里可能有着不同的重量，别人不会在意的东西，他们可能会去在意。

喜欢与老实人交朋友的人，也都是比较率真的人。他们不喜欢那些虚假的客套，希望人与人之间能开诚布公地交流。而与精明者在一起有时会被利用，可能自己将对方当朋友对待了，而对方只把自己当成了实现他的某种目的的一个工具。所以，他们在择友时会选择与老实巴交者、不会欺骗他们、不会利用他们的人为伍。

因此，当我们碰到一个喜欢与老实人交朋友的人，可以初步推断出，他可能是害怕别人的背叛，而且，他也是一个性格率真、多愁善感的人。而有的人恰恰相反，不喜欢和老实巴交的人交朋友，而是喜欢跟有权势者交朋友。这样的人多半有势利心理。

在交朋友的时候，是应该以自己的内心为取舍标准的。但是有些人，却喜欢结交位高权重者。他们只看得起这些比自己强或者跟自己职位一样高的人，他们只希望和这样的人交朋友，他们看不起那些比他们职位或收入低的人，因为在他们心里，这样的人帮不了他什么忙。这样的人多半有些势利，他交朋友的原则是要能从朋友身上获得利益，而不能让他获得利益的人则不能成为朋友。

这些只喜欢结交位高权重者的人，心理学家发现他们总希望靠别人的职权来为自己铺路。他们的交友并不是真心的，里面埋藏更多的是利益关系。所以，这样的人交朋友不是以心换心，因此他一般没有什么真正的知心好友。而且在现实中，对待比自己地位低的人，他甚至都不会去多看一眼，更不会去主动交朋友，即使别人主动与他交朋友，他也会表现出爱理不理、不耐烦的样子。但对待比他地位高的人，他马上就转变了态度，他的热情、大方、亲切都会表现得淋漓尽致，当然，并不一定是真心的。不熟悉他的人肯定会被他这种表面流露出的假象所蒙蔽。他还很看重利益的交换，比如，我帮你一次，你也帮我一次，如果我帮了你一次，而你没有能力帮我，他们就会觉得吃了亏。

所以，当我们在生活中遇到只喜欢结交位高权重者的人时，我们就主动离他远点，因为连交朋友都十分势利的人，也不值得我们去结交。

发短信时喜欢使用表情的人做事谨小慎微

现代的年轻人可以不打电话，但是不可能不发短信。短信已经成为我们表达自己真实的思想感情最贴切的工具。那么，在发短信时，你使用过表情符号吗？这时，女性朋友的答案一般是肯定的，至少你不会一次都没有使用过。而男性可能不会经常使用表情符号，但是，当收到女性发来的含有表情符号的短信后，很多男性会在回复时加入表情符号。这是男性很有趣的一种心理。

这是为什么呢？心理学家认为，这是因为一般男性会认为对方给自己的短信里有表情符号，自己要是都用汉字，会显得自己很无趣。于是，他就会选择顺着对方的方式。他们能够这样在乎对方的反应，说明使用表情符号的男性小心翼翼。这在女性中也同样适用。因此，在习以为常的短信交流中，在看似平淡无奇的短信内容里，却隐藏着读取对方性格和心理的密码。

还有的年长上司爱用流行语或网络用语，或者常常讲笑话，以此博得周围人一笑。他们总是故意让自己显得有趣，这也说明了他们的小心翼翼，因为他们对自己考虑的事或想说的话都不自信，总是试图在迎合他人的过程中获得肯定。

这是由于，在普通的交往中，我们会根据对方态度的变化控制自己的言行，即所谓的“察言观色”。然而，通过电子邮件交流却无法观其色、闻其声。写邮件时，完全是自己一个人在说话，我们在说话的时候，会根据对方传递来的眼神、服装、动作等各种各样的信息来分析其状态、判断其性格。也正因为如此，我们在发短信或者发邮件时，才会选择使用最能表达我们心理活动的表情符号，小心翼翼地表达自己的想法，以免别人误解。反过来讲，使用表情符号的人也就是小心翼翼的人。

喜欢讨论他人隐私的人容易感到孤单和寂寞

在很多场合，为了让彼此交流更顺畅轻松，人们会寻找一些言语话题，以引发对方的兴趣。尤其是非正式的地点，如果缺乏这样的佐料，直入主题，会令彼此都感觉到不自然。所以，社交言语是商务交谈中必不可少的。同时心理学家指出，它们对自然展示每个人的品性也有着重要的意义。

有些人就喜欢在社交言谈中讨论他人的隐私，并借题发挥。心理学家发现这样的人很容易感到孤单和寂寞，他们希望通过发现和讨论他人的隐私来满足好奇心和引起别人的回应。尽管一次两次能够带动一些人的情绪，轻松气氛，但若时常如此，反而让人感到讨厌。想显示优越感和亲切感的意图反而带来相反的效果。

在社交中，有一些人喜欢替人介绍朋友，比如，明天你即将出差，恰巧今天的晚宴上碰到一位仁兄说他在外地有很多朋友，可以为你推荐，并能为你提供帮助。

假如事情的确如此，那工作能顺利地进行，但很多情况是，被推荐的人并没有仁兄介绍的那样可靠，甚至没有任何关系。像这位仁兄这样，喜欢为他人介绍的人，一方面是单纯的出于好意，另一方面则是希望能向朋友们展示自己的能力。只是，他们将问题想得比较简单，或者没有真的想要负起介绍人的责任。心理学家发现这类人渴望在朋友面前表现，并得到更多人的认可。

两人并排走路时，不同的步伐能折射两人的亲密程度

在生活中，心理学家发现当两个人并肩走在一起的时候，任何人都会有意无意地配合对方的速度或步调，即非常小心地走在一起，也会看一下对方的步调是否和自己的速度一致。从这一小小的细节中，也会观察出许多信息。

不自然地在旁边并肩走的人，心理学家认为这类人十分害怕自己跟其他人不同。因为对自己的判断没有信心，所以特意跟他人采取同样的行动。

细心注意配合你的人，心理学家认为这类人是对你有好感的人。如果你是“主”，对方是“从”，这种行走关系也许有“采取谦逊的态度来获得你的好感”“引起你的注意”这种心理的存在。

在并排走路的过程中，通过若无其事地或是有意地接触你的身体，这是表明对方想让你加深对其的亲密感。一般来说，在并排走的过程中，如果和对方的身体碰到一次后，会把距离拉开，调整步调以免再次碰撞。因为有时候这样的碰撞是因为节奏感不佳，或走路的平衡感不佳等身体上的因素导致的。但对方如果对于身体的碰撞并没有嫌恶感，可以得知他对你有好感。

会不知不觉容易走到你前面去的人，一般性子急而竞争心强，在生活中是“向前倾”者。即使他配合你的步调，也只证明了他具有自我压抑的自制力和相当强的耐性。如果他走到你前面去后，用不耐烦的表情看着你，你的步伐就会变急。如果你对这个人曾有好感，好感度会因为他的这个动作而下降，甚至还有可能转变成厌恶。

如果慢慢走的话，这其实是一个信号，表明对方对你有好感，想多花点时间和你在一起，有诸如“再多说点话”“想变得更亲密一些”的意思。而要不要配合对方，完全在于你。

从对方等你时的姿态看出他对你的态度

心理学家“测试”对方对自己的态度最常用的伎俩就是约会迟到。通过对方等自己的神态、姿势和动作，他们就可以看出此人对自己的态度。

你可以在与他进行某次约会时故意迟到一会儿，躲在一旁观看他等你时的表现。具体来说，如果他提前很久（20分钟左右）在你们约好的地点等你，到约定的时间后，却没看见你的踪影。此时，他脸上露出了焦急、不安的神情，并不停在那儿走来走去。他的这些神情、动作表现了他内心的焦虑、担心，他极有可能会想你可能遇到了什么紧急事情，或是出了什么意外。但是，随着你的出现，他脸上不安的神情顿时消失得无影无踪。这就说明，他很在乎你，并能真正理解、相信、原谅你的迟到的理由（当然，你这次的理由是编造的）。能交到这样的朋友，一定要好好珍惜。

如果他在你们约定的时间准时到达了约会地点，但他发现你却没有到达，于是他把胳膊交叉抱于胸前。此时，他极有可能这样想："我今天就要看看你什么时候才到，真是讨厌，居然还要我等！"当你出现后，他要么是对你大发牢骚，要么就是横眉冷对。这就表明他在和你赌气。在他内心深处，极有可能有要主宰和支配你的想法。

如果他在等你的过程中，用一只手紧握另一只手，则说明他在努力控制自己的情绪。虽然他此时心里可能是怒火万丈，但他绝不会将怒火烧到你身上。一旦你出现后，他心中的怒火便会悄然熄灭。因为在他心中，你是值得交往的朋友，体谅朋友你是天经地义的事。

如果他在等你的时候，把手插在自己的衣袋或是裤带之中，并在那儿悠闲地走来走去，则说明他此刻正在享受等你的感觉，他也相信你不会迟到太久。面对姗姗来迟的你，他依然会笑脸相迎。

如果他在等你的时候紧闭着嘴，满脸怒色，并且紧紧抱住胳膊，这是一种强硬的表示拒绝的动作姿势。当你出现后，不管你如何解释，他依然满面怒色，对你不理不睬。这种情况下，你最为明智的做法是不必和此人深交。

当然，以上情况并不是判定一个朋友对你友情深浅的"金科玉律"。在某些人身上，虽然可能出现了上述某些动作、神情，但这并不意味着他一定很喜欢或是讨厌你。

强求别人应邀的人自私而虚荣

在社交场合，有很多人喜欢用强迫的方式邀请别人，别人明明是不愿意，他们仍然坚持要求别人应邀，其实，他们是忽略了拒绝者的想法和立场。

这种人面临对方拒绝时，会一再重申自己的意见，以为如此对方就不会再拒绝。观察这些不顾对方推却仍勉强邀请的人，可推测其大概有四种想法。

第一种是把对方的拒绝看成客套。这时，邀请人就会继续对对方说："你不必这么客气嘛！"但对方如果再次拒绝，他仍要求："我看你真是太客气了，现在都已经下班了，你就轻松一点，不必这么认真嘛！”一再发挥他推己及人之心。

第二种是主观地以为对方如果拒绝，就等于断绝了他们的关系。所以当对方推辞时，他们会觉得很失望，认为对方太不给面子。这种人遭对方拒绝时，则会表示：“我诚心地邀请你，你却一再拒绝，真是太不够意思了！”

这种人试图勉强对方，当对方推托说：“你实在有所不知，因为我已经和太太约好了，所以真的没空来！”邀请人仍不放弃，还故意刺激他：“我看你是怕太太吧！”以话中有话的方式来激将。甚至邀请者还会联想：就是他太太在破坏我们两人之间的友情。

第三种和第二种类似。邀请人一个人玩乐时，会觉得寂寞而缺乏勇气，所以邀请的对象都是固定的。由于邀请人和被邀请人有共同玩乐的经验，且认为两人搭档得天衣无缝，所以就想强迫对方同乐借以壮胆。换句话说，其实邀请人根本是依赖对方，因无法独自取乐而勉强对方。

第四种，邀请人希望对方满足其虚荣心，听他炫耀，或让他宣泄心中不满和恼怒的情绪。只要仔细分析这些邀请人的动机，就可以了解对方为什么会有这种强迫行为。心理学家认为这类人希望自己依赖的对象能满足自己的倾诉欲望，所以完全忽略别人的权利和心理动机，勉强别人来满足自己的欲望。

讲冷笑话是为了引人注意

某公司最近新进了一名职员叫贾斯汀。贾斯汀初来乍到，想与大家熟络起来，于是经常会讲一些冷笑话想引起大家的注意。可是这样的策略并没有起多少作用，大家往往礼貌性地笑笑后，又继续着手自己的工作。这名新晋职员就不懂了，为什么会这样呢？一名资深的公司人员一针见血地指出道：“你之所以爱讲冷笑话，是因为你觉得被同事和领导冷落了。所以，与其通过讲冷笑话来引起大家的注意，倒不如通过提升自身的工作能力来获得钦佩。”贾斯汀听取这名老职员的建议后，关注于自身能力的提高，果然获得了同事和领导的重视。

正如上述例子，在我们身边总会发现有那么一两个喜欢讲冷笑话来逗大家发笑的人。有的人可能真的只是想制造一种轻松的氛围，逗他人开心。可是有的人像例子里的贾斯汀可能有着更深的目的，那就是想与众不同、引人注目。这样的人虽然不至于一直被同事和领导冷落，但是也会受到他们的特别的喜爱或关照。心理学家认为这样的人会一直成绩平平，难有大的成功。他们在公司的存在感很薄弱，他们也深知自己的处境，所以才想要通过讲冷笑话改善这个局面。

然而这样的举动并没有取得多少效果。周围的人在发笑后可能只会冷冷地觉得，有讲笑话的时间和精力，还不如多花点时间在工作上。从这方面来说，靠讲冷笑话来引得他人注目的人其实也可以算是不懂得感觉周围气氛的人。

开场白太长的人缺乏自信

为促进相互之间的人际关系，大部分人交谈前都会准备一段开场白。的确，和对方见面时，如果不先说点引言，就直接切入重点，可能会令人对自己的意图产生误解，从而产生戒心而不容易沟通。所以在商业交谈中，开场白是不可少的。

一个人说的开场白过长，听者不容易抓到说话的重点，不过是浪费时间，徒增焦急，但还是有人喜欢把开场白说得很长。

首先，可能是说话者对听者的一种体贴。假如对方是个敏感、仔细、易受伤害的人，直接谈到问题重点，可能会对对方造成冲击，所以说话的人就刻意拖长开场白，以缓和对方的反应。

另一种人则考虑若开场白太过简短，可能导致对方误会或不悦，因而留下不好的印象。基于这种不安，所以延长开场白。

由此可知，说话者无非是为了更详细地表达自己的意思，所以才有很长的开场白。

此外，有人应邀演讲时，也难免会把开场白拖得很长，这则是缺乏自信的一种表现。通常说来是为了隐藏自己的不安，有些人就会借很长的开场白来为自己的演讲做铺垫，所以，这种人应是小心翼翼型的人。

喜欢请客的人自我满足欲望强

每个人都希望自己拥有请客的经济实力，因为只要自己有钱请客，就可以不必担心自己不如人。不过自己不可能永远都做东，总有被人请的时候，有时让别人请客的原因，并不是因为自己忘了带钱或没钱，而可能因为顾虑对方的地位，或不忍辜负对方的一番好意，所以只好让对方请客，让对方达到目的而得到满足。

所谓满足，可能是一种优越感；可能是为了表示谢意；可能是有事相求；也可能纯粹是为了增进相互之间的感情。对方借着种种理由请客，使自己获得满足感；甚至有时根本没有请客的理由，明明可以大家分摊，但有人就是喜欢付钱时拼命制止别人，而自掏腰包。这时如果你坚持拒绝，对方还会露出不高兴的神情，并责备说："你真是太见外了，我们都是自己人啊！"从表情看来，他们真的不是装模作样，简直是沉浸于请客所带给他的满足感中。

反观被请的一方，别人请客，自己不必付钱，固然也有好处，但是让对方出钱，很容易形成自卑感，反而不能痛快地享受。

还有另一种被请人的心理，认为别人请客让自己快活是理所当然的。这种人大多都是不愿自掏腰包的小气鬼，不过除此之外，他们还有另一种用意。人最早接触的人际关系，是从与母亲间的关系开始的，每个人都有向母亲撒娇的经验和权利，而这种依赖、撒娇的态度一旦固定成型，长大成人后在现实生活中也容易出现，有时就体现在让他人请客的满足感中。

至于喜欢请客的人，虽然他们的立场是把东西送给对方，但其心态和接受自己好意的对方是一样的，这与过度保护孩子的母亲的心理非常类似。喜欢请客的人，表面看来虽然古道热肠，但其实只是以这种形式来满足自己。所以喜欢请客的人和喜欢被人请客的人凑在一起，彼此就各得其所，分别得到满足。

所以当大家看到那些即使没有多少钱却总想办法请客的人，应了解他们的心态，只要他们不是另有所求，大可接受他们的好意。

主动当介绍人的人喜欢自我表现

“听说你明天要到外地出差，那儿正好有很多我的好朋友，你只要向他们报上我的名字，保证你办事会很顺利。”有的人就是如此，别人还未请他帮忙，就主动为人介绍朋友。

如果这位出差的人士靠这位朋友的介绍，得到当地朋友的特别照顾，同时借着这些人的面子和信用，工作确实开展得很顺利，甚至他们还体念你刚到陌生的地方，晚上带你四处玩耍，那么这种人的好意实在不错。但多半情形都是尽管你按地址找到了其人，情况却与预期的不同。

其中原因可能是因为被推荐人并不像介绍人所说的可以值得信赖，而且两人也没什么特别亲密的关系，所以才会得到冷漠的待遇。

如果出差的地点是在外国的话，这个介绍人想发挥自己影响力的欲望就更强烈，所以我们可听到他说：“喂！你这次是不是要到伦敦？你可以拿我的介绍信去拜访这个人，或者你到了纽约去找这个人……”如此一一介绍。

而当事人信以为真，拿着那封信拜访被推荐人，结果可能又和前述境遇相同，不但自己的希望破灭，对方也许根本不知道介绍人为何许人也。

这些人为什么如此热衷于帮别人介绍朋友？原因就是这些介绍人可以通过为人介绍这一行为，来满足自己爱管闲事的冲动。

当然，他们一方面是出于好意，理解朋友的人地生疏；另一方面，也是向朋友表示他有不少知心好友，他很有办法。但这些人的想法未免太单纯，因为他们既然要替人介绍，至少应该知道必须对当事人双方负责任。这些介绍人，表面上看来似乎很乐意照顾他人，本着“助人为快乐之本”之心，事实上他们并未尽到介绍人的责任，只是以此满足自己而已。

总之，喜欢替人介绍的人，往往是渴望表现自己的能力却并未真正替被推荐人或第三者考虑。所以各位不要把他们的行为和真正喜欢照顾别人混为一谈。

喜欢自曝隐私并揭人隐私者的心理动机

有个30岁的职员欧阳先生，在办公室里兴高采烈地告诉大家："昨天我去相亲了！我对对方颇有好感，我想她对我的印象应该也不差，所以我打算在秋天举行婚礼，到时候一定请你们来参加我的婚礼！"

过了两三个星期后，同事们对此事情的进展都很关心，于是问他，但欧阳先生却露出沮丧的神情，回答："那个女孩似乎不太中意我，昨天正式拒绝和我继续交往，我非常郁闷。"

还有一次，欧阳先生又对工作单位的同事们谈到："我姐姐两三天前和丈夫离婚，小孩子也带回家里来，真是太落魄了。"欧阳先生就是如此，把自己的心态、身边发生的事情，一五一十毫不隐瞒告诉自己的同事，而且他自己也喜欢打探其他人的隐私，渐渐地同事们无法忍受他了。

喜欢自曝隐私者中还包括这样一类人：一些机关、单位已退休的前辈管理人员。这类人常常有点耐不住寂寞，会时不时地去探访一下原工作单位，并且把自己最近的私事一五一十地向老部下们抖露出来。

他们的后继者对前辈的来访虽然也笑脸欢迎，但总难免会对这位不速之客稍有不悦，因为他就职上任后，好不容易才改善了工作场所中的气氛，由于这些前辈的来访，又恢复以前的气氛，难怪他们会不高兴。

至于夹在此二者之间的同事们，觉察出这种心态，所以左右为难。

这种不自然的气氛，造成探访的前辈无法满足的感觉，虽然他们也了解，已经离开单位了，就不再是单位的成员，但愈了解这个事实，他们的心境就愈孤单。从外表看来，他们是离职了，但在心理上，却还停留在自己是单位一员的心态。所以他们渴望探访旧的工作场所时仍能受到老同事的欢迎，以此证明自己还不是"人一走茶就凉"，单位还记得他，从而获得心中极大的满足。

此外，换了工作环境后，有的人可能更发达显耀，为了表示优越感，他们常会借口回单位探望，以满足其虚荣感。

商务谈判中需要掌握读心技巧

生意人每天都要与各种各样的人打交道，生意人的成功离不开一定的社会环境，换而言之，离不开你每天所要打交道的这些人。生意人的成功就取决于你每天要交往的这些人。一个生活在“真空”里不和人交际的人，既算不上生意人，更谈不上什么成功不成功。因此，我们完全有理由这样说：生意人的成功取决于其识人、处世水平的高低。

“知己知彼，百战不殆”，如何与人打交道，如何了解对方的心理活动，是生意人掌握处世技巧的第一课。掌握“读心”术，是生意人建立成功人际关系的秘诀。

1. 根据话题洞察说话者的内心

（1）有些人非常想要打听对方的真相，这是有意明白对方的缺点、期待能进一步掌握对方的心理反映。

（2）有些人对于他人的消息传闻特别感兴趣，这种人很难获得真正的友谊，所以，他的内心是非常孤独的。

（3）有些人不断谴责领导的过错和无能，事实上是表示他自己想要出人头地的意思。

（4）有人借着开玩笑，常常破口大骂或者是指桑骂槐，这是有意将积压在内心的欲求不满设法爆发出来的心声。

（5）喜欢在年轻人或部属面前自吹自擂的人，乃是不能胜任职务，或者赶不上时代潮流。

（6）有人根本不在乎他人的谈话，而喜欢扯出与主题毫不相干的话题，这种人怀有极强的支配欲与自我显示欲。

2. 根据说话方式洞察说话者的心理

（1）对方说话的速度忽然变得比平常缓慢，那就表示对对方怀有不满或敌意的意思。

（2）说话的速度忽然变得比平时快，那就表示对方有弱点存在，或者表示说话的内容不属实。

（3）凡平时沉默少话的人忽然变得能说会道，那就表示他内心含有一种想被人知道的秘密。有人常喜欢采用限定句的说话方式，很显然他是一个神经质的人。

（4）说话声调很高的人，说明他有任性的性格。有人说话的抑扬程度非常激烈，大部分都属于自我显示欲很旺盛的人。

（5）一面仔细倾听，一面点头称是，这是认真听话的人。一面听话，一面点头，但不把视线集中于说话者的身上，那就体现他对谈论的话题不感兴趣。

（6）表示太多不必要的点头，或者胡乱答话的人，其实是对对方谈话的内容不太明白。一面听话，一面称是者，大部分是不愿对方提出反对论调的顽固家伙。

（7）无缘无故小声说话的人，主要是对于事情缺乏足够的信心，所以显得有点胆怯。

（8）把一个话题拉得很长，故意说个没完没了，这是害怕别人提出反驳的根据。有人喜欢在语句末尾补添暧昧或含糊的词语，这是逃避责任的心理在作祟。

（9）说话很有决断的人，对于谈论的内容满怀坚定的信心。有意立刻得出结论来的人，也是害怕别人提出反对意见的表示。

（10）有人不断把视线脱离说话者，或拨动手指，这说明对话题已感到厌烦了。反复探询对方所说的话题，这是很有耐心，而且也是好奇心旺盛的人。

中 篇

解读职场行为密码，增加职场博弈成功的筹码

第一章

判断真实意图，解读老板微行为摸清其心理状态

老板的手势有何含义

当你同老板交谈时，他说话的内容有时可能不会表达出他内心的真实想法或意图。这种情况下，就需要你对老板的手势加以观察和分析，进而了解、判断他的真实想法或意图。

正如前面所说，手势主要包括手掌姿势、握手姿势。因此，具体来说，你可以通过观察老板的手掌姿势和握手姿势来了解他的真实想法或意图。

手掌姿势是一个人向对方表达自己诚意的重要方式。它主要包括这样两种姿势，即掌心朝上，或是掌心朝下。如果老板掌心向上向你伸出手掌，表示他对你坦诚开放或是信任，有“实话实说”的意义；如果老板向你伸手时掌心向下，则意味着他想向你显示他的权威，或是你必须服从他，再或是他想压制你。

握手的姿势主要分为平等式、顺从式和支配式 3 种。一般来说，老板在和下属握手时，不会采用顺从式。如果老板和你握手时，他主动采取平等式握手姿势，则表明他很在意你，更多是把你当成他的一个朋友，而不是下属。如果老板采取支配式姿势与你握手，则表明他想控制你，同时想向你显示他的主宰地位和尊严。如果老板和你握手时仅是象征性地轻轻触一下你的手，则表示他不太重视你，或是不太相信你的能力。

双手交叉相握和塔尖形的手势也是很多老板喜欢用的，如果他双手交握，则表示他正试图压抑负面、否定的态度，而其双手交叉的高度和其负面情绪密切相关，双手交叉的高度越大，其负面情绪就越强。这种情况下，你可以

采取某种措施让他放开紧握的双手，以减轻敌对情绪。如果他做出指头重叠的塔尖形手势，则表示他充满自信和优越感。

有些时候，老板喜欢把手放在背后以此来表现自己的威严，但是如果他说谎或者有所隐瞒，也会不由自主地把手放在背后或者兜里。尽管以他的身份和地位没有必要因为欺骗你而感觉惊慌，但他还是会情不自禁地做出这种略显幼稚的动作。

与前面提到的令人很不舒服的用食指表达命令一样，有很多霸道的老板也喜欢用食指来表明自己的意图，尽管这一姿势带有极强的攻击色彩，他也从来不会管下属对这个手势是否觉得舒服。一般来说，如果老板在讲话时用食指指着你，表示他在命令、指责你，或者是想控制你。如果他对你竖起大拇指，虽然对你有赞赏之意，但更多还是在表现他的控制权、优越感和自信。

老板身体语言中的不寻常

老板或领导们在日常生活中很多看似寻常的姿势，往往深藏着许多不寻常的信息，而我们经常将这些看似寻常姿势的含义给忽略了。那老板和领导们在日常生活中究竟会做出哪些看似寻常但实际上却不寻常的动作姿势呢？具体来说，这些动作姿势主要有：

1. 头部姿势

持中立态度的人一般会把头部抬高，并静止不动。如果老板或领导们把头倾向一边，则表示他对目前的事很感兴趣，情绪状态也较好；如果老板或领导们把头低下，则表示他此时的情绪状态较为低落，或是烦躁，对面前的事更多的是持否定、批评态度。如果老板或领导们一边轻微摇头一边口头称是，那么他一定是在伪装，你也最好不要相信他此刻所说的话。

2. 腿部姿势

如果老板或领导们在与你谈话的同时，跷起了二郎腿，则说明他此刻对你说的话题不太感兴趣，或者是他对你有所保留和提防，即使你没有对他们的地位、尊严，或是权势造成任何威胁。如果老板或领导们在与你谈话的同时，做出了“T”字形动作，则表示他在向你炫耀他的地位、权势、尊严，以及自信和支配权。这时，他们嘴上可能在赞扬你是多么的出色，但实际上他们心里却在这样嘀咕：“你还差得很远呢”“你比我当年差远了”，等等。

3. 手臂姿势

心理学家研究发现，手臂交叉一般带有负面、紧张或防卫的色彩。如果老板或领导们对你做出此种姿势，则表明他们对你存有戒心，不会轻易相信你说的话，更不会把一些重要的任务派发给你。因为，在他们潜意识里，你已经威胁到他们的地位、尊严和权势。有些时候，当老板和领导们彼此见面时，他们也会将手臂交叉起来。他们之所以会这样做，最主要的目的就是将自己的身体和对方隔离开来，进行自我防卫。

勿闯老板的禁区

生活中有很多禁区，如私人住宅、公共区域里面的花园以及军事禁区等。同样，在与老板相处的时候，也存在种种“禁区”，虽然它没有明确规定员工不得入内，但实际上却是绝不允许下属越权随意进入的。一旦你越权进入，不但加薪升职的愿望会化为泡影，更为严重的是，你的“饭碗”可能会因此不保。那老板究竟有哪些“禁区”是绝不容许员工随便进入的呢？具体来说，有这样一些“禁区”员工不得入内。

1. 不介入老板的家事

正所谓“家家有本难念的经”，老板的家同样也不例外，很多时候可能老板家的“经”还特别难“念”。作为员工，在任何时候都不可插手老板的家事，因为家事在某种程度上说就是私事。没有哪个人喜欢让自己的私事大白于天下，不然人们也不会说“家丑不可外扬”了。如果老板向你倾述他的家事，你最好是左耳进右耳出，不发表任何评论。切忌不可将老板的家事当成茶余饭后的谈资，如果他一旦发现你这样做了，毫无疑问，你的结局只有一个——让你马上离开公司。

2. 不评论老板的感情生活

在职场上，老板的感情生活一直是个敏感话题。对于那些道听途说的关于老板的“艳事”，你最好能一笑了之，切不可“添油加醋”，或是大肆传播，更不可去老板那儿探听口风。一旦那样的话，你很可能会马上收到一封辞退信。遇到这种事情，你最好三缄其口，不发表任何评论，好好干自己的工作。

3. 不代作决策

某些时候，老板可能会让你在办公室做一些案头工作，比如说起草文件，收发文件、合同等。这时你可不能“飘”起来，俨然自己成了老板。任何时候都要清楚知道谁是老板，谁是员工。因此，即使老板不在办公室，有关公司决策的事，你也无权代作任何决策，哪怕仅是一个很小的决策，否则就是越权。

4. 不能用命令的口气对老板说话

虽然我们一直强调，人都是平等的，但在职场上老板就是老板，员工就是员工，两者之间有一条鲜明的界限。老板用命令的口吻对员工说话那是正常的，如果员工也采取命令的口吻与老板说话，通常情况下，老板是不能接受的。因为这样会让他觉得自己的尊严、地位、权力受到了你的严重挑战。这种情况下，他很可能会让你走人。

5. 不与老板发生恋情

这主要是针对女性来说，女秘书与老板相处的时间自然要比其他人多，当然也就容易成为老板倾吐压力与挫折的对象，两人之间因此产生男女私情。但这种恋情的成功率并不高，绝大多数的情况是老板“深思熟虑”后，找一个借口将“已具危险”的女秘书扫地出门。

可见，我们都能由表及里从表情中读懂老板的内心世界，甚至能探知这个心灵世界的演化过程。

从办公桌的状态看老板

每个人在工作的时候都会有一张办公桌，就在这一张桌子上，如果够仔细的话，也可以发现许多的秘密，了解一个人到底是什么样的性格。

不管是办公桌的桌面上还是抽屉里都是整整齐齐的，各种物品都放在该放的位置上，让人看起来有一种舒服的感觉，这表明老板办事是很有效率的，他们的生活也很有规律，该做什么事情，总会在事先拟订一个计划，这样不至于有措手不及的难堪。他们很懂得珍惜时间，能够精打细算地用不同的时间来做更有意义的事情，而不是浪费掉。他们多有一些崇高的理想和追求，并且一直在为此而努力。但是他们习惯了依照计划做事，所以，一些出乎意料的事情常常会令他们感到不知所措。在这一方面，他们的应变能力显得稍微差一些。

在抽屉里习惯放一些具有纪念意义物品的老板大多是比较内向的。他们不太善于交际，所以朋友不多，但仅有的几个却是非常要好的。他们很看重和朋友之间的感情，所以会分外珍惜。他们有一些怀旧情结，总是希望珍藏一些美好的回忆。但他们比较脆弱，容易受到伤害，而且做事也缺少足够的恒心和毅力，常常会在挫折和困难面前不战而退。

抽屉和桌面全都是乱糟糟的老板，他们多待人相当亲切和热情，性格也很随和，做事通常只凭自己的爱好和一时的冲动，三分钟热情过后，可能就会自然而然地放弃。他们缺少深谋远虑的智慧，不会把事情考虑得太周密，也没有什么长远的计划。他们生活态度虽积极乐观，但太过于随便，不拘小节，经常是马马虎虎、得过且过，但是他们的适应能力比一般人要强一些。

桌面上收拾得很干净、很整洁，但抽屉内却是乱七八糟，这样的老板虽然有足够的智慧，但往往不能脚踏实地地做事，喜欢耍一些小聪明，做表面文章。他们性格大多比较散漫、懒惰，为人处世并不是十分让人信任。在表面看来，他们有比较不错的人际关系，但事实上，却没有几个人是可以真正交心的，他们也是很孤独的一群人。

各种文件资料总是这里放一些、那里也放一些，没有一点规则，而且轻重缓急不分，这样的老板大多做起事来有头无尾，总也理不出个头绪来。他们的注意力常被一些其他的事情分散，从而无法集中在工作上，自然也很难做出优异的成绩。他们也想改变自己目前的这种状况，但是自我控制能力很差，总是向自我妥协，过后又后悔不迭，可紧接着又会找各种理由来安慰自己。

桌子和抽屉里都像是垃圾堆，找一样东西，往往要把所有的东西全部翻个遍，到最后可能还是找不到，这样的老板工作能力差，效率也极低，他们的逻辑思辨能力非常糟糕，大多也缺乏足够的责任心。

从气色上洞察老板的心理

观察老板的“气”，可以发现他的沉浮静躁，这是衡量一个人是否能做大事的必备素质。气沉者稳，气浮者躁，气虚者漂。

沉得住气，临危不乱，这样的老板可担当大任；浮躁不安，毛手毛脚，这样的老板难以集中全部力量去工作，做事往往知难而退、半途而废。但要注意：活泼好动与文静安详不是沉浮静躁的区别。

底气足，干劲足，做事易集中精力，能持久；底气虚，精神容易涣散，多半途而废。文静的老板也能动若脱兔，活泼的老板也能静若处子。

心浮气躁的老板，做什么事都精力涣散，小事聪明，大事糊涂，该粗心时粗心，该细心时也粗心，不能真正静下心来思考问题，而且遇事慌张，稍有风吹草动就气浮神惊起来。

战国时有一个故事也表现了观“气”识人心的重要性和可行性：

齐桓公上朝与管仲商讨伐卫国的事，退朝后回后宫。卫姬一望见国君，立刻走下堂一再跪拜，替卫君请罪。桓公问她为何请罪，她说：“妾看见君王进来时，步伐高迈、神气豪强，有讨伐他国的心志。看见妾后，脸色改变，一定是要讨伐卫国。”

第二天桓公上朝，谦让地接见管仲。管仲说：“君王取消伐卫的计划了吗？”桓公说：“仲公怎么知道的？”管仲说：“君王上朝时，态度谦让，语气缓慢，看见微臣时面露惭愧，微臣因此知道。”

齐桓公与管仲商讨伐莒，计划尚未发布却已举国皆知。桓公觉得奇怪，就问管仲。管仲说："国内必定有圣人。"桓公叹息说："白天工作的役夫中，有位拿着木杵而向上看的，想必就是此人。"于是命令役夫再回来工作，而且不可找人顶替。

不久，拿着木杵向上看的人到来了，管仲说："一定是这个人了。"就命令傧者带他来觐见，分级站立。管仲说："是你说我国要伐莒的吗？"

他回答："是的。"

管仲说："我不曾说要伐莒，你为什么说我国要伐莒呢？"

他回答："君子善于策谋，小人善于臆测，所以小民猜测。"

管仲问："我不曾说要伐莒，你从哪里猜测的？"

他回答："小民听说君子有三种脸色：悠然喜乐，是享受音乐的脸色；忧愁沉静，是有丧事的脸色；生气充沛，这就是将用兵的脸色。前些日子里小民望见君王站在台上，生气充沛，这就是将用兵的脸色。君王所有说的都与莒有关。小民猜测，尚未归顺的小诸侯国唯有莒国，所以说这种话。"

通过这个故事我们知道，观"气"识人心可以做到未雨绸缪。因此，我们要学会从气色上观察老板的心绪。

城府深的老板

在大家的工作生涯中，常常会碰到城府深的老板，这类老板可能给大家的第一印象是和蔼可亲，他笑嘻嘻地跟大家打招呼，但是却带着笑脸把大家的东西往他的包里装，把大家的劳动成果窃为己有。对于这种老板，你绝不能被他的表象所迷住，而应常存警惕之心，因为老板在对大家笑的时候，他的一把"刀"往往也指向了大家。

一般而言，城府深的老板，只要部属犯一点小错，他当面不会立刻发脾气怒斥他们，但心中会暗暗算计，到一定时候再算总账。这种老板惯用伎俩是：对不如意的事情喜欢报复，对不如意的人想办法铲除。

这种老板还有一大特征便是：不疑则罢，疑则无须解释。因此往往从疑生忌，从忌生恨，从恨生狠。抱着与其人负我、不如我负人的心态，有时宁愿打错了好人，也不愿意放过所恨之人。

城府深的老板喜怒往往不形于色，最生气的时候却有喜悦的假象，令你防不胜防。

城府深的老板绝对不会采用直接报复的手段，使用计谋往往是他们惯用的高招。假如你的老板，不幸正是此种阴险之人，你只能如履薄冰、兢兢业业，忠实地履行好你自己的职责，尽你的力气，把你的智慧隐藏起来。卖力容易获得老板的欢心，隐智容易使老板轻视你，轻视你自然不会防备你，轻视你也不会嫉妒你，这样一来，也许会相安无事。

遇到这种城府深的老板，以下几点可让你轻松应对他。

1. 若即若离

当这种老板对大家表示特别有好感的时候，大家绝不能把心里的话说出来，若即若离保持一定的距离最好。

2. 以笑迎笑

他既然笑容满面，好像在制造一种亲善的氛围，大家也不妨将计就计，以笑迎笑。

经常在工作中面带笑容，对老板彬彬有礼，在心里有底就行了。不必做出戒备森严的模样，免得引起老板的警觉，以至于采取“杀人灭口”的措施。

3. 保护你的利益

他在窃取了大家的一次劳动成果以后，常常会变本加厉。

大家妥协退让只会让老板认为大家软弱无能，大家只能用某种方式来保护自己的利益。

你们应该说：“你的做法我也懂，请日后别这样做！”你有来言，我有去语。老板为了维护他在人们面前的“美好”形象，也不便与大家胡来。

4. 早做准备

与其整天战战兢兢，不如早做准备，及时抽身。

对于城府深的老板，不宜多作纠缠。如果想有所建树，应该早一点抽身，这样既可躲开“温柔”的一“刀”，又可觅得发展的机会。

态度专横的老板

“专横型”的老板，个性非常好胜，总是希望下属对自己唯唯诺诺，不允许有任何意见。但如果为了讨好这种类型的老板，勉强自己该说“不”而不说时，他们则会更加猖獗、狂妄。所以，不要畏惧，勇敢地说出自己的心声吧！

“今天下班以前，你一定要把这些工作做完。”

当“专横型”的老板向你提出这种要求，而你判断当天不可能完成此项工作时。就应该清楚地对老板说：“请再多给我一天的时间！”

在这种情况下，当下属以毅然决然的态度，向老板说出“不”时，专横型的老板会有所收敛。

“专横型”的老板虽然喜欢下属唯唯诺诺，但内心却暗暗嘲笑这些唯命是从的下属是没有骨气的家伙，所以你若能一反惯例，以先礼后兵的态度大大方方地说出正当的理由时，虽然他内心可能会感到不舒服，但也会暗自流露出钦佩的感觉并且会告诉自己说：“他这家伙还真不赖！”从而可能对你刮目相看。

当“专横型”的老板大发雷霆时，千万不要阻断他的话，也不要立即加以反驳，最好的对策是先让他把话说完，然后再摆出反击的姿势加以“攻击”。

因为当此类人怒气冲天大发脾气时，如果加以阻挡，就等于是火上浇油，只会使事情闹得更僵，所以应该让他把话说完。

而当他焦虑时，他们会使自己变成铁石心肠，以为这样就不会害怕了。他们扮演“大人物”角色到了荒唐可笑的地步。他们中还有一些人（尤其是男性）竭尽全力地抑制所有的恋情和柔情，因为在他们看来，这些情感是软弱的象征。“专横型”的人表现出残忍和野蛮的性格特征，他们对整个世界都持敌对的态度。在有意识的层面上，他们的自我价值感可能达到了极高的程度。

由于这种自我价值感，他们可能骄傲自大、目空一切、扬扬自得、自以为是，他们处处表现出自己是世界的征服者。

这些人往往习惯于在自己单位中发号施令；他们中有些人本来无力成就任何事业，但如果是他人在发号施令，而他们必须俯首听命，那他们就会激动不安、焦虑万分。

在和平安定的年代，他们是商界或社会小团体的领袖人物。他们总在最引人注目的地方出现，他们促使自己进入前台，而且总滔滔不绝地讲述。只要他们不破坏别人生活中的游戏规则，我们对他们便没有多少异议，虽然我们并不同意当今世界对他们所作的过高的评价。

“专横型”人物的目标意识非常强烈，征服欲望十分强烈，尤其对于比自己优秀的人，敌视倾向更为明显。他们一般固执好胜，一相情愿地发表自己的看法，不会考虑别人的立场，衣食住方面追求豪华，然而对金钱的态度却是吝啬且斤斤计较，即使只有一元的误差也不容许。

“专横型”老板的典型表现如下：

1. 以自我为中心

他们口出恶言，毫不考虑下属的立场，只要自己想说什么便脱口而出。除了情绪化外，他们对于“利”字也相当执着，在公司的会议中，只要对自己的利益有所损害的提议，便想尽办法加以阻挠，哪怕弄得别人难堪。

2. 唯我独尊，打击异己

“专横型”老板是唯我独尊的霸道主义者，所以每当下属的意见与他们相左时，他们就会气得脸色发白、眼睛上翻、全身发抖，而且想方设法找出种种理由以刺耳的声音大声辱骂，让全办公室的人都知道谁在挨骂。

摆架子的老板

许多春风得意的老板都爱“摆臭架子”。

假如你的老板是一位“摆款”的祖师，这时，虽然看不过眼，但最好不要说出来。聪明的人都知道，和老板对着干只会吃亏，可是采取“拍马”策略也是不妥的，这要看你的运气了。

这种老板会在言语中说出一些让你在人们面前难堪的话。这种老板的管理作风是不受员工们欢迎的，你因为一些原因和条件限制，暂时无法离开工作岗位，却又不想逆来顺受，那应该怎样做呢？

1. 不和老板发生冲突

摆架子的老板有其优点和积极方面，你要发扬他的优点，尽量不与老板发生冲突，减少内耗。

（1）不去挫伤老板的架子，要多支持老板的工作。

（2）不能说老板有“官僚主义作风”。这种老板最忌讳别人说他“不了解情况”之类的话，要避免与老板发生矛盾冲突。

（3）不卑不亢。就是应该执行的执行，该拒绝的就要拒绝。有的时候，你一味地服从，只会加剧老板独断专行的作风。

要尽可能减少和这种老板发生正面的冲突，避免老板形成你与他对着干的误解。与这种老板相处，该积极地寻找时机显示才干，争取获得老板的重视。

当你被老板批评的时候，不管你是对是错，都不能和老板当面顶撞，你的解释与争辩只会使彼此的关系恶化。

对于老板批评你错了的地方，你要等他的怒气消了以后找个适当的机会解释一下。

当你与老板就某一问题产生分歧的时候，据理力争是最愚蠢的办法。你要用商量的口吻试着与老板交谈，变你的想法为老板的，到最后让老板觉得：“我也是这样想的。”

取得了这种效果，才是最高明的，而且你的建议也会被老板采纳。

2. 巧妙地影响老板

这种老板的表现欲望很强，在他展现才华的时候渴望听到人们的掌声。你要给老板创造“唱戏”的机会，让老板尽情表演。比如在一些不重要的会议上，正事谈完以后，你要找一个话题做引线，让他尽情发挥。

（1）有来信来访的人，最好将信先交给老板看，人也请老板接见。让老板通过不同的渠道，接近下属，了解更多的情况，这是关起门来的调查，要增加老板修正其观点的机会。

（2）向老板多汇报以下问题，比如，任务怎样完成得不好、出勤率不高、次品率上升等，利用这些问题来暗示老板，企业的问题很多，不容太乐观了，要深入下去考察一番。

（3）对老板深入细致的做法，多多宣传与肯定，以使老板感到你欢迎他，好让老板继续发扬自己的优点。

（4）抓住有利的时机，采取主动的方法，向老板提出你对一些问题的看法。因为官僚作风的影响，老板对问题的看法自然会有些偏差，这时，要采用提建议的形式来纠正老板不妥当的地方。

3. 巧妙说服老板

当老板无理取闹时，只要你没有犯错误，你就无须表现得惊慌失措。你只要做好本职工作，对老板的咆哮不予理睬。

在与官僚主义老板相处的时候，还应该注意对其进行适度的批评，帮助老板了解摆架子的危害，从本质上改变这种作风。

这种老板有一个特点，没有发生问题的时候不会采纳他人的建议。所以，你对老板的批评，要在事后进行，这样一来老板容易接受。

4. 多做调查研究

这种老板的特点主要是不爱做调查，不了解情况。如果老板在短期内不容易改变其官僚主义的作风，你为了让工作减少损失，应该从本职工作入手，多做一些调查研究，来弥补老板掌握情况不充分的欠缺。

一位金融企业的老板，强令员工们每个月储蓄500元，以便把储蓄额提升上去。他的秘书花费了许多时间，对员工们每个月的收入、人口和开支等进行了详细的调查，了解到500人中仅有22人每个月能储蓄500元以上，这些人多半是干部。他的调查汇报以后，老板只好废除了原来的指令。

一位员工为了帮助老板克服这种作风，积极地深入群众，每个月写一份有群众呼声的报告送给老板。

老板从他的报告里了解了许多的情况，保证了领导工作的迅速开展。从此，老板十分信任他。

心理怪异的老板

一般来说，如果个体能和社会的环境相适应，就具有正常的人格。然而，总有少数人不能适应社会环境，为人处世、情感反应以及意志行为都和正常人迥然不同，往往会给人一种另类的感觉。也就是说，此类人患有人格障碍。如果他是老板的话，就是性格怪异的老板，就像我们常说的一个词："变态"。

性格怪异的老板行为怪异，他们喜欢表现自己，引人注意，情绪带有戏剧化色彩，并且有非常好的艺术表现才能，爱哭爱笑，演技逼真，有一定的感染力。这类人不失为一个伟大的模仿家。他们经常对身体吸引力很看重，表现做作，严重的时候装腔作势，以引起别人的注意。

他们常常因为心理不平衡而导致情绪变化大而且狭隘，他们感情十分敏锐，情感极其丰富，但热情有余却稳定不足，他们的情感变化无常，经常激情失衡，稍遇刺激，就会有情绪激动的反应。他们嫉妒心强烈，父母、兄弟都会被他们看成是敌人。

性格怪异的老板具有极强的暗示性，看重自己心中既定的公式，强迫自己执行，并且带有很强的暗示性。这种人喜欢幻想，往往把想象当作现实，当缺少足够的现实刺激时，就利用幻想来激发内心的情绪体验。

嫉妒别人也是性格怪异的老板的一项特长，他们总害怕别人比自己占优势，在工作中，他们往往有强烈的排斥性，并伴有情绪色彩。嫉妒心理出现以后很快就会人格扭曲，导致嫉妒行为，比如怨恨别人、中伤别人、诋毁别人，甚至打击报复别人。

他们常常视玩弄别人为己任，喜欢玩弄种种花招让别人就范，如任性、强求、欺骗等，甚至在外表或者行为上有不适当的性挑逗或者以自杀相威胁。他们的人际观念很肤浅，表面上令人心动，事实上不顾别人的需要与利益。

"自私"简直就是性格怪异的老板的代名词。他们为人处世常常以自己的需要和兴趣为中心，只关心自己的利益得失，而不考虑别人的兴趣或利益，完全从自己的角度，从自己的经验去认识和解决问题，他们不信任任何人，不允许别人走到自己的象牙塔里。他们喜欢别人的注意与夸奖。当他们不是别人注意的中心时，就觉得非常不舒服，严重的时候会攻击别人。自私的人总是向着自我中心倾斜，这将使更多的人对他避而远之。如果你遇到这种老板时，下面告诉你应该注意的几点。

1. 不可深交

性格怪异的老板在自言自语的时候千万别搭理他，因为平时很少有人愿意理他，如果是你顺口应答的时候，他误以为找到了知音，今后就会纠缠不清，经常和你交谈，时间一长，危险系数肯定会随之提高。

2. 尽量回避

这种老板的行为常常是不能理解的，不管你怎样真诚，他都有可能改变他的态度，忽然向你发起攻击，所以，应该尽量避免和这种老板来往。如果你认为静静地听性格怪异的老板说话就不存在危险性，那就大错特错了。假如你的表情不对，或者点头的时机不对，老板会有种受辱的感觉，甚至会忽然疯狂地向你发动攻击。因此，最好采取尽量回避的态度。

3. 把握好相处的时间

这种老板由于性格怪异，自然被别人拒之千里（当然都是理由充分的拒绝），平时非常孤寂，因此往往会邀请自己喜欢的人一起去喝酒。假如你不幸碰到这种情况的时候，最好以不伤害他的自尊心为前提，婉转地加以回绝，如果万不得已必须陪他的时候，也应寻找适当的时机，尽可能地摆脱他。

美女型的老板

王冉冉在一家私营企业工作，从事着自己喜欢的工作，有着较好的薪水和地位，唯一不满意的是自己的女上司为人蛮横、刻薄。王冉冉每天上班都有一种直面“黑色星期一”的感觉，她怕见到女上司那张苦瓜脸，但是，如果辞职的话就得付出沉重的代价。她一直记着“韬光养晦”这个成语，用

“小不忍则乱大谋”“人生有得就有失”等至理名言来调节自己的心态。但是，自我感觉极好、缺少大气的女上司却总爱把她和其他下属当成幼儿园的小朋友来对待，以为别人什么都不懂，整天看着、管着。殊不知，她的这种工作方式造成了下属把工作当成了应付了事，主动出击的主观能动性跑得无影无踪。文化不高的女上司将粗暴的管理方式理解为工作能力强，将下属不和她顶撞理解为自己威信高，将下属的工作成果毫不犹豫地占为己有而沾沾自喜。可悲的是，她一点也不知道自己在下属和别人眼中的形象是多么差。最后，王冉冉终于做不到“好汉打落牙齿和血吞”而揭竿而起，与她的上司理论一番后辞职了。

冯丽在机关工作，爱好写文章，文字功底很深厚，女上司的工作计划、总结、评职称的论文都出自她的手。但是，女上司却没有记她的情，见她的文字和摄影作品还频频出现在报刊上，心里就不平衡了，在工作评议会上作出了如下评价：冯丽，兴趣爱好太广泛，爱出风头，心思没有用在工作上等。冯丽十分生气。

这种女上司真是让人受不了，有人把这种美女型老板戏称为“美女蛇”，就是指怀有畸形虚荣心的女老板。对于“美女蛇”来说，她们把获得权力以及优势变成自己的最终目标，只要追求的努力占据了上风以后，她们整日使得自己的精神生活变得紧张兮兮，马不停蹄地朝着这个目标奔驰，而将自己变成一种不断追求更大胜利的工具。

虽然说虚荣心人人都有，但是超过了一定的上限以后就变成了小人的性格。虚荣妨碍她们在生存法则中按规矩行事，最常见的情形是她们变成了干扰下属活动的人。所以，一旦无法满足自己的虚荣心，她们会费尽心思地去阻止其他人表现。她们的虚荣心在危险的处境中能够表现出她们的勇敢来。她们常常为了自己未能实现高享受的生活而寻找借口。事实上，她们的虚荣心只有在梦想中才能获得满足。

这种老板一旦失去了现实感，就变得十分介意他人的看法。她们所关心的就是自己留给人们的印象。她们的行动自然由于其生活方式而受到巨大的限制，结果其性格也变得虚荣了。她们常常在犯了错误的时候，想尽办法把责任推到员工的身上，以表现自己的英明和伟大。她们从来都是对的，而别人从来都是错误的。

强烈的虚荣心，让她们一直希望别人把自己当成重点，一旦当她们感觉到别人的忽略，她们就会觉得受到了奇耻大辱，她们的情绪常常会转变成对对方的嫉恨。嫉恨的怒火让她们不惜一切代价去打击别人。

虽然她们表面上装得高雅高贵，但心地却并不善良，不仅十分冷酷无情，而且非常奸诈阴险。有时为了达到贪图富贵的目的，她们还会把有钱或者有权势的男人看成自己的猎物。对勾引到手的男人，如果再也没有利用价值了，就立刻找机会甩开他。

她对公司里比自己还要走红的女员工，则会想方设法诋毁她的名誉，以此来满足自己的虚荣心。

她们喜欢挑起男员工间的矛盾，把男下属当作自己的玩偶。

对待虚荣的美女型老板要投其所好，揣摩她的意图，做她喜欢做的事，并积极主动地把功劳往她身上记，因为，如果你不主动，功劳也是领导的，何必呢？

除此之外，还有一个办法，那就是“逃”！俗话说：惹不起，躲得起。

不受员工欢迎的老板

1. 嫉贤妒能型

嫉妒是人的本性之一，只不过有的人会把嫉妒表现出来，有的人则把嫉妒深埋在心底。

嫉妒是无处不在的，朋友之间、同事之间、兄弟之间、夫妻之间、亲子之间，都有嫉妒的存在，而这些嫉妒一旦处理失当，就会形成足以毁灭一个人的烈火。在这里仅谈一谈小人老板对下属的嫉妒以及应对他们的方法。

不可否认，老板的工作能力一般都相当强，然而另一方面，他们的疑心也很重，这种老板的典型特征是害怕追随者的竞争，不能容忍下属超过自己。

如果遇到比自己能力强的下属时，就会感到很不高兴。他们觉得下属永远比自己差一截，这样他们才会有成就感。因此，他们只会像武大郎开店一样专门提拔能力比自己低的下属。然而，一旦发现下属的能力可能高于自己时，立刻会显得坐立不安。

这类小人老板的嫉妒就埋在心里，并开始和你作对、表现出不合作的态度，最后，就会对下属施加压力。

当你取得成绩的时候，你要注意观察嫉贤妒能的老板在情绪上所产生的变化，以便得知是否已遭嫉妒。一般来说，心里有了嫉妒的上司，在言行上都会有些异常，不可能掩饰得毫无痕迹，只要稍微用心，这种“异常”是很容易发现的。因此不要凸显你的得意，以免刺激别人，升高他的嫉妒，或是激起本来不嫉妒人的嫉妒，你若为你的成绩而扬扬得意，那么你现在的欢欣必将换来以后的苦果。

2. 追逐名利型

追名逐利的老板把名利看得高于一切，他们目中无人，惯于把别人的功劳据为己有。对他来说，这不是盗窃，他们仅仅是拿走了他们认为理所当然属于他的东西。你干了工作，但没有得到应有的承认，而老板却认为这荣誉是他得来的，他一人独占而无下属的份。

他认为，下属们能够取得今天的成功，全是自己指导的结果。因此，最后的奖赏应该归功于他，而不是那些下属。他认为，他为其他部门的人铺平了道路，下属得到所需要的支持才能完成任务；下属只做了他告诉他们该做的事，这是下属分内的职责；如果没有老板，下属怎么会取得这样的成绩。所以，这份功劳非老板莫属。

3. 口是心非型

口是心非的老板总是鬼鬼祟祟的，听到风就是雨，惯于谎报军情，使你误入歧途。表面上他跟你是铁哥们儿，但你却能从知情者那里得知，明年的预算根本不包括你主持的项目。或者，他骗取你对他的信任，然后断章取义，利用从你那里得到的信息情报算计和攻击你。这时他们的小人心态便暴露无遗。

“不错，当时我的确答应了提升他，但那也是没法子的事，只有靠他那层关系才能把项目做成。我不答应提升他，他怎么会这么卖力气。但他心里应该清楚，这个职位不适合他，他不是当主管的人。不过，我也会适当补偿他的，多给他发点奖金不就结了。”

当有一天，老板突然提出一项提议——譬如调派你到另一部门工作，或把你派驻海外分公司——千万别高兴太早，因为这很可能是一种阴谋、一个托词，最终目的是要削减下属的权力或影响力。不少下属不虞有诈，高兴地接受，到后来得知事情真相时已经太迟。

表面上看老板告诉你有意调派你到另一部门工作，让你开阔视野时，你觉得这是老板重视你的表示，实际上可能是削弱你的第一步棋。坦白说，你很容易便会掉进别人精心设计的陷阱里。其实，你只需要问这样一个问题，便可看清楚事情的真相：如果你接受了公司的提议，哪个人会得益?

他这种手段，实际上是一种明褒暗贬的方法，目的是要令这名职员在新职位上无所作为而自行辞职。公司内有着一些看似很悠闲的职位，如果公司派你接管这种职务，千万不要以为是上司在体贴和关心你，这不过是“雪藏”你的手段。如果你一时不慎接受公司的提议，你便好比一名沉船的水手，最后只好任人宰割。

4. 背信弃义型

背信弃义的老板与口是心非的老板有某些相似之处，都是言行不一的，表面上对你一副面孔，背后却对你不仁不义。背信弃义的老板惯于违背诺言，因为他们一开始就不想履行诺言，以此去误导你。实际上你是在跟一个不成熟、缺乏责任感的老板打交道，而他却大权在握，可以任意摆布你。在他认为有必要的时候，就可以一脚把你踢开。例如，他要改组一个部门，做一些相关的人事变动。在他的眼里，××× 就是障碍，他就想法把 ××× 辞掉，他还有自己充足的理由：我也是没办法的事，当初调他来的时候，看中的是他的关系。现在这些关系都用完了，这个人留着一点用都没有了。我不让他走，难道还等他把我辛辛苦苦创立的基业都毁掉不成？

从工作的习惯观察你的老板

古人云：“良禽择木而栖，良臣择主而事。”而作为一个现代人，如何识别一个老板是优秀的还是拙劣的，与自身的前途休戚相关。这里向你推荐一套识别老板能力的自测法，请参考使用。

1. 专业知识转化能力的识别法

他是否研究过本领域中已经做出或正在做出优异成绩者的方法和想法？他是否能跟上其他地方的发展趋势？他是否经常尝试由调查研究得出新的方法？

2. 对公司政策理解能力的识别法

他是否能彻底理解目前公司的全部政策？他是否能辨别重要战略与例行政策？他是否真诚地用恰当的方式向有关人员解释所有的政策？他是否预见到对新政策的需要并提出相关的建议？

3. 计划能力的识别法

他在给下属分配任务时，是否在切实可行的基础上发挥了他们的最大才能？他在计划和组织方面是否显示出首创精神和才能？他是否预见到工作中的困难与变化并早做安排？他是否鼓励下属参与同他们的工作有关的计划和组织工作？

4. 指挥、协调和控制能力的识别法

他是否按时完成自己的计划和工作目标？他是否经常对自己的决定承担完全责任，而并不苛责他人？他对工作质量和精确性的控制是否一致并保持高标准？他是否经常注意改进方法并把全体有关人员协调成有效的整体？

5. 人员选拔和培训能力的识别法

他是否善于选拔和安置合适的人员？他发出的指示是否简洁明了？他是否是一个能干的在职指挥者？他在培训单位每一职位上的见习人员方面是否非常有效？他是否赏罚分明，向他们解释成果并帮助他们提高绩效。

6. 人际关系方面的能力的识别法

他是否总是体贴和关心下属？他是否有情绪上的稳定性和善于用高尚的人格赢得群体的信任，鼓舞下属的士气？他是否能明智而有效地维持纪律？他在处理困难问题时，是否机智、灵活、沉着、稳重？

7. 公共关系方面的能力的识别法

他是否在思想和行动上与同事们保持一致并良好地合作？他是否促使人们忠于组织而不是促使人们忠于他个人？他是否力图改进他自己的以及其下属的公众关系？他能否建设性地处理困难的公共关系问题？

如果在上述问题中，有一半以上回答是肯定的，作为一个老板，他的能力只是一般；如果有 2/3 以上回答是肯定的，作为老板，他的能力是合格的；超出以上比例的肯定答案，则为优秀老板。

从老板的个人素质识别他的领导能力

在领导活动中，老板的素质和性格存在于同一载体，既可以通过老板表现出来，同样可以通过员工、客户反映出来。正确认识和对待老板的素质，先要弄清素质与性格之间的区别和联系。

性格的主体是所有的人，人的性格没有高低、优劣之分。老板也是人，也有性格和脾气等问题，性格和脾气必然对老板的素质有影响。但性格并不等于老板素质，老板素质更不等于性格。

同样性格的老板可以表现出不同的老板素质，同样素质的老板也会表现为不同的性格，各种性格的人都有可能成为具备一定素质的老板。

老板素质是衡量老板优劣、成熟的尺度，反映了老板能力的高低。要正确认识和把握老板素质，得弄清楚它和老板技能的关系。

老板技能是指领导方法、领导手段和领导艺术等。老板技能和老板素质有时难以区别。人们说一个人具有老板素质并不是抽象的。实际上，老板素质所包含的老板技能，指的是比较成熟，已经被老板所运用的东西，并不是没有被老板吸收消化的东西。

当老板素质表现在老板技能方面时，老板处理问题就显得独放异彩，可见老板技能越高，老板素质就越高。在实践中，仅仅老板技能高明就能保证整个企业团结一致，排除困难取得成绩吗？这样还是不能的，还涉及老板的修养、胆识、度量等因素。

例如：如果老板仅仅注意生产，在这一方面方法得当，指挥有方，但是没有妥善对待员工，企业运行状况也是不佳的。

21 世纪的老板依据原则创造文化或者价值体系，在新时代中，创造这样的企业文化是一项巨大且振奋人心的挑战。只有老板才能完成这些，然而老板必须有勇气和眼光，应该虚心请教。

那些积极学习的老板或企业会产生持续耐久的影响力，学习方式包括聆听、在市场中感觉和预测需求、评价以往的成功与失败、吸取教训等。

这种学习型老板不会抵制变化，他们欢迎变化的来临。

世界发生了深刻的变化，这种变化并没有停止，在人们周围不停息地发生着。而消费革命的步伐也加快了，人们比以前更加聪明，存在着相互竞争的力量。质量的标准不断提高，在全球市场上，使得企业没有办法掩饰自己质量上的缺点。在一个地方性市场上，若一个企业的产品达不到质量标准，还有可能生存，然而在全球市场上却无法生存。

因此，市场要求老板转换观念，企业必须以灵活、迅速的方式生产出商品并且发送出去，在满足顾客需求上要一视同仁。老板不仅要充分发挥员工的创新能力和才华，还要为员工创造有利的条件，鼓励并且奖赏员工的行为。

从主持会议的风格看透你的老板

如果老板在会议中担任主角——负责主持，那么怎样才能取得最后的成功呢？这与主持者对场面的控制能力以及老板的主持风格有很大的关系，通过这两个方面也能观察出一个老板的性格。

有的老板在主持会议时，往往采用独裁方式，这样的人多是具有一定身份、地位和能力的人，并且他们很看重自己目前所拥有的一切。他们特别自信且意志坚定，在很多时候能够做到心里有数，遇事也有泰然自若的魅力。但一般情况下，他们又比较顽固，轻易不会接受别人的意见和看法。

有的老板在主持会议时，往往把所有的与会者都当成是自己的学生，唯恐他们听不明白自己在讲些什么，一而再、再而三地为之讲解，全然不顾听众是否买账。这一类型的老板多属于专家级的人物，在某一学术科研领域非常精通。他们具有一定的权威意识，在为人处世等方面往往表现得心高气傲，不拘于世俗。除了自己的专业之外，对其他的事情，他们总是从不过问。

有的老板在主持会议时，往往占用会议的大半时间来表现自己，陈说自己的种种成就或是一些看法和意见，这一类型的老板，他们常常以自己身处高位而有一种自我优越感，并且还时常目中无人。这种老板，头脑多比较灵活，随机应变能力比较强。但他们缺乏承担责任的能力，在事故面前，总会想方设法为自己辩解，以逃脱责任。

有的老板在主持会议时，风格比较特殊，他们只负责把命令传达给下级，把下级的意见反映到上级，这一类型的老板多比较圆滑和世故。他们在一般情况下，绝对不会轻易地得罪谁，他们乐于当好好先生，虽然自己把许多事情看得都很透，但嘴上却不会轻易说什么。

还有的老板主持会议的风格比较独特，给人留下彬彬有礼，而又非常谦虚的印象。这样的老板多是有一定发展前途的。他们在会议上的表现还算自然，可以畅所欲言，提出自己的意见和建议，可是由于他们显得非常理智，缺少必要的激情，从而会减弱自身的魅力。

从老板的领导方式看他

1. 决策型领导方式

采用决策型领导方式的老板认为，他们的工作就是创立、设计和实施左右企业未来命运的战略。因为他们的位置能够俯瞰企业的各个角度，所以他们有能力去决定企业的资源分配和经营方向。

老板通过各种行为来明确企业的目的和出发点。老板把 80% 的时间用在和企业经营有关的外部事物上，例如顾客、竞争者、技术优势和市场趋势，而并非控制人力系统等内部机制。

这些老板看重的是他们能委派日常经营业务，拥有高度分析与计划能力的员工。

打开一个决策型老板的日程安排表，你能发现他的时间分配集中于同一主题：收集、总结和分析数据、这些老板们的主要工作就是为了制定下一步战略决策，收集和测试市场、经济趋势、顾客购买模式、竞争对手的生产能力等企业经营的外部因素信息，为了增加信息的来源，他们往往求助于公司的行动小组或者咨询专家，如饥似渴地从刊物、市场调查等信息途径获取需要的数据。

决策型老板想了解顾客的心理，尽量多搜集关于竞争对手的技术、竞争优势和客户集团的资料。决策型老板集中精力去了解企业的能力，企业决策的贯彻程度。企业擅长什么呢？企业的业务开展情况怎样？企业最低的成本、交货速度怎样呢？总之，决策型老板致力于判断企业的经营状况，选择企业的奋斗目标，制定连接二者之间的经营战略。

在许多成功的企业中，老板谨慎地分析经营环境，决定企业需要的管理特征，接着选择相应的领导方式。有时，老板所选择的领导方式和老板的性格相符，有时却又不相符。经研究得出，为了能成功地经营企业，一些出色的老板需要压抑其性格特点，或者培养自己所不具备的一些特性。

2. 以人为本型领导方式

与上一类领导方式不同，以人为本的老板们相信决策的制定，是接近市场的一线经营单位的责任。所以，他们的主要责任是，通过关注人才的成长和发展替企业灌输价值观和行为意识。他们经常出差，把大部分时间用在招聘、职业规划和工作检查等活动上。

他们的目标就是创建一个企业各级员工可以像经理一样制定和实施企业的经营决策的管理模式。他们重视的是展现“公司行为方式”的长期员工，而不是无视规范独来独往的天才。

许多采用这一领导方式的老板都觉得，由老板制定长期经营决策是不明智的做法。反之，他们认为在独特的企业中，成功的关键依赖于间接控制，就是由企业员工来制定决策，让员工和顾客们打交道、开发新产品等。

他们能够赋予员工权力，使员工在未经公司许可的情况下快速而果断地采取措施。这种权力只交付给那些根据公司原则从事的员工，在一个以人为本的老板管理的公司中，这样的员工人数众多。

基于价值观和企业日常实施决策时所培养员工行为的等同性，是以人为本领导方式的主要思想。

3. 专业型领导方式

采用专业型领导方式的老板认为，他们的责任就是选择或在企业内部吸收专业知识，把它转化为企业的竞争优势。在他们的日程表上，主要工作与培养或发展专业技术有关。例如，学习新的技术，分析竞争者的产品，接见工程师和顾客。他们往往集中精力于设计一些培训计划、提拔政策等程序，用于奖励拥有专业知识的专家并且把专业知识在企业内部传播。

他们比较倾向于雇佣接受过专业培训的员工，同时不断地寻求对专业知识能乐于接受、灵活掌握的人才。

在日常工作中，专业型老板的覆盖面大于其他任何类型的老板，他们不涉及企业经营的具体细节。与之相反，他们集中精力于企业政策的定型，以此来增加企业的竞争力。

专业型老板很少在分析和收集数据上花费时间，他们会指导专门员工去为他们收集信息，以使他们了解哪些技术或者竞争能力和消费者紧密相关，企业怎样才能做得更好。

一个专业型老板把大部分的时间用在调整企业的专业领域上，向外界传递企业的技术优势。比如，摩托罗拉公司的前任老板罗伯特·高尔文在质量问题讨论完毕后就离开了，由此可见，他知道什么是企业的唯一竞争优势，质量是他最关心的。

4. 条框型领导方式

采取条框型领导方式的老板相信唯有通过建立一套能起传达和监督作用的明确的财政和控制体系，替顾客和员工保证经营行为的统一性，企业才会获得最大的利润和更大的发展。他们相信，企业的成功在于为顾客提供可靠的服务。

他们的主要工作时间用在解决控制体制的意外情况上，比如逾期没有完成的项目或者低于逾期目标的销售结果。他们比其他类型的老板要花费更多的时间用在制定防范措施、政策程序和奖励方案上，以强化企业的经营行为。

条框型老板善于在一个管理严格的行业中经营企业，比如银行业，或者安全性是行业的首要关注焦点，比如航空业。他们认为，企业的经营环境不允许出现半点差错，这一现实使得他们花许多时间建立和实施严格的控制体系。

条框型老板经常借助于内部检查、外部审计、员工表现衡量、管理措施和财政报告开展工作。他们常常在公司总部和部门经理进行长时间的商讨，认真研究新项目和资金的要求。他们研究一线员工的业务报告，要求额外的数据和认真查问经理们所了解的情况。

从老板的人际关系判断他

老板的环境，主要分为社会环境、组织群体环境和家庭环境三个方面。而三方面中又同时涉及人际关系问题，即与人打交道的问题。

据有关调查资料显示，在未来的所有行业中直接相关的行业将占总数的81%。因而，如何维系及营造有益于老板的良好人际关系，就显得十分重要。

石油大王洛克菲勒对此深有体会，他说：“待人处世的本领，是无价之宝，我愿意牺牲太阳底下的任何东西去换取它。”

所谓人际关系，即表现在人与人之间相互交往及相互联系的心理关系，或者主要指个体在社会交往中形成的人与人之间的相互作用和相互影响，其含义包括个体在生活及其他社会活动中形成的一系列与他人之间的关系。

老板人际关系的好坏，直接影响到财富的创造和事业的发展。

人的成功绝非只靠一个人的努力，还要与机会和环境相配合，而这些就是我们所谓的“缘”。能结缘而进一步造缘者，才能真正得道多助。

在人生的旅途上，萍水相逢的因缘际会本是人间一大乐事，然而，很少有人能珍惜这些不平凡的际遇，甚至轻易作践它，以致彼此缘尽情了，未能共创美好的事业。“得道多助”来自“广结人缘”。常说历史上某人“得道多助”，就因为他广结人缘，所以人人愿助其一臂之力，遂加速造就其辉煌的事业。

从上可知，人际关系对于一个人是十分重要的，对老板而言更是如此，良好的人缘能使老板的事业发展更快，相反，没有好的人缘，关门闭户的老板一般也不会成就较大的事业和财富。

洞察上司对自己的信赖度

每个人在这个问题上都倾向于对自己有利的解释，因为谁都不愿意让上司不信赖自己。与上司相处，有些事情是需要说开的。

有一个二十多岁的销售员，一次他说：他的上司只比他大两岁，两人的关系处得很随便，甚至经常在一起打牌，彼此交情不错，他以为上司对他很信赖。

但是有一次发年终奖时，他却发现并没有他想象的那么多，甚至一些表现不如他的同事都比他多。这位销售员因而百思不得其解，心想，都是铁哥们儿了，怎么这样对待我呢？为此，有一天下班后，他到上司家里去，一本正经地向上司说起奖金不相称的事。令人惊讶的事，上司对他的工作情况并不是很了解，甚至曾经向他说过的一些事，他也不记得了。

“自从那次谈话后，上司改变了对我的看法。说真的，有时候，事情还是谈开了好。”他深有感触地说。

平常如果该讲的话不讲，该争取的事情没有争取，所以，不要因为与上司很要好，就以为一定受信赖，这是一种很天真的想法，然而，如果上司对你说：“这一切全靠你了”“委托给你了，好好干吧”“对你有信心哟”，你的想法如何呢?

说这种话的上司到底是何种人，这点很重要的。

假如上司不能信赖下属时，他一般不会率直地将前述的话说出口。假如他是一个工于心计的上司，他不但不会说出对你的真实看法，也不会表现在态度上，反而会装出信赖你的样子，那么他也会说出前述的话。

这时你如果不折不扣地相信这些话，而当有一天你识破是一句假话时，你所受到的打击将是沉重的。

为了验证上司说这种话的真假，你不妨对上司提出问题，看他采不采纳你的意见。说不定上司笑容满面的脸孔，会突然变得阴沉，或者不再说“一切全靠你了”的话，而说出“不能信任你所说的事情”。对此，也用不着用“原来这个人是这样”来责备上司，而应该更加努力充实自己，以逐渐增加上司对你的信任。

也有许多上司是为了鼓励下属，才经常说这种话，如果上司对下属说：“你到底会不会做？我不放心。”则有可能使软弱的下属不但失去工作干劲，甚至连不多的自信也一扫而光。稍微聪明一点的上司都不希望产生这种结果，所以才会说“我信任你”“好好干”来激励下属。虽然没有必要产生自卑感，但也不必因上司说了“信任你”之类的话而沾沾自喜。宁可认为自己远未受到上司信赖，从而更加努力，以争取真正的信赖。

第二章

用对人才能做对事，解读合作伙伴微行为揣摩其工作态度

有城府的人，需要你去试探

一个人从外部肢体形态到言谈举止，都可以精心“伪装”。当然，如果

你的交流对象是个“老谋深算”的人，想摸清他，并非无计可施，你需要一些小技，悄悄地试探他，他很快就会“现出原型”来。

公司规定每三年评选一位优秀员工，奖励一套住房。老板的小舅子也在这家公司上班，虽然他平日里游手好闲，但是老板碍于他是自己的小舅子，也睁一只眼闭一只眼。小舅子很想知道姐夫的心思，想知道今年自己有没有资格获得奖励，又不好直接去问姐夫。他忐忑不安，心想：“我到底有没有资格呢？如果我有资格，原来评给我的小房子一定会给别的员工，为什么姐夫一直没有表态呢？”他想了很久，最后终于想到了一个去试探姐夫心意的办法。他拜托一位跟姐夫很有交情的员工去办这事。员工见了老板就说：“大家都说您的小舅子是今年的优秀员工，那么他原来的那套房子能不能奖励给我住呢？”老板摇摇头说：“不！这套房子今年不能给你啊，我小舅子今年不是优秀员工。”当那个人要离开的时候，老板暗叫一声：“糟了！”肯定是那个浑小子让他来试探虚实的，老板连忙问那个员工，是不是受人之托来摸底的。员工佯装不知情，推说没有，但实际上，老板已经先输了一着，小舅子终于知道了姐夫的心事了。

从上面例子可以看出，当遇到的对手善于隐藏内心时，你可以投石问路，甚至找第三者去帮你探听虚实。这样你很快就会知道他的真实想法了。在我国古代这样成功探测人心的例子也不胜枚举。

与此相类似的，汉景帝用一双筷子测试出了手下重臣的居功自傲之心。

周亚夫是汉景帝的心腹重臣，他城府很深，在平定七国之乱的时候屡立战功，后来又官至丞相，为汉景帝献言进策。可是最终汉景帝在选择辅佐少主的辅政大臣时，却放弃了他，究竟是什么原因呢？在古代，每个皇帝年老之后，皇位的继承问题就被提上了日程，宫里少不了明争暗斗，所以每个皇帝都不得不花费一番心血。汉景帝自然也碰到了这个难题，当时太子刚刚成年，需要辅政大臣的辅佐，汉景帝为此试探了一次周亚夫。

一天，汉景帝请周亚夫吃饭，给他准备了一大块肉，但是皮肉相连，没有切开。周亚夫见没有给他准备筷子，面色就有些难看，他很不高兴，就向主管筵席的官员要一双筷子。汉景帝微笑着说，给你这么大一块肉你还不满足吗？还要筷子啊。是不是有些贪心啊？周亚夫一听，立刻摘下帽子，赶紧向皇帝叩首谢罪，汉景帝说，起来吧，既然丞相不习惯这样的吃法，那就算了，今天的宴席就到此结束。周亚夫听了，连忙向皇帝告退，疾步走出了宫门。汉景帝目送他离开，并说，这点小事就如此闷闷不乐，看来确实不适合辅佐少主啊！

周亚夫也算是个经验老到、城府很深的人。但是在汉景帝巧妙的试探下，还是现出了原形。辅佐少主的重臣，一定要心态平稳、任劳任怨，倘若少主年轻气盛，有了不合礼数的行为，重臣要有长者风范，懂得包容这些过失，一心一意地敬忠职守，才能成为真正的贤臣。从周亚夫的表现来看，连老皇帝对他不周到的举动，他都不能接受，以后又怎么能辅佐好少主呢？赏赐他的肉，即使不方便食用，在汉景帝看来，他也应该把它吃下去，这体现着君臣礼数。他要筷子的举动，在汉景帝看来就是不成熟的做法。到辅佐少主的时候，是不是会有更多的矛盾？这令汉景帝非常担忧，所以他毅然地放弃了周亚夫。

总之，只要你去试探，就可以知道，谁是有城府的人。

危难面前，考查他的胆识

庄子说，“告之以危而观其节”，意思是，出现了危难的情况让他处理，通过处理危难来观察他的胆识与节操。俗话说，“路不险，无以知马之良；任不重，无以知人之才；岁不寒，无以知松柏；事不难，无以知君子；势不危，无以知英雄”。确定一个人是不是真的勇敢，是不是真是英雄，只有在最关键的时刻才能够检验出来。

一个人要面临大事，真正的品行才显露得出来。遇到大事和难事的时候，可以看出他的担当能力以及克服困难的力量。如果交流对象平时口口声声“遇事果断、果敢”，但是一遇到危机临身，他就不知所措，甚至还会满腹牢骚。这就表明他是个性软弱之辈。个性越是柔顺的人，遇到困难越是仓皇失色。因此，若要探究一个人的胆识、气魄，就得告之他可能面临的灾难和困境，并接连不断地交给他去处理，从中观察他的勇气和反应能力。

F公司是一家效益非常好的上市公司。公司董事长有两个儿子，大林和小林，这两个人都非常能干，依靠自己的实力和父亲的影响力创立了自己的公司，并且业绩不错。但是，大林和小林性格完全不同，大林外向，做事情麻利，小林则不爱说话，勤勤恳恳，一丝不苟地完成工作。董事长年纪越来越大，看着两个儿子都很有实力，发愁到底应该把公司交给哪个儿子打理，谁能真正扛得起这份责任呢？董事长助理小吴看出了董事长的心事，便对董事长说："我看大林和小林做事的能力都很强，您可以看看他们的胆识如何。"董事长若有所思地点了点头。

没过多久，两个儿子分别接到了父亲的电话，说由于账目操作失误，公司的几宗大笔生意没有做成，公司资金周转出现严重困难，可能面临破产，需要儿子们拿出资金帮忙解决。大林听到这个消息后，急忙将自己持有的F公司股份全部变卖，然后把所有的存款转移到国外的户头上，推说自己的公司也遇到了困难，资金周转不困难，拿不出钱来。一向沉默寡言的小林则拿出了自己所有的积蓄，并且把自己公司的流动资金全部交给父亲。

一个月之后，F公司运行一切正常，丝毫没有破产的迹象。大林还在纳闷儿，突然接到消息，董事长任命小林为公司董事。原来，这是老董事长放出的假消息，就是为了看看哪个儿子能在危难面前扛住压力。大林由于在困难面前的自私胆小，失去了父亲的信任。

能力和胆识并不成正比。大林和小林的业务能力相差无几，但是在危机面前表现出来的胆识，小林却远强于大林。董事长考察的，正是一个人在关键时刻和重大原则问题上表现出来的立场和道德方面的坚定性。

一个人在危难的时候能够挺身而出、果敢坚毅地维护自己所在集体的利益，这充分体现了他的气节和能力，这样的人才就是被重用的对象。有专家曾根据人的胆识和气魄将人分为大器、中器、小气三种。

大器之才，即使工作繁重，也不会有怨言。他们勤勤恳恳，但不会拘泥于小事，该做的全力以赴，不该做的事也不会耿耿于怀。该说话时，勇于表达己见，不该说话时，就安心沉默。他们可以适时进退，这种人，他们已具备了领导的才华，一有机会便会成功。

中器之人，平日里的表现和大器之人好像差不多，可是一旦让他们面临抉择，就会左右摇摆，举棋不定，他们需要你能适时地给他一鞭子。

小气之人，为人处世多以自己为中心，这种人比较自私。一有不合自己意的事就牢骚满腹，甚至责备他人，听不得别人的忠告，最终也会失去别人的信任与帮助，只留下自己在一边孤芳自赏了。

现实生活中，有些人在平时的工作中能力平平，表现得很不起眼，但在关键时刻，却能力挽狂澜，表现出惊人的掌控局势的能力，这样的就是大器之才；而有些人在平时表现突出，处理事务有条不紊，有板有眼。但在关键时刻，他的能力往往没有“张力”，表现得畏首畏尾。如果要是遇到突发性的事件或棘手的问题时，更是表现得束手无策。凡此种种，都应该全面而又细致地观察，才能得出一个比较精准的结论。

换句话说，如果你作为领导，在考查下属是否有能力时，不但要看其平时的“能量”，还要看其在关键时刻的“质量”，既要看其平时的表现，还要看其“潜能”。只有这样，才能慧眼识英雄。

利益面前，看他是否清廉

《庄子》中提到：“委之以财而观其人。”大意是，将钱财托付给他来看他是否清廉。“利”对于任何人来说都是必需的，都具有诱惑力，可放手让他掌管钱财来考查其是否贪财。当一个人无法接近财物时，都可轻易地标榜他是清廉之士，也无从了解他到底是贪是廉。只有让他接近钱财，才能考验他会不会损公肥私。假若他不贪，就是一个大仁大义之人；假若他很贪，就是一个不仁不义之人。只有为官清廉，才能取信于民。一个在利益面前伸出肮脏之手的人，怎么可以担当重任呢?

同样，在生活中，如果你是一家公司的主管，你把下属放在有利可图的工作岗位上，让他有机会得到财物。这样，你就可以看出他是否真正廉洁奉公，是否可以在利益面前面不改色，不为所动了。

A公司新招了一名仓库保管员王小姐，她身段苗条、聪明漂亮又会察言观色，因此深受公司所有员工的喜爱，大家都夸她正直无私。

“小王，你把这些洗面奶放到仓库保存，过几天送客户用得着。”领导将王小姐叫到办公室说。

“张总，一共有多少瓶洗面奶？”王小姐问。

“这是随产品一起运来的赠品，具体多少还不清楚，你搬过去数数就知道了。”

“好的！”

“希望我的考验失败！”张总心想。

其实，这批洗面奶不是随产品赠送的，而是张总派人采购的，数目清晰明了。10分钟之后，王小姐把洗面奶的数量报给了张总，竟差18个。当然，第二天仓库保管员就换了另外的人。

从上面的例子可以看出，王小姐尽管在同事中的口碑很好，但是在利益面前，她却轻易地“漏了底”。因此，她属于明里正、暗里贪的人。这种人很厉害，在明处一副很正派的样子，表面上似乎很清正廉明。其实一到暗处，那双肮兮兮的手就伸出了，贪财求利。当然，那些真正廉洁的例子也不少，他们抗腐拒变能力较强。在明处和暗处，都能坚持原则，不贪不占。

伯颜，元朝人。他相貌堂堂，智勇双全，一次被派作西征军的使者向忽必烈奏事，忽必烈见他气度非凡，十分喜爱，就将他留在了身边。1274年，忽必烈有意攻打南宋，于是他任命年轻的伯颜为中书左丞相，与大将阿术率领二十万军队，水陆并进，一路所向披靡。

大军所过之处，正逢疫病流行，老百姓贫病交加，饥饿难耐。伯颜下令开仓赈粮，发药治病。老百姓们大为感激，都称颂伯颜的军队为王者之师。后来，伯颜率军攻入临安，南宋灭亡。

临安城是南宋的都城，繁华富足，金玉珍异，应有尽有，伯颜不为所动。

进入临安后，他首先下令封存府库，登记钱谷；又命令将士一律不得擅自进城，敢于暴掠者，军法处治。因此，闹市商业区热闹如故，生意照常进行。两个月后，伯颜将宋皇宫中的祭器、仪仗、图书等全数北运，宋皇室成员押解至上都。忽必烈看到伯颜如此严于律己，很高兴，重赏伯颜。

伯颜身为元军重臣，完全可以借破城之机搜掠财宝，但他并没有贪图财富，而是将其如数封存，交给国家。面对如此大的诱惑仍能不为所动，这种清正廉洁之人，怎会不受忽必烈的青睐呢？话说“贪为私动，贿随权集”，对钱财看得太重的人，往往会想尽一切办法去拉拢贿赂一些有权有势的人来做他们的保护伞和摇钱树。从钱财来识别每个人是不是仁者，就是看他对钱财采取什么样的态度。为私而贪者为不仁，为公而见钱廉洁者为仁者。廉洁的人不追求不应有的财物，所以，古人云：“廉者，民之表也；贪者，民之贼也。”即指官吏廉洁奉公，就是老百姓的表率；官吏贪赃枉法，就是残害老百姓的强盗。纵观古今中外仁者，他们共同的优点就是不贪不义之财。

总之，无论是毫无遮盖、明拿暗索、置人格和尊严于不顾的人，还是真正清正廉洁的人，利益面前人人平等，他们的灵魂最终都会显露出来。

任务面前，考查他的信用

在《庄子·列御寇篇》中，有这样一句话：“急之与期而观其信。”即把某件事情交付给一个人去办，以考查他是否有信用。信用，是做人交友的基本准则。如果一个人不恪守信用，说了不算，定了不干，谁还能够对他有所依托呢？其实，听听一个人怎么说的，看看这件事他是怎么做的，就可以知道他有无信用。无信用之人，任何事情都不可托付。

如果你是公司的老板，交给手下人一件事情，让他在规定的时间内完成，通过他对这件事情的处理态度，你便可以了解他的诚信和忠心。具体的做法是：与他达成口头协议，约定某事，看他能否说到做到。如果约定期限来完成某件事情，看他是不是能信守承诺如期完成。

大街上，一个女孩在问男友：“明天中午11点，我和妈妈在家等你，那天是她50周岁的生日，你能准时到吗？”

“必须的，我未来的丈母娘过生日，我能不准时到吗？”小伙子拍着胸脯保证。

“看得出你是个很稳重的人。虽然我们相亲没多久，但是我对你的印象不错呢！”女孩红着脸对男友说。

第二天中午11点整，小伙子没有如期到达。女孩和她妈在家等了他一个小时，然而他还是没有来。下午4点小伙子在没有事先通知女孩的前提下，竟按响了女孩家的门铃。

“对不起，小玉，今天中午我姑姑来了，在家忙着做饭，我没有脱开身来你家。”小伙子无奈地解释着失约的原因。

“对不起，李先生，我想我们不合适，我想找一个守时重信的人，我妈也希望我能找个重视我的人，是吧，妈妈？对不起，我们还是不要再见了。”

好好的姻缘因为失信而告吹，如果事先他打电话向女孩说明情况，或许结果就不同了。

从上面的故事可以看出，在现实生活中，“信”往往是说得容易做起来很难的，所以我们往往用“期之以事而观其信”来检验一个人。有的人对下属、朋友、同事甚至妻子轻易许下诺言，可是过一阵子就忘了。这样的人，若想把什么任务交给他们，那就做好被欺骗的准备吧！

考查一个人的途径很多，方法也很多，但是考查一个人应该首先考查他的“信”，这是最重要的。守信的人会得到大多数人很好的正面评价，反之，就会受到诋毁和抨击。有时候，领导者让下属在较短的时间内完成一件工作，就是考查下属是否言必信、行必果，是否具有办事高效率的好机会。在这一点上，古今的事例大致相仿。

太史慈，字子义，山东黄县东黄城集人，东汉末年著名的武将。起初，太史慈跟随刘繇，后来孙策亲自攻讨刘繇，生擒太史慈。孙策见太史慈作战勇敢，爱才心切，亲自为其松绑。太史慈见孙策如此爱惜良才，且有帝王之相，于是归顺了孙策。孙策当即拜太史慈为门下督，回到东吴之后，又拜其为中郎将，授予其兵权。后来，刘繇在豫章去世，其部下万余人无处可附，孙策便命令太史慈前往安抚兵众，想将这数万人收归自己的部下。孙策手下的人都说："太史慈这一去肯定不会回来了。"孙策却说："太史慈他舍弃了我，还可以投奔谁呢？"不仅如此，孙策还亲自送太史慈到昌门，临走的时候握着太史慈的手腕问："爱卿何时能够回来？"太史慈答道："过不了两个月我就能回来。"果然，不到两个月，太史慈如期回来，此后，孙策对太史慈愈加重用。

孙策派太史慈去劝降刘繇遗众，显然是想看一看太史慈是不是守信之人。如果太史慈不回来，那么这种不讲信用之人也没有留在身边的必要。事实证明，太史慈是守信之人，同时也赢得了孙策的信任。

如果你作为公司的领导者，想学学孙策，那么不妨也对下属提出任务，并要求他尽快完成。你可以不规定具体的期限或者为期指定日期。在这种情况下，特别能看出一个人的办事效率。工作责任心强的人，会把你任命的每一项任务都当作你对他的一种考验，会尽快完成。反之，责任心不强的人，则会拖拉。倘若这项任务有期限，在最后期限内，被委任人也不能履行承诺完成任务，就是言而无信。如果这样的事经常发生在一个人身上，就可断定此人不可大用。

不过，如有失约情况，也不可随意给人下结论，要弄清失约的具体原因，是客观的还是主观的，是值得原谅的还是不能谅解的。如果属实是无信之人，那就赶紧踢开他，别把任务交给他。

亲近面前，观察他的礼节

现实中，有些人在你面前客客气气，非常有礼节，尤其是有求于你时，或比你地位低的时候，我们往往很难辨别这种"客气"究竟是来自对方对我们的尊敬之心，还是因为某种利益关系等其他原因。《庄子·列御寇篇》提过一个方法："近使之而观其敬。"即安排他在你身边做事，整天与你形影不离。因为如果一个人对你客气不是出自真心，一旦他与你混熟了，便很容易无所顾忌，失去敬心，甚至表现出轻浮无礼。所以“近使之”是考查他人是否对你有尊敬之心的有效方式。

老刘是一家涂料公司的经理，主要负责联系客户和销售工作。在一次招聘会上，小张前来应聘，简单交谈后，老刘惊喜地发现小张和他竟然是同乡。虽然小张的学历不够，但是他的言谈举止幽默风趣且落落大方，很适合做销售工作。于是，经老刘提议，公司破格录取了小张，小张成为一名销售人员。经过两个月的锻炼，小张经手的订单数突飞猛涨，业绩十分喜人。老刘和小张的私交也越加亲密。

经过细致的观察后，老刘发现小张办事勤快、踏实肯干，又很谦虚谨慎，和同事的关系也十分融洽，公司员工对他的评价也很高。老刘想进一步提拔小张，就先把小张弄到自己身边，当经理助理，并把几个新产品的销售渠道全部交给小张去做，看看他做得怎么样，是否适合做高层管理人员。

几个月后，老刘渐渐发现小张好像变了一个人，并没有初到公司时那种勤奋和谦虚的劲头了，经常上班迟到，工作时间在办公室玩游戏，也不出去跑业务。公司员工也反映，小张的脾气比较暴躁，在主持销售会议的时候经常口出脏话，羞辱业绩不佳的工作人员。两个季度下来，小张负责的几个新产品的销售业绩惨不忍睹，许多老顾客也因为得不到相关的服务而转向对手公司订货。老刘不止一次找小张谈话，指出了他的问题所在，可是，小张总是用各种各样的理由搪塞过去，不思改过，反过来把责任推到其他员工身上。老刘忍无可忍，辞退了小张。

许多人的恭敬谦虚是功利性的。初次见面，因为不知道对方的底细，双方都尊敬有加，长期相处，慢慢就能看出对方的水平来了。如果在自己身边的人因相处比较熟了，而放松对自身的谨慎，这是会出问题的。如同在平坦的道路上行走的人放纵自己而脚下不留意，这样走快了就会摔跤；在艰险的道路上行走的人有所戒备而小心翼翼，因此走得很慢，反而平安无事。这就指出了越是平易的地方，越是要谨慎。

例如，你在领导身边工作，你就应该比他人更加谨慎。平时要自律、自重、自爱、自尊、自励、自强，严格要求自己，树立良好的形象，不做有损自己身份的事。

当然，如果你是管理者，也可以将所要识别的对象安排到自己身边工作，因为天天在一起相见容易相熟，久而久之就会没有拘束，这样就便于观察这个人在与人相交往的过程中是如何对待自己与他人的关系的，从而判断他的为人。

混杂面前，探察他的本性

关于鉴人本性方面，《庄子·列御寇篇》有言，“杂之以处而观其色”，意思是，将人放在混杂的环境里，看他的本性如何。很多实践证明，混杂的环境可以锻炼人，也容易改变人，使人丧失本性。

如果你想考查一个人，让他身处男女混杂的环境里，观察他是否好色，对待男女关系的态度，你就基本可以断定一个人。一般来说，爱美之心人皆有之，但深陷“温柔乡”不能自拔者，往往会造成于公于私都不利的局面。人生中总会要经过金钱关、权力关、美色关，等等，而美色关就是其中的代表。常言道，英雄难过美人关。能否把好这一关，就看一个人的素质及品性了。

公元前200年，刘邦御驾亲征匈奴，被冒顿单于困于单城白登山。虽然左右颇多谋臣勇将，却无奈孤军冒进。从战势看，匈奴军以四十万大军死围白登山城，而刘邦随军只数万人，援军尚远无法搭救，看来是难以逃脱了。

六天六夜过去了，白登山城已缺水断粮，加之天寒地冻，百苦皆至，众人心急如焚可又束手无策。最后刘邦找来足智多谋的陈平反复商量，拟以智取而期死里逃生的冒险办法对付匈奴大军。他们打听到冒顿单于最宠爱王后阏氏，且又喜欢美女，便从这方面用计。当天便安排画家李周，连夜画了张漂亮的美人图，并让人混入敌营，将一些珠宝和美人图献给阏氏，并说愿意献此美人给单于。阏氏见到珠宝立即目眩心迷，心动不已，可当听说汉朝皇帝要献画中美人给单于时，便又不高兴起来，要来人把画带走，至于解围之事让汉朝皇帝放心。是夜，阏氏果然说服单于，要他放走刘邦。可次日勾结匈奴一起反汉的韩王姬信又劝单于不能放走刘邦，并说出美人图的事来，单于一时动心，便传话要见美女后再作考虑。刘邦闻讯，立刻命令士兵将预先做好的十多个木偶美人推上山城城头，用扯线摆弄“美人”的动作。冒顿单于在城下一看，心中陶醉不已，随即下令让路，刘邦君臣打道回府了。汉军退兵后，单于守兵进山城取“美人”，却见到的是一些木偶倒在地上，才大呼上当，中了刘邦的“美人”计了。

从故事中可以看出，冒顿单于和王后阏氏都没有能在混杂的环境中把持住自己的原则，一个好色，一个贪财，结果丧失消灭对手的良机。可见，如果是意志薄弱、思想素质较差的人，一般来说是难以经受住金钱和美色的诱惑的。但也有一些品德高尚的素质较好的人，他们能在金钱、权力和美色的诱惑下，正确把握自己，掌控了方向。

关羽是中国历史上的著名武将。一次，刘备和张飞在外打仗，与关羽失去联系。关羽护送刘备的两位妻子守护下邳城。曹操突然引兵袭来，关羽兵少，败给了曹操。经过张辽的劝说，关羽暂时同意“降汉不降曹”，但同时也提出三个条件：第一，降汉不降曹；第二，确保两位皇嫂安全；第三，今后若探听到刘备的下落，当即辞别。曹操爱才心切，虽对第三条有所顾虑，还是满口答应。

曹操为了笼络关羽，想出了种种办法。他将关羽和刘备的妻子安排到一间屋子里休息，想让关羽乱了君臣之礼，无颜以对刘备。可是，关羽将屋子让给两位嫂子休息，自己手持大刀在外面站了一夜，毫无倦意。曹操得知，不禁暗自佩服。曹操又赠送关羽大量的金银珠宝，想借此收买关羽，关羽却将财宝全部交由两位嫂子收藏，自己分文不取。曹操仍不死心，将自己的坐骑赤兔马赠给关羽，希望他能归顺自己，关羽仍不为所动，探听到刘备的消息后，义无反顾地回到刘备帐下。

关羽在财色的诱惑之下，不为所动，心中仍牢记忠、义二字，这才是真正的可靠之人。

人生在世，难的就是与人相处。观察一个人是忠良还是好色之徒，就要看他的意志是否坚定，看他在没有任何监督的情况下，特别是在男女混杂的环境里，能否与人融洽和谐地相处。同时，观察他在面对金钱和美色的诱惑时，会保持什么样的态度。如果他能一如既往地坚持自己的本色，说明他内心坚定，目标明确，不会轻易偏离行为的轨迹，这样的人往往拥有良好的道德品质和修养，成功也将指日可待。

好相处的人，能很快融入团队

一个小镇郊外的马路边，安静地坐着一位失明的老婆婆。一位中年妇女开着车来到这个小镇，她看到了老婆婆，停下车摇开车门，有些傲慢地对老人问道："老太太，这个城镇叫什么名字呀？怎么这么小呢？地图上都看不到啊！住在这里的人都怎么样啊？我正在寻找新的居住地！"

老婆婆回答说："那你能说说吗，你原来居住的地方，那里的人都怎么样呢？"

中年妇女说："他们都是一些没有礼貌、贪得无厌的人。而且他们各个都很脏，简直让人无法忍受，所以我才想搬出来。"

听了这话后，老婆婆说："女士，这里恐怕又要让你失望了，这个小镇上的人和他们完全一样。"

中年妇女听完撇撇嘴，开车离开了。

过了一段时间，一位女孩来到这个镇上，向老婆婆提出了同样的问题："婆婆，住在这里的都是什么类型的人呢？"

老婆婆也用同样的问题来反问她："你现在所居住的镇上的人怎么样呢？"

女孩笑着回答："哦！住在那里的人很善良，十分友好。我从出生一直住在那里，那是一段很美好的时光。唉，可惜，因为我要换工作，所以不得不离开那里，真希望能找到一个像那里一样好的小镇。"

老婆婆说："小姑娘你真幸运，居住在这儿的人，和你们那儿的人一样善良、友好，你会喜欢他们的，他们也会喜欢你的。"

从这个故事可以看出，与人相处，就好像是在照镜子，彼此友好才能共赢。如果你想考察一个人是不是好相处，那你就看他是否能与人真诚合作，是否有团队精神，是否有亲和力。最好的办法就是把他放到一个群体中去，看他是不是可以很快就能融入团队。

总之，好相处的人，能更快融入团队，他们做起事来往往事半功倍。当然，与人相融的程度不取决于语言的多少，而是取决于心灵的真诚相悦。因此与人相融的程度，相处的好坏，也能多多少少地折射出他们心灵的痕迹。

疏远面前，观察是否忠诚

判断一个人是否忠诚于你，可以派他到远离你、无人监督的地方做事，可以判断他是否忠诚于你。生活中，如果你是领导者，也可以采用这种方法，通过观察下属在远方的一些具体表现和侧面反映，进而探测他的本质是好是坏。为什么在远离你的地方工作，可以看出下属究竟是忠还是不忠呢？是一般性的忠诚抑或是绝对忠诚呢？这是因为相距很远而缺乏监督，无论他在远方是埋头苦干还是胡作非为，表现出来的都是最真实的东西。

由此我们可以说，放任的时候可以看出一个人检点自己的能力。一个人是否忠诚，只要将其指派到远方工作一段时间，就会从一些事实和侧面的反映中得以验证。当然，无论是下属、朋友和爱人，我们都希望对方对自己忠诚，所以在现实生活中，确实有“远使之而观其忠”这样的必要。因为在一些人看来，在“天高皇帝远”的地方工作、生活，可以随心所欲，想干什么就干什么。所以有很多原本感情很笃定的夫妻，在异地生活不久后，感情就破裂了，也是这个道理。“天高皇帝远”，确实给一些心存私欲的人提供了胡作非为的可能和机会。心存歪念的人在没人监管的情况下，总是为所欲为。如果给予其权力，一人在外独立工作、生活，总是飞扬跋扈，并美其名曰：“将在外，军令有所不受。”一般这样的人比较虚伪，自制力很薄弱，对事业和爱情不忠诚。

当然，在现实生活中，也有很多人是无论何时何地都一样行事，这些人心中深深刻着“忠”字的烙印。

M公司的总部在北京。小李在这家公司的销售科负责客户资料管理已经有一段时间了，由于工作期间兢兢业业、勤于职守，小李深得公司董事长孙某的信任。孙某发现小李的业务能力很强，有意提拔他当部门经理，但是对于小李是否能够独当一面，负责好部门的整体运作，孙某无从考查。思来想去，孙某决定把小李派往公司新成立的成都办事处去做主任，看看小李是不是能够在远离总部的地方做好自己的工作，看他如何开拓当地市场、如何招聘员工、如何定任务标准、如何编织客户网。

过了半年时间，公司驻成都办事处在公司拨给的经费有限的情况下，不仅短时间内在当地站稳了脚跟，而且树立了良好的信誉度，发展了大批的客户。小李本人也因为勤俭节约、能力卓绝、能与下属同甘共苦而被大家称赞。孙某借公司周年庆典之际，仔细视察了小李负责的办事处的业务，实地听闻了大家对小李的评价，发现小李确实是一个品德和能力都过硬的优秀人才。于是，孙某放心地把小李调回总部担任部门经理。

所以说，辨别忠奸最好的办法就是让他远离自己，这样可以识断一个人是否是真正忠实。

酒醉之后，探察他的真心

让一个人通过喝酒来看他酒后是否仪态端正，了解其变化的形态，知其修养程度。如果一个人酒后失态，不成体统，必误大事。

人饮酒之后，大脑变得兴奋异常，失去了平时的理性控制，很容易说平时不敢说的话，做平时不敢做的事，而这些正是一个人内心的真实写照。有位诗人曾经写过一首诗，“醉了时醒着，醒着时醉着”。现实生活中，的确有些人平时说官话，甚至说胡话，醉了时才会掏真心话，正所谓“人生隔胸腔，对面万千里，唯有醉后言，谬误也至理”。

老王和小李是一个公司的上下级，也是邻里关系，虽然年龄相差十几岁，但老王特别喜欢拉着小李出去喝酒。因为小李酒量不好，喝两杯就醉，醉了之后便抢着埋单。老王想，既能喝酒，又有人埋单，何乐不为？而且，酒品好的人人品也不会坏，于是两人成了非常好的朋友。

在一次公司的调动会议上，在老王的全力举荐下，年纪轻轻的小李当上了部门经理。这以后，老王一找小李喝酒，发现他要么不在家，要么就是在和别人喝酒。在一次公司聚会上，小李喝了很多，喝得酩酊大醉，朋友问小李："你以前怎么那么喜欢和老王一起喝酒啊？"小李醉醺醺地说："你真以为我喜欢和他喝啊，我的酒量比他好多了，我就是为了和他套近乎才故意给他埋单的！"这话传到老王的耳朵里，老王大惊，原来，这才是小李的真实用意啊！

小李在理智情况下的所作所为都是有目的的，别人很难看出他的真实用意，但是酒醉之后，小李很容易就吐露了内心的想法。

"酒后有德"与"酒后无德"的差别就在于一个人对自身控制能力修炼的程度如何。一个修炼有素的人在任何场合及任何条件下都会保持一份清醒的头脑；而对于一个平时懒散、随欲而为、无心修炼的人来说，往往会在酒醉后更加放肆和大胆，甚至干出的丑恶行为连他自己都不敢相信。

第三章
慧眼识出千里马，解读对方微行为选出英才

与下属面谈，了解他的性格特点

一个人的举手投足中，都很有可能包含着丰富的信息。作为领导者必须掌握善于同下属交谈、倾听下属意见的艺术。通过察言观色来揣摩对方的行为，捕捉其内心活动的蛛丝马迹，才能够使交流更加便利、更加有效。

领导人在实施指挥和协调的职能时，必须把自己的想法，感受和决策等

信息传递给被领导者，才能影响被领导者的行为。同时，为了进行有效的领导，领导者也需了解被领导者的反应、感受和困难。这种双向的信息交流十分重要。交流信息可以通过正式的文件、报告、书信、会议、电话和非正式的面对面会谈。其中，面对面的个别交谈是深入了解下属的最好方式之一，因为通过交谈不仅可以了解到更多、更详细的情况，并且可以通过察言观色来了解对方心灵深处的想法。

善于同下级交谈是一种领导艺术。有些领导者在同下属谈话时，往往同时批阅文件，左顾右盼，精力不集中，不耐烦，其结果不仅不能了解对方的思想，反而会伤害对方的自尊，失去下属对自己的尊重和信任，甚至还会造成冲突和隔阂。所以，领导者必须掌握善于同下属交谈、倾听下属意见的艺术。

有一位将军，在一次战斗当中被对方擒获，然后被押回了对方大营。

这位将军也算得上是一位铮铮汉子。从被敌方擒获以后，就没有想过要投降敌人，抱着必死的决心，丝毫不肯向对方低头。不管是谁来劝他投降，他都怒目相视，绝不理睬。

敌方的国王也敬佩他是一个有骨气的大将，越发地盼望着这个将军能够投降自己，为自己所用。可惜的是，不管怎么劝说，这位将军还是毫不理会。国王为此感到无可奈何，但又很不甘心。这个时候，国王的一名随从过来说："国王请不用担心，依属下的看法，这位将军虽然现在表现得还很强硬，但是只要我们坚持劝说下去，他迟早会投降的。"国王将信将疑地说："我派人劝说了那么久都没有任何的效果。何以见得他定然会投降啊？"那个属下道："属下刚才去劝降的时候，见到有灰尘从天棚掉下，落在将军的袍袖上面，他居然能够察觉，并小心地把灰尘掸掉。试想，一个人若是早把生死置之度外，怎么还会顾得上吝惜身上的袍服呢？"国王听到后，觉得极有道理，于是坚持劝降。终于，在国王的努力之下，那个将军还是投降了国王，并成为国王手下的一个得力帮手。

故事中的那个属下通过将军掸掉身上的灰尘这一细小的细节，就作出了精确的判断，为国王的劝降工作立下了大功。这名属下可称得上是真正的深谙察人交流之道。管理者应该像那名属下一样，通过察言观色来揣摩对方的行为，捕捉其内心活动的蛛丝马迹，探索引发这类行为的心理因素。要善于观察，才能够使交流更加便利、更加有效。

管理者在与下属的面对面交流当中能够得到他所希望得到的信息，通过对下属在交流过程中的习惯性动作当中，来判断出一个人所具有的个性特征：

（1）手插裤兜者。双脚自然站立，双手插到裤兜里面，时不时拿出来又插进去，这种人性格比较胆小谨慎，凡是三思而后行。在工作中他们最缺乏灵活性，往往用最呆板的办法来解决许多问题。他们对突如其来的打击或者失败心理承受能力比较低，在逆境中更多的是怨天尤人，垂头丧气。

（2）双手后背者。两脚自然并拢，双手背在后面。这种人大多数在情感上比较急躁，但他与他人交往的时候，关系处得比较融洽。其中最大的原因可能就是他很少对其他人说“不”。

（3）经常摇头者。经常以点头或者摇头表示自己对某件事情的看法的肯定或者否定的人，特别爱在社交场合上很喜欢表现自己，却遭到别人的厌恶，引起别人的不愉快。但是，经常摇头或者点头的人，自我意识强烈，工作意识强，看准一件事情就会积极地去做，不达目的绝不罢休。

（4）抖动脚跟者。喜欢用脚或者脚尖使整个腿部颤动，有时候还喜欢用脚尖磕打脚尖或者以脚掌拍打地面。这种人很喜欢自我欣赏，性格较为保守，很少考虑他人。然而在他人需要帮助的时候，他却往往能给一些意想不到的好的建议。

以上是一些从小动作中获取信息的小诀窍。总而言之，一个人的举手投足中，都很有可能包含着丰富的信息。因而，选择与下属面谈，不失为了解下属性格特点的一个好方法。

衣着修饰中的性格窥视

每个公司中，一定有喜好穿着不同衣服的人，职场中人们的装束千变万化、丰富多彩，他们的穿着不只是他们的家庭经济实力决定的，他们的穿着打扮也反映他们的性格。

一个人的服饰风格往往会跟他们的性格有紧密的关联。作为一个企业的领导者，如果对于这一方面的情况能有大致的了解，对于成功地管理企业将会收到事半功倍的效果。我国著名的心理学家蔡子明按照着装类型的不同将人们分为以下几个不同的类型：

（1）套装型。这种类型的人中男士喜欢穿西装，女士喜欢穿套裙，一看就知道他们是做事有条不紊的人，事业永远是他们心中的首位。不过当他们做到很累的时候，如果你可以在旁支持或帮助他的话，他将会对你非常感激。当然，一些因为工作关系而穿着套装者例外。

（2）名牌型。这种人的重要的一个特点就是买衣服只讲求名牌，不是名牌的就不穿。这种人又可以分为两类：一种是娇生惯养，家里比较富有的；一种是家里并不是太富有，想令人觉得自己是富人的人。这两种人的相同之处在于他们的自尊心非常强，非常爱面子。他们纸醉金迷，铺张浪费，似乎钱在他们眼中一文不值，但其实他们认为最重要的就是钱，因为没有大量的金钱，就无法支持他们的生活。如果与这类型的人一起，一定不可以送便宜的东西给他们，因为这种人真的很现实。

（3）运动型。喜欢穿着运动服装的人，他们也比较主动和积极。通常他们都比较喜欢运动，也很有毅力和恒心，就算失败了，也会很快振作起来，迎接另一次挑战，所以，这一类型的人很值得信赖。

（4）潮流型。这类型的人永远站在潮流尖端，不管衣服适不适合自己的风格，总之今天的潮流是什么，他们就跟着穿什么。他们把自己埋没于多数人中，并乐在其中，以此捍卫孱弱的自我。这种人不甘寂寞，性情多变，没有什么个性，也没有什么优点，由于他们的自尊心强，也很需要赢得其他人的认同，要得到这种人的欢心，就要多鼓励他们。

（5）舒服型。喜欢穿T恤衫、牛仔裤的人比较随便，凡事要方便快捷。所以你会很容易发现他们对衣、食、住、行都没有什么要求，他们对自己该穿什么，从来不在意，来去总是那身装扮。这种类型的人同样缺乏主体性，也是体制顺应型。只要有可能，他们就想一帆风顺终其一生。他们的优点就是与人们相处比较容易。正因为这样，要令这类人喜欢你，绝对不难，只要你对他们好，关心他们，这样他们自然会接受你。

其实，每个人不一定完全符合上面的要求，不过每个人都会对一种类型的服饰有自己的偏好。就算他们不注重衣着打扮，但他们也会买同类型的衣服。不妨你细心留意一下你身边的人。例如美国的一位服装设计师就进一步对服饰和性格之间的关联作了进一步的区分。他认为：

对白色衬衫有偏好的人：男性往往缺乏爱情，清廉洁白，是现实主义者；女性，尤其是年轻女性，往往希望自己年轻纯洁，能吸引异性，有好人缘并给人以别致感觉。

喜欢穿细条服装的人：待人温和、自尊心强，往往有矛盾的内心和外在。

喜欢穿背后或两旁开叉上衣的人：具有领导气魄且表现欲极强。

对运动服、牛仔装感兴趣的人：性格中不受拘束的成分多一些，我行我素，更为年轻、活跃、精力充沛。

喜欢穿宽松尺寸衣服的人：意欲掩饰身材缺陷，同时有扩大自己势力范围的欲望。

喜欢传统服装如中山装的人：庄重，性格含蓄，某种意义上说是传统保守型的人士。

喜欢T恤的人：虽树敌很多，却是努力求上进者。

喜欢穿粗条整套西装的人：一般对自己没有信心，却爱好摆空架子。

喜欢穿西装的人：大多开朗、积极、大方，具有自信、交际广泛，属活跃型人物。

爱穿垫肩衣服的男士：意欲显示和夸大男性的威严，女性喜欢垫肩则是为了强调自己具有坚强的性格。

背后闲话能暴露真实想法

古人说："谁人背后不说人，谁人背后无人说。"也许你本人就经常在说别人的闲话。有关专家研究显示，常在背后说人闲话也是一种心理需求，这样也有助于减压。

一位小有名气的哲学家曾经说道：背后说他人闲话是人类的一种重要需求，排在吃饭、喝水之后。这说明背后议论他人是一种比较普遍的现象，但是这些闲话往往能够暴露皇帝新衣之下的真实情况。

什么样的人最容易被人议论？无非是优秀者和不幸者。优秀者通常先是被人艳羡，继而又掺杂着嫉妒。对不幸者大家于唏嘘感慨中带着同情，同时又带着庆幸"自己还不是最差的"，这就是现在网上非常流行的"把你的痛苦说出来，让大家高兴一下"的由来。

不过现实生活中，人们热衷于或嫉妒或艳羡的论人短长，其实也并非都出于恶意，大多只是一种心理转移，可能是为了排解自己的压力。有调查显示，朋友、亲戚等熟悉的人往往是自己议论得最多的人，而且许多是负面评价，但这不代表我们讨厌他们，相反我们却非常喜爱他们。但是，如果总是在背后说人长短，就是真有心理问题了。这类人的性格特点是抑郁、性格内向，天生猜疑、敏感、过分依赖别人，这种不健康的性格往往会形成人际交往障碍。

谁没有遇到这种爱说闲话的同事呢？尤其在办公室里，这种同事似乎很普遍。有些人酒足饭饱喜欢拿别人来开涮，有些人愤世嫉俗，看不惯就批评。后者固然要比前者来得友善，但无论是说哪种坏话的同事，当你知道坏话的对象就是你的时候，你该对他（或她）摊牌还是会一如既往地与他们相处下去呢？

杜宝琪是一家企业的新员工。他一毕业就进了这个知名的公司，羡煞了不少的同学，因此小杜觉得工作环境十分理想，同事都对他也很好。但后来，他发现办公室里那位漂亮的姐姐小丽总是在背后说他坏话。后来他打听得知，原来这位姐姐最大的爱好就是背后说人坏话，办公室里的每一个人几乎都被这位姐姐说遍了。但是不巧公司结构重组，杜宝琪还被分在了小丽的这一组。同事们都为杜宝琪捏一把汗，杜宝琪自己更加不知怎样应付这位爱说人坏话的同事。后来杜宝琪得知，原来他受到了这位姐姐的嫉妒，他年轻并且很受大家的喜欢，才引起了这位老员工的不满。

杜宝琪的例子说明了这样一个道理：办公室里被人“说闲话”的对象都是些“新丁”，他们或学历高，或技术好。一般这种人的出现，都会为办公室同事带来危机感。有人怕自己原来所处的位置可能就不再是先前的重要位置了。从闲话之中也可以得出真实的信息，不管是领导还是其他的员工都应该从中吸取教训。

从其背后透露出的信息来看，遭人说闲话不一定会是一件坏事。尽管遭人说闲话从感情上讲是件很痛苦的事情，但客观上讲，如果同事说的坏话，的确针对其工作上的不足，这是领导了解下属情况的一个窗口。而当事人除了反省还应感激。当然了，不能一听到别人说自己坏话，就只顾在自己身上乱找缺点，对号入座。其实，不幸被莫须有的坏话套上时，首先就得把自己的自卑心理压下去，分清坏话的实质面目，不能动不动就举白旗。

身体姿势反映内心世界

不同的文化不仅对于着装打扮有不同审美标准，身体语言在不同的文化背景中也有不同的含义。身体语言是表达一个人内心世界的无声而真实的语言，它在人际沟通中有着口头语言所无法替代的作用。我们通常可以从一个人的身体姿态来推断出其学识、性格、社会地位和职业等。

心理学研究发现：在两个人之间面对面的沟通过程中，50%以上的信息交流是通过无声的身体语言来实现的。相对于书面语言和口头语言来说，身体语言是国际性的，不同国家的人在语言不通的情况下借助身势语能够进行交际。有些时候，身体语言就足以表达所有的信息，语言反倒是多余的。其实有许多身体的姿势是世界性的，例如，西方电影中常见身体姿势表示欣赏、理解、困惑、接纳、拒绝、傲视、防卫、敌对，在我国拍的电影之中也通用。例如卓别林的一些喜剧短片使用的全部是姿势、动作、表情等身体语言，照样被全世界接受。

当然，我们不能忽视文化对身体语言的影响，例如，不同的民族对同样的身体语言有不同的理解，比如说，当一个人表达同意对方的观点时，大多数欧洲人会采用点头微笑的方式，而不同意时则是摇头，但是在中东人们的表达方式中恰恰相反。

身体语言包括姿势、头部动作、面部表情、目光和其他用于交际中的身体动作。有专家提出，人能发出多达万种不同的身体信号，任何想将它们分门别类的企图也只是不自量力。所以我们只能从传递交际信息的常见姿势中诠释一些行为代码与文化含义。姿态动作的幅度和速度以及姿势和坐立习惯也能反映出不同的文化背景和心态。

第二次世界大战时期，德国人曾经组织过一群假的美国大兵以袭击盟军的后方。他们找了几个在美国生活多年的德国人，来训练和带领这些队伍。他们都能说漂亮的美式英语，几无破绽，队长特别提醒士兵们，要用英制单位、立正的时候千万不要磕脚跟，那是普鲁士风格的立正，美国人绝对不做。还有敬礼，一定要松松垮垮、吊儿郎当，不要太标准了。这些假大兵穿上美军制服，到盟军后方去搞乱交通、破坏铁轨和电线，袭击油库。这些假大兵初期取得了一些战果，不过很快就被美国人发觉。一位美国军官曾问过他警惕的手下："为什么你能发现这些人是德国人？"该军士非常得意地说："咱们美国大兵超过半英里就一定要坐吉普车的，他们说自己是从三英里外走过来的，肯定是德国人了。"

不同文化在姿态动作上的这些时而明显、时而微妙的差别常常容易导致交往失当，甚至会使交际完全中断。了解这些差异并采取必要的补偿手段，对于人们在跨文化交际中互相理解、避免误会，对于填平文化沟壑，无疑具有十分重要的意义。

有一个心理学家研究发现，人们通常使用的主要身体运动语言及其重要意义有：摆手，制止或否定；双手外推，拒绝；双手外摊，无可奈何；双臂外展，阻拦；搔头皮或脖颈，困惑；搓手和拽衣领，紧张；拍脑袋，自责；耸肩，不以为然或无可奈何。

在日常生活中，我们自己也在经常使用身姿来进行沟通。如与上级谈话，我们的坐姿自然就比较规范，腰板挺直、身体稍稍前倾。有些人则干脆“正襟危坐”。如果我们对别人的谈话表示不耐烦，则坐的姿势就会后仰，全身肌肉的紧张程度就会明显降低。无论什么人在讲话，只要看一眼听者姿势，就会明白他的讲话是否吸引听众。

读眼术：眼神最是骗不过

俗话说：“眼睛是心灵的窗户。”从一个人的眼睛中，可以读懂一个人的大概。从眼睛的窗户向内心深处张望，就可以了解一个人心理动向。所以眼睛在五官中是至关重要的。

心理学家的研究告诉我们，人内心的隐秘、心中的冲突，总是会不自觉地通过变化的眼神流露出来。泰戈尔说得好：任何人“一旦学会了眼睛的语言，表情的变化将是无穷无尽的”。

在人的一生中，应用得最出色的要数目光语了。更多的时候，人们能从眼睛中了解事物的大致面目来。因为，眼睛乃“五官之王”。从医学观点来看，眼睛是人类五官中最敏锐的器官，它的感觉领域几乎涵盖了所有感觉的一半以上，比如说，人们吃食物时绝不仅靠味觉，同时会注意食物的色、香以及装食物的器皿等。如果在阴暗的房间里用餐，即使有可能吃的是鱼翅熊掌、燕窝海参，也会产生不安的感觉。相反，如果在一流饭店或餐厅用餐，用精致的器皿装食物，并重视灯光的调配，定会增加饮食者的胃口，吃得津津有味。可见眼睛在生活中的作用。

有时，一个人的内心活动，从这个意义上来说，眼睛似乎也会说话。对于一个人来说，透过眼睛就能看出他心之所想。人的很多秘密往往都从眼睛之中泄露出来，这是每个人都很难隐瞒的事实。孟子也在他的书中说道：“存乎人者，莫良于眸子。”他认为只要能够读懂人们眼睛中的秘密，就不会被人欺骗了。眼神有动有静，有散有聚，有流有凝，有上扬，有呆滞，有阴沉，有下垂，仔细参悟以后，通过眼神必可使人情毕露。所以对于一个领导者来说，留意下属的眼神，并对其眼神中所透露出的信息正确解读，将会大大有益于管理。

我国历史上也不乏成功地从眼睛识人的例子。曹操这个人在历史上的名声并不太好，是中国历史上著名的奸雄，但就他本人的才能而言，在当时也算得上是一个极其难得的人才。如果他不擅权弄政，不显露本性，仍像未夺得朝政大权之前那样勤奋忠心地工作，俭朴地生活，说不定会成为一个流芳百世的周公式的人物。

曾任太子少傅的彭光看到曹操之后，悄悄对大儿子说：“曹操神清而朗，气很足，但是眼神中带有邪狭的味道，专权后可能要坏事。我又不肯附庸他，这官不做也罢。”从眼神上来分析，“神清而朗”，指人聪明俊逸，不会是一般的人；眼神有邪狭之色，说明为人不正，心中藏着奸诈意图。于是上书，称自己“昏乱遗忘，乞骸骨归乡里”，曹操可能也感觉到了彭光看出一些什么，但抓不到把柄，恨恨地同意了他的辞官，却又不肯赏赐养老金。彭光通过归隐田里成功地避免了祸患。

一个成功的领导者，具有从眼睛中看透心理活动的本领，在管理上往往能够事半功倍，无往而不胜。总体上来说，眼神清的人，通常表示此人清纯、澄明、无杂念、端正、开明。眼神浊的人，往往昭示此人昏沉、驳杂、粗鲁、庸俗和鄙陋。而生活中，常有那些仪表不俗、举止轩昂之辈，想一眼识破他的行径，就可能比较困难了。美国的一个著名的心理学家罗伯特针对这种情况给我们提出了不少的建议。在他的一本书中他分析道：

（1）下属目光呆滞黯淡，通常说明他是个没有斗志而肃然无味的人，你可以努力地挑起他的工作欲望。

（2）下属目光忽明忽暗，有可能说明他是工于心计的人，他很难接受语言的诱惑。

（3）下属目光飘忽不定，通常表示这是个三心二意或拿不定主意、紧张不安的人。

（4）下属眼睛闪闪发光，通常表明对方精神焕发，是个有精力的人，对会谈很感兴趣，同时也意味着他是很难应付的人。

（5）下属目光炯炯有神，一般看来他是个有胆识的正直之人。

心理学家埃伯斯在《领导者如何了解下属的心理》一文中说道："假如一个下属眼睛向下看，而脸转向旁边，表示你被拒绝了；如果他的嘴是放松的，没有机械式的笑容，下颚向前，他可能会考虑你的提议；假如他注视你的眼睛几秒钟，嘴角乃至鼻子的部位带着浅浅的笑意，笑意轻松，而且看起来很热心，那么这个下属就值得信赖。"从眼睛识人，是一种领导者判断下属的良策。

透过言谈举止识人

人的言辞往往流露了一个人的本性，通过言谈举止来透视下属是一个最直接也最经济的办法，但这也是一种复杂的艺术，因为每一个人都有言不由衷的时候，所以作为一个老板掌握从言辞判断下属的性格的方法是一项必备的管理技巧。

在日常生活当中，善于观察的人能从偏颇的语言中知道对方性格的特点，就像孟子所说：错误的言辞我知道它错在何处，不正当的话我知道它背离在何处，躲躲闪闪的话我知道它理屈何处。其实从其言辞分析其性格，说起来很简单，但是其中往往蕴含着很大的学问。

有的人言辞偏颇，这些不当或夸大的言辞常在忘乎所以时出现，例如不论在人们之间高兴或不高兴，人们都容易夸大了坏处的话。凡是夸张的话都好像是说谎，正因为如此人们都不大会相信，而传达这种不大令人相信的话的人往往要遭到祸殃。在我们的周围，有的人言辞锋锐，抓住对方弱点就不放手，看问题往往一针见血，往往能说到点子上，展现了其非凡的才能。领导在用人时，应考虑他在这方面的优点，这种人能够成为公司中难得的栋梁之才。

有的人侃侃而谈，宏阔高远却又粗枝大叶，不大理会细节问题，这种人往往志大才疏。优点是考虑问题志向远大，善从整体上把握事物，大局观良好，缺点是理论缺乏系统性和条理性，论述问题不能细致深入，做事往往不能考虑周全、面面俱到。

有的人不屈不挠、公正无私、原则性强、是非分明、立场坚定，缺点是处理问题不善变通、非常固执，但是如果巧妙地运用这种人，往往也能够发挥巨大的作用。

有的人知识面宽，随意漫谈也能旁征博引，各门各类都可指点一二，显得知识渊博，学问高深，正像古人所说的“才高八斗”。但是这种人的缺点是脑子里装的东西太多，系统性差，往往眼高手低，如能增强分析问题的深刻性，会成为优秀的、博而且精的全才。这种人也往往反应不够敏捷果断，转念不快，属于细心思考型人才，如能加强果敢之气，对新生事物持公正而非排斥态度，会变得从容平和，有长者风范。

有的人接受新生事物很快，听到新鲜言辞就能在日常工作中活学活用，而且往往都可以小试牛刀。缺点是没有主见，不能独立，如能沉下心来认真研究问题，形成自己的一套思路，无疑会成为业务高手。

有的人独立思维好，好奇心强，敢于向权威说不，敢于向传统挑战，开拓性强。缺点是冷静思考不够，易失于偏激，可利用他们做一些有开创性的事。

有的人用意温润，性格柔弱，不争强好胜，不轻易得罪人，可以说是一个老好人。缺点是意志软弱，胆小怕事，雄气不够，怕麻烦，如能增强毅力，知难而进，勇敢果决，会成为一个外有宽厚、内存刚强的人。

单单了解以上的这些语言跟性格之间的关联还是不够的，关键是对于这些东西活学活用，正如德国一个著名的哲学家说的：“对于一个优秀的人才来说，单单掌握理论是不够的，重要的将这些理论化为现实的力量。”对于一个领导者来说，其在这方面首要的一个步骤是，学会如何从谎话中识别人。

小时候父母就教导我们，不要说谎，并反复告诫我们，说谎是人变坏的开始。但是不论是生活中还是工作中这种事都是很难避免的。这种说谎的艺术随着年龄的成长变本加厉，当我们小的时候说谎时明显地用手遮住嘴巴，并且脸会羞愧地变红，潜意识是想防止谎话从嘴里出来，长大后这种手势则变得精练而又隐蔽。许多成人会用假咳嗽来代替，还有的则是用大拇指按住面颊，或用手来回抹着额头。女性说谎最常见的是用手撩耳边的头发，似乎企图把不好的想法撇开。再如，你去同事家串门，尽管主人表示欢迎，但多次看表，那表明此时你的来访打扰了他；告别时，尽管他再三挽留，而身体准备从沙发上起来，眼光瞟向门边，则表明你的离开是时候了。

心理学家研究证明，一个人一开始说谎，身体就会呈现出矛盾的信号：面部肌肉的不自然，瞳孔的收缩与放大，面颊发红，额部出汗，眨眼次数增加，眼神飘忽不定。尽管说谎者总是企图把这些信号隐藏起来，但是往往很难如愿。而且一个人在电话里说谎比当面说谎要镇定从容。利用这一特点，老板在与下属谈话时应该尽量单独面谈，与下属面对面，目光直视，这样就会让其体态语言暴露无遗。应该让下属背靠墙，从而解除他的防备心理，这样会使他谈话时候坦白一些。

有时，对方谈吐的速度、口气、声调、用字等，蕴藏着极为丰富的第二信息，撩开罩在表层的面纱，能探知一个人的内心真实想法。一般来说，如果对方开始讲话速度较慢，声音洪亮，但涉及核心问题，突然加快了速度，降低了音调，十有八九话中有诈。因为在潜意识里，任何说谎者多少有点心虚，如果他在某个问题上支吾其辞，吞吞吐吐，可以断言他企图隐瞒什么。倘若你抓住关键的词语猛追不放，频频提问，说谎者就会露出马脚，败下阵来。

在这一方面我国晚清杰出的政治家和军事家曾国藩就是一个很好的例子。他指出：“观人之道，以朴实廉价为质。有其质而附以他长，斯为可贵。无其质，而长处亦不足恃。甘受和，白受采，古人所谓无本不立，义或在此。”可见曾国藩非常强调从言谈的举止之中去分辨一个人，他进一步分析道：“将领之浮滑者，一遇危险之际，其神情之飞越，足以摇惑军心；其言语之圆滑，足以淆乱是非，胡楚军历不喜用善说话之将。”

可见，曾国藩的观察人才的标准，以朴实廉正耿介为最本质的。有了根本再使其有其他特长，这是难能可贵的。没有根本，其他特长也不足倚重。甘甜的味道容易调和，洁白的底色容易着彩，古人所说的没有根本不能成器，就是说的这个意思。

作为一个领导更要认真学习曾国藩的用人识人的艺术，用真诚之心自我约束，虚心与人相处，公司的事业就会蒸蒸日上。

从眉毛读懂人的情绪波动

当你与下属做面对面的交谈时，可以通过眼眉的运动和前额皮肤的舒张，做出不同的表情，这些动作在传递情绪的变化时是非常重要的。每当我们的心情改变，眉毛的形状也会跟着改变，而产生许多不同的重要的信号。

前额、太阳穴、眉毛组成的额头，是人类智慧的象征，也是人类区别于其他动物的一个标志；而眉毛的活动，则是一个人情绪变化的反应。心理学家指出，眉毛有20多种动态，不同的动态可以表示不同的情绪。与眉毛动态相关的心理主要有：

（1）双眉上扬，表示非常欣喜或极度惊讶。

（2）单眉上扬，表示不理解、有疑问。

（3）皱起眉头，要么是对方陷入困境，要么是拒绝、不赞成。

（4）眉毛迅速上下活动，说明心情愉快，内心赞同或对你表示亲切。

（5）眉毛倒竖、眉脚上拉，说明对方极端愤怒或异常气恼。

（6）眉毛完全抬高表示“难以置信”。

（7）眉毛半抬高表示“大吃一惊”。

（8）眉毛正常表示“不做评论”。

（9）眉毛半放低表示“大惑不解”。

（10）眉毛全部降下表示“怒不可遏”。

（11）眉头紧锁，表示内心忧虑或犹豫不决。

（12）眉梢上扬，表示喜形于色。

（13）眉心舒展，表示其人心情坦然、愉快。

每当我们的心情改变，眉毛的形状也会跟着改变，从而产生许多不同的重要的信号，下面我们从7个方面来详细地分析。

（1）低眉。又称皱眉。眉毛并非垂直降低，同时也略微内向，使眉间距离更加接近。当感觉受到侵略、心感恐惧时，人们往往会皱眉。

在遭遇危险时，光是低眉不够保护眼睛，还得将眼睛下面的面颊往上挤，以尽可能提供最大的防护，这时眼睛仍保持睁开并注意外界动静，这就形成了皱眉的动作。这种上下压挤的形式，是面临外界攻击时典型的退避反应，眼睛突然见到强光照射时也会如此。当人们有强烈的情绪反应，如大哭大笑或感到极度恶心时，也会皱眉。

一般人常把一张皱眉的脸设为凶猛，而不会想到那其实和自卫有关。一个大笑而皱眉的人，其实心中也有轻微的惊讶成分。

皱眉有时还可代表诧异、怀疑、否定等。

（2）扬眉。眉毛不是垂直上升，当眉毛扬起时，会略微向外互相分开，从而造成眉间皮肤的伸展，并使短而垂直的皱纹拉平。同时，整个前额的皮肤被压挤向上，造成水平方向的长条皱纹。

当人的某种冤仇得到伸张时，常会扬眉吐气。一个眉毛高挑的人，正是想逃离庸俗世事的人，通常有自炫高深的傲慢表现。双眉一起上扬，表示非常欣喜或极度惊讶；单眉上扬，表示对别人所说的话、做的事不理解。扬眉还可以表示危机减弱时，重新审视周围的环境。

眉毛打结，指眉毛同时上扬或相互趋近，和眉毛斜挑一样。

（3）眉毛斜挑。这是前述两种动作的混合，两条眉毛一条降低，一条上扬。它所传达的信息是介乎扬眉与低眉之间，半边脸显得激动，半边脸显得恐惧。这种动作的人，心情通常处于怀疑状态，扬起的那条眉毛就像是提出的一个问号。

（4）眉毛打结。眉毛同时上扬及相互趋近，和眉毛斜挑一样。这种表情通常表示严重的烦恼和忧郁，有些慢性疼痛的患者也会如此。急性的剧痛产生的是低眉而面孔扭曲的反应，较和缓的慢性疼痛才产生眉毛打结的现象。

在某些情况下，眉毛的内侧端会拉得比外侧端高，从而形成吊梢眉似的夸张表情，一般人如果心中并不是那么悲痛的话，是很难做到的。

（5）眉毛闪动。眉毛先上扬，然后在几分之一秒瞬间内再下降，这是一种友善的行为。这种向上闪动的短捷动作，是全世界人类通见的重要欢迎信号，当两位久别的老朋友相见的一刹那，往往会出现这种动作，而且常会伴随着扬头和微笑。但在握手、亲吻和拥抱等亲密接触的时候很少出现。

眉毛闪动如果出现在对话里，则表示加强语气。每当一个人说话时要强调一个字时，眉毛就会扬起并瞬即落下，这是在表示："我说的这些你可要听清楚了！"

（6）眉毛连闪。即眉毛闪动动作在短时间内连续数次。这是一种丑角的表情，以夸张地表示欢迎。

（7）耸眉。眉毛先扬起，停留片刻后再降下，通常还伴有随着嘴角迅速往下一撇，而脸上其他部位却没有什么明显的动作。耸眉所牵动的嘴形是忧伤的，有时表示是一种不愉快的惊奇，有时则表示无可奈何。此外，人们在强调他所说的话时，也会不断地耸眉。

从脚就知道下属信不信任你

当我们和下属进行谈话，或与客户进行谈判时，如果对方对你不信任，即使他脸上堆满假笑，脚还是会呈现抗拒，甚至表现出想逃开的姿态。如果你发现对方口头上一路附和你，膝盖却愈来愈往旁边偏，就表示他是在随口敷衍你。

人类学家通常会告诉我们："脚是最诚实的传讯者。"因为多数的人都可以控制腰部以上的表情和动作，唯独这离大脑最远的肢体无法随心所欲。

事实上，动物的双腿原本就是朝向“解除危机”而演化的，所以，当人们潜意识或生理上发现不对劲时，双腿的动作也会跟着紧绷，呈现随时离开的状态。

当我们和下属进行谈话，或与客户进行谈判时，如果对方对你不信任，即使他脸上堆满假笑，脚还是会呈现抗拒，甚至表现出想逃开的姿态。如果你发现对方口头上一路附和你，膝盖却愈来愈往旁边偏，就表示他是在随口敷衍你。

那么，对方的脚究竟说了什么？

两只脚踝相互交叠，你就应该注意此人是不是正在克制自己。因为，人们在克制强烈情绪时，会情不自禁地脚踝紧紧交叠，交易场上或其他社交场合中，当一个人处在紧张、惶恐的情况下，往往会做出这种姿态。

在谈判时，当对方身体坐在椅子前端，脚尖踮起，呈现一种殷切的姿态，就是愿意合作，产生了积极情绪的表示。这时，善加利用，双方就可能达成互惠的协议。

说话时，身体挺直，两腿交叉翘起，这一姿势表示怀疑与防范。所以，在谈判推销商品或个人交往中，要注意那些“跷二郎腿”的人。而对那些坐在椅子上而跷起一只脚来跨在椅臂上的人要引起警惕，因为这种人往往缺乏合作的诚意，对别人的需求漠不关心，甚至还会对你带有一定的敌意。

两手插入口袋、拖着脚步、很少抬头注意自己在往何处走的人，往往是心情沮丧的人。

双脚自然站立，左脚在前，左手习惯于放在裤兜里。这种人的人际关系较为协调，他们从来不给别人出什么难题，为人敦厚笃实。这种人平常喜欢安静的环境，给人的第一印象总是斯斯文文的，不过一旦碰上比较气愤的事，他们也会暴跳如雷。

双脚自然站立，双手插在裤兜里，时不时取出来又插进去，他们比较谨小慎微，凡事三思而后行。在工作中，他们最缺乏灵活性，往往生硬地解决很多问题。他们大都经受不起失败的打击，在逆境中更多的是垂头丧气。

两脚交叉并拢，一手托着下巴，另一手托着这只手臂的肘关节。这种人对自己的事业颇有自信，工作起来非常专心。

两脚并拢或自然站立，双手背在背后。他们大多在感情上比较急躁，这类型人与他人一般都相处比较融洽，可能很大的原因是由于他们很少对别人说“不”。

两脚平行站立，双手交于胸前。此类人具有强烈的挑战和攻击意识。

将双脚自然站立，偶尔抖动一下双腿，双手十指相扣在腹前，大拇指相互来回搓动。这种人表现欲望特别强，喜欢在公共场合大出风头。如果什么地方要举行游行示威，走在最前面的、扛着大旗的就是这种人。

喜欢用腿或脚尖使整个腿部颤动，有时候还用脚尖磕打脚尖或者以脚掌拍打地面，这种人最明显的表现是自私。他们很少考虑别人，凡事从利己主义出发，他们经常给周围的朋友提出一些意想不到的问题。

人的心理处于紧张状态时，两腿便会不停地抖动，或者用脚轻敲地面。

当人不感兴趣或感到厌烦时，会重复不断地跷腿，一会儿左腿放在右腿上，一会儿右腿放在左腿上，表示他不想谈下去了。

说话时的“小动作”比语言更说明问题

一个人不耐烦的时候，可以控制自己的声调和表情，让别人不会发现他的不耐烦。但是他的肢体在下意识中就会做出一些透露他心中讯息的动作，而这些是人无法去伪装的，就算他的肢体表演功力很高，也会不自觉地露出一些破绽。

在与朋友谈心事的时候，有些人往往会有一些下意识动作参与其中。这些不经意的动作可能常常被人们忽略，不过，通过它们也可以洞悉别人的内心深处。美国心理学家威廉·詹姆斯说：“动作好像是跟着感觉的，但在实际上动作和感觉是同时发生的，所以我们直接用意志去纠正动作，也就是间接纠正了感觉。”

通常情况下，人的下意识动作有以下四个：

1. 谈话时，手会不停地搓揉着耳朵

这种人要么自己无法安静下来，要么就是很喜欢讲话，不喜欢当听众。通常一个人不耐烦的时候，可以控制自己的声调和表情，让别人不会发现他的不耐烦。但是他的肢体在下意识中就会做出一些透露他心中讯息的动作，而这些是人无法去伪装的，就算他的肢体表演功力很高，也会不自觉地露出一些破绽。如果你发现你的听众一直地摸耳朵，这个时候，你最好停下来征询一下对方的意见。不然，很有可能是你说你的，他烦他的，这样，你们的人际关系就不容易搞好了。

2. 谈话时，手会不停地触摸下巴

这种人是一个很喜欢思考却又很敏感的人，常常一个人陷入沉思中，连你在讲什么他都听不见。如果下次见到他，再提起上次聊天的事的时候，他一般都答不出来。这种人虽然是喜欢想东想西，但是还不至于会去算计别人，只是有时候会钻牛角尖，一个人陷入思考的迷宫中走不出来，在人际关系的表现上也是比较神经质一点。所以，对一些事情要给他一些暗示，不然，他就会一个人乱想。

3. 谈话时，一只手会不经意地撑着脸颊

这种人不太爱冲动。通常是整天懒懒散散地，做什么事都提不起劲，对于朋友的事也不会很热心，似乎一整天就想发呆。他会一只手撑着脸颊，表示他无法专心地听你讲话，只期待你快点结束话题，或者是轮到他发言。事实上，他也不是真有什么话要讲，只是觉得你的谈话很烦而已。如果你跟他不是很熟，你在讲话时看见他一只手撑着脸颊，那你最好赶快结束话题，不然就是换一个他感兴趣的话题，才不会得罪对方。

4. 在和朋友谈话时，拇指托着下巴，其余手指遮着嘴巴或鼻子

这种人办事很有主见。因此他在讲话时，总是以手捂住嘴巴附近的部位，这就暗示他似乎不是很同意你的说法，只是他不好意思说出来，而这种动作就是潜意识怕一不小心说漏嘴的防卫姿势。

通常会以手遮住嘴巴或鼻子的人，在心理的反应上有两种可能，一个就是想反驳你，一个就是在说谎。你了解了这种肢体的反应之后，如再遇到他有这种姿态，就可更仔细地观察他是在听你讲话时遮嘴，还是说话时遮嘴。如果是说话时，那就很明显地是言不由衷；如果是听你说话时，那就是不同意你的说法，你说话时最好有所保留。

从语言习惯看人内心

习惯性语言的形成除了社会性、阶层性和区域性的语言差异外，还因为个人素养、气质的不同而不同。所以习惯性语言能表现自我个性，固有的语言习惯往往比说话的内容更能表现其深层心理。

人的动作表情中，最常被利用来捕捉对方特性的，是语言习惯，即一个人说话的腔调、声调的高低、音量的大小、声音的粗细等外部特征，以及遣词造句一类的语言表达方式的特征。语言的表达方式包括词的选择、句法语序的组织和如何措辞等。

1. 从话题上看人内心

在人际交往中，通过话题透视别人的深层心理，一是要从话题的内容去了解，二是从话题的展开方式去探索真意所在。

话题的选择因人而异，一般与说话者有切身关系。一种人总喜欢谈自己以及子女、配偶等的家事，他们做事以自己为中心，任性，难以顾全大局，是一种心理发育不成熟的表现，因为幼儿都喜欢说我怎么样怎么样。另一种人从不谈自己而专门谈别人的隐私，想了解对方的心理和弱点。如果是发生在男女之间，那就是一种深切的爱情或关心的表现。这两种类型的人都以女性居多。还有一种人喜欢谈新闻人物、演员、明星的隐私或丑闻，许多期刊杂志都以此争取读者，最典型的代表就是少男少女中的“追星族”，如果是成人还迷恋此道的话，就是出于一些复杂的心理因素，有的是借此驱散寂寞无聊的心情，有的是借此表达是非观点，还有的是表现自己广见多闻。

从话题的展开方式上来看，话题不一定能直接表现人的爱好与关心。社会结构越复杂，人类意识越是压抑，而压抑的意识自然会以一种扭曲的形式表现出来。一位瑞典学者做过一项有趣的调查，以两百名女性员工为调查对象。结果，她们说是因工资低而不能安心工作，实则是对工作本身不感兴趣。有的人突然岔开话题，这是自我显示欲很强的表现，这种人蔑视他人，唯我独尊，不会顾全大局、关心他人。有的人善于追踪话题，使对方的话题扩展开来，能将对方的情况掏出来，这类谈话专家以记者居多，也是其职业需要。有的人善于倾听和开导，他们有着宽容而善良的心，能深入了解他人。有的人谈话没有中心，“下笔千言，离题万里”，如同写作毫无脉络，他们情绪不稳定，或逻辑思维能力弱，无法系统归纳，也许自以为内容丰富，而实际上支离破碎。

2. 习惯性语言

习惯性语言的形成除了社会性、阶层性和区域性的语言差异外，还因为个人素养、气质的不同而不同。所以习惯性语言能表现自我个性，固有的语言习惯往往比说话的内容更能表现其深层心理。

容易显示人的语言习惯，主要有以下几种：第一人称语；借用语；敬语；思考语；附会语；流行语。

（1）第一人称语。第一人称语就是有意识地强调自我，开口便是“我以为……”“我说是……”等话语。这是自我意识很强且高度自信的表现，美国心理学家李彼得和怀特研究的结果表明：领导人为专制型的团体成员与领导人为平均主义者的团体成员在语言上的区别是后者一向使用复数人称，将“我”隐入“我们”之中。

（2）借用语。借用语就是用自己的语言说话时，特别喜欢借用警句名言、事例数据来表达意见。这种借名人的光来提高个人说话权威性的情况叫“背光效果”，这种人通常被认为缺乏自信心，或表达了对权威的憧憬。有些爱用生僻词，拗口语者则是炫耀自己知识面宽的表现。

（3）敬语。在人际关系中，最能表现心理的语言是敬语，它是心理的润滑剂。刻意堆砌敬语，此人心中必有某种企图。有时敬语是嫉妒、敌视、轻视或戒心的反向表现。本来是关系亲密的人，忽然使用敬语，则表示关系的冷漠与疏远。如果谈话当中一直使用敬语，则表明自卑或隐藏着戒心和敌意。

（4）思考语。思考语是表明人们思考动态的言词，多属连接词。相当于英语中“and”，即“然后”“接下来”等。常说思考语的人表示其思绪松懈、条理层次不清。还有使用“但是”“然而”等表示连接的思考语，这种人常在说话时整理思绪，思考力强，是聪明的表现。使用“毕竟”“果然”等思考语，说明其意志坚决，性格强硬，政治家常以此作为口头禅。还有常使用“呃”“啊”“唔”等词语来寻找和应接下面的话，表示其人缺乏信心，不敢说出己见。

（5）附会语。在对话中，听者可能不时插上一些附会言者的话，表示对其所言的赞同，这就是附会语。附会语有两种：一是重视对方所言，让对方了解自己在认真倾听，并附带着表情（如点头），表示肯定和接受对方的所言。由此消除对方心理障碍，以便探明真意。二是帮腔，帮腔者往往连对方说什么都不清楚，就假意附和。常用附会语者或没有主见，或心有所图，或为拍马屁者。

（6）流行语。使用流行语的往往是年轻人，喜欢赶时髦，缺乏自我主见，惯于不加分析地附和，追求统一步调，同时对权威表现出怯弱的服从性。

3. 从语气透视他人的内心

说话的语气就像表情一样，传达言外之意，还充分表达着言者的内心感情，以增强说话的感染力。语气的不同，可以使表达的意思完全相反，没有语气的语音不仅难听，往往使人不知所云。说话的语气，包括声调、速度、抑扬顿挫、感情修饰等，无不是在增强语言的内容和效果，好的播音员，不仅音色好，还善于调整语气，来拨动人们的心弦。

说话的特征之一是速度。速度快的人多半能言善道，但有时失之于轻浮；速度慢的人要么迟钝木讷，要么说话有分量，一句千金。如果速度快者突然变慢，是对谈话的人或话题不感兴趣。速度加快则往往是在说谎，比如男人在外面拈花惹草之后回家时往往话多，是因为内心有不安和愧疚的感觉。

声调是语气的又一特征，人在情绪激动时，声调往往会提高。人的话语与所表达的意图不一致时，声调就会异常，即常说的阴阳怪气。

节奏是另一个特征，节奏主要表现为抑扬顿挫。有人刻意做出抑扬顿挫，目的是要吸引他人的注意。人在理直气壮时，说话就有节奏感，没有自信、心怀鬼胎的时候，说话往往慢吞吞而无节奏。还有的语气暧昧，常使人不知所云。

4. 从谈话的姿势识人

说话的姿势与语气一样，表明了一个人对待对方的态度。如抱着两臂或将两手背到身后与人交谈，表现出一种自高自大的优越感。两手无力地吊在身旁，或坐着时手放在膝盖上，是谦逊客气的态度。以立正的姿势听人讲话，是畏怯、紧张和服从的表现。有人低着头、脸朝下，上半身松松垮垮的，无力耷拉着脑袋说话是羞怯、自卑或犯罪感的体现。在交谈时，不停地动手或动动脚，是情绪不安、脾气暴躁、容易发火的人的表现。

5. 讲话的方式与性格

讲话容易冲动，讲个没完的人，干其他事也和说话一样易冲动，拼命地去干。相反，说话犹豫不决，吞吞吐吐，咬文嚼字的人，干事瞻前顾后，踌躇不决。有一名叫亨特的心理学家，按照弗洛伊德性格检查法的方式，选择了二十几个性格最外向和最内向的高中生，让他们口头描述一件事物，然后再朗读一段文字材料。实验的结果是：外向者的语言表达能力要么非常好，要么非常糟；内向者没有两极分化，既无特别好的，也无特别差的。在朗读方面，外向者与内向者相比，语调的误差小，漏读的也少，声音的变化不大，数字也读得清楚快捷。在口述方面，外向者比内向者讲的时间长，且常使用语义含混的词句。这结果因为测试的人数少故不具代表性，仅供参考。

从工作表现识别人才

在一个企业里，一些工作人员的巨大潜力被无谓地浪费掉或不能得到充分的发挥，是常有的事。为了企业的利益，主其事者应善于识别企业里的人才，使之不被埋没。

怎样识别你企业里的人才呢？可以从以下几个方面进行考查。

1. 他有没有雄心壮志

人才必然有取得成就的强烈愿望，他通过更好地完成工作，不断地寻求自己发展的机会。

2. 有无需要求助于他的人

如果你发现有许多人需要他的意见、建议和帮助，那他就是你要发现的人才。因为这说明了他具有解决问题的能力，而他的思想方法为人们所尊重。

3. 他能否带动别人完成任务

你应注意是谁能动员别人进行工作以达到目标，这样可以发现谁具有管理方面的能力。

4. 他是如何作出决定的

你应注意能迅速转变思想和说服别人的人，一个有才干的高级管理人员往往能在相关信息都已具备时立即作出决定。

5. 他能解决问题吗

如果他是一个很勤奋的人，他从不会去向老板说："我们有问题需要解决。"只有在问题解决了之后，他才会找到老板汇报说："刚才有这样一种情况，我们这样处理，结果是这样的。"

6. 他比别人进步更快吗

一个人才通常能把上级交代的任务完成得爽快更好，因为他致力于做"家庭作业"，他随时准备接受额外任务。他认为自己必须更深地去挖掘，而不能只满足于懂得表面。

7. 他是否勇于负责

除上面提到的以外，勇于负责是一个企业人才的关键性条件。

不能重用的员工

1. 不忠诚于统帅的士兵

一个不忠诚的士兵如果在战场上遇到困难，往往会违背统帅的指挥而独立行动。同样，如果员工对企业不忠诚，就会处处为自己的利益着想而不顾企业的整体利益。对企业或公司不忠诚的员工，通常会有如下的表现：遇到困难往后退，犯了错误不承认，看见便宜就想占，别人晋升就眼红，一天到晚想辞职……

试想一下，如果公司里的多数员工都是骑驴找马的不忠诚者，公司还会有理想的效益和发展壮大的可能吗？没有哪个公司的老板是傻子，他们提拔员工的一个重要标准，就是看员工是否忠诚。一个不忠诚的员工，是不可能得到老板或上司提拔的。

2. 业务不精，表现平庸

无论从事什么职业都应该精通它。精通自己工作领域中的所有问题，业务掌握得比别人更熟练、更精通，才会比别人有更多的机会获得晋升和更长远的发展。

而在职场中，恰恰就有很多业务不精、表现平庸的员工，每天都以混日子的态度在工作，他们不上进、不学习，自甘堕落，不敢改变自己，最终得不到上级的提拔，甚至会因此被辞退。

业务不精、表现平庸以及带来的连锁反应，的确让企业管理者头疼。一般来说，老板会从公司成本方面考虑，所以不会普遍使用优胜劣汰的办法，轻易否定某个员工。然而，老板在做出了相当的努力和鼓励后，对于那些确实工作态度差、主观不努力、品质低下、不够敬业、给公司造成不良影响的员工，就只好采取淘汰的手段了。

3. 怨天尤人，满腹牢骚

在现实生活中，由于各种纠缠不清的利益，各种压力和不公平的待遇在所难免，所以人们难免发发牢骚，让心理平衡一下，这有益于健康。但在工作中，常有一种员工，总认为做老板的只是用“忠诚”和“敬业”来蒙骗员工，这不过是老板剥削员工的一种手段。他们不管干大事小事，都怨天尤人，满腹牢骚。撇开那些工作和生活上无伤大局的鸡毛蒜皮不说，他们宁愿抱怨和发牢骚，也不愿将精力集中到工作上。他们对一切都采取“鸡蛋里面挑骨头”的态度，什么都行不通，处处泼冷水，常常以否定的语气来评论同事，以悲观的语气评价公司前景，仿佛大祸随时会来临。

很多员工在遭受不公平与挫折待遇时，往往会采取消极对抗的态度。他们一方面希望得到别人的同情与注意，另一方面又竭力掩饰自己的底气不足，于是，大发牢骚，以此来发泄不满。然而，这种举动不仅起不了什么作用，反而会失去很多，老板也很提防这样的人。大多数老板认为，这种员工不仅惹是生非，而且造成组织内彼此猜疑，影响团队建设。所以，要成为一个成熟的职场人士，必须克服爱发牢骚的毛病，停止计较过去的事，不要再对自己遭到的不公正待遇而耿耿于怀。

许多公司的老板深受抱怨和发牢骚者的困扰，有的员工会因此与老板争吵，使本来的好事情产生了坏结果。

4. 暗中陷害他人

正所谓“明枪易躲，暗箭难防”。这句话用在办公室里的那些为数不多而又事实上存在的暗中陷害他人的员工身上，再恰当不过。同时，对于老板而言，那些来自于“暗中”的消息，也往往容易迷惑人，也很“难防”。不过“暗箭”毕竟是“暗箭”，是职场中最不能接受的，当别人发现某些员工喜欢射“暗箭”时，这支“暗箭”将会射向他自己。

在企业中，偶尔会碰到以暗箭伤人的方式表示不满的员工。如果你是一家公司的老板，遇到这些情况，我想你也会快刀斩乱麻地解决这个问题。首先确定员工是否还可挽救，然后开始进行激励他们改变行为的工作。如果没有留下他们的必要，赶紧将他们辞退以解决问题。

暗中陷害别人的手段和做法很显然有损人际关系，降低公司效率，不过还是有很多员工这样做。他们所不了解的是这样做会让他们置于两败俱伤的境地，身为这种员工的上司，无疑会对他们失去信任。暗中陷害别人往往是由于同事间的冲突引发的，而向领导告状的人可能很少有或没有解决冲突的经验。在他的想法中，在老板或领导面前陷害对方是解决问题的一个可行的办法。

“林子大了，什么鸟都有。”职场中难免有暗中陷害别人的小人。办公室里因为这种人而乌烟瘴气、是非不断，严重影响员工合作和工作效率。

5. 喜欢越权

老板对权限的看重，绝不仅仅是因为个人感情上的优势，而是管理的一种需要。富于现代领导意识的老板，不仅懂得如何授权，有时还会下放自己的某些权限，把本属于自己做的一些工作交给他认为值得信赖的下属去做。此时，作为下属，一定要认真备至，全力以赴，发挥自己的极限水平去做好。替领导分担工作，排忧解难，是最及时，也是较难得的配合。但是，下属绝不能因它的难得而得意忘形，一不小心就超越了高于工作需要的权限，那将势必劳而无“功”。应当注意的是，这种授权必须是领导的主动委派，一般情况下员工最好不要主动要求，以免领导认为你插手太多，有越位之嫌，也避免因自己干不好而使上级产生反感，认为你不自量力，喜欢表现自己，争功买好等。对一些非常规性的、职责界限模糊的工作，最好请示领导自己是否该做。否则，往往会不自觉地造成越权行为，好心办错事。

在所有超越权限的行为中，最为老板所难以接受的，莫过于在决策上的越位了。因为决策是一个老板最本质的工作，连这个权限也要超越的员工，无疑就是“篡权夺位”。

6. 不敢承担责任

一个员工如果不能明确自己的责任，就不能认清失败的原因，当然也无法处理失败导致的后果。这样的员工非但不能促进自己改正错误，反而会落入一错再错、怪罪别人、不思进取、重蹈覆辙的恶性循环中去。

工作就意味着责任，就意味着既要有干好工作的责任心，也要有承担风险的责任心，更要敢于在工作出现失败的时候主动承担责任。工作中出现差错是常有的事，这总是与自己处事不当有关，不仅不可推卸责任，更不能说这是因为老板的指挥失误。

当然，我们并不提倡为了晋升而替领导背黑锅的做法，该是谁的责任，就应该由谁来承担，这是天经地义的事情，关键的问题是，如果属于有关你的责任，你就不应该推脱。一旦犯了错误，先别急着为自己找借口，这只能断送自己的前程，因为错误已经成了事实，最大的原因就是你的失误，其他借口都是次要的。

那些推卸责任的员工常常不能面对现实，或者扭曲现实。心智不成熟的人总是怪罪别人，包括老板、秘书、公司，甚至于命运、手气、星相、任何人、任何事，只除了他自己。心智比较成熟的人则会自问："我到底什么地方不对劲，出了这种差错？""我疏忽了哪一件事？"最后则思量："下次我要怎样做，才能避免失败，达到目的？"

7. 时间观念淡薄

时间观念薄弱往往是严重影响正常工作和公司效益的一个重要原因。那些时间观念淡薄的员工上班迟到后，理由还很多，甚至觉得自己常常超时工作，迟到也是应该的。这就不仅仅是一个迟到的问题，而是一个人工作态度和观念的问题。

有的员工会以塞车作为迟到的理由，实际上只要提前估计一下交通情况、选择适合的交通工具后，除非遇上意外，不然的话你一定能准时抵达公司。何况，不论何种理由，迟到总是违反制度的，而超时工作是你有责任感的表现，但如果老是迟到的话，就等于打个平手，不管你工作是否到深夜，老板也会认定你迟到的事实，那就太不划算了。所以，不要为迟到寻找借口。

时间观念薄弱的人常常会感觉到空虚、无聊和心理不健康，这不单单是缺乏实际的生活目标，它的根本原因是个人时间的荒芜所导致的心灵虚弱和空洞化。他不是不愿意有目标，而是因为他不知道如何合理安排和利用时间，也就没有足够有意义的生活经验来发展良好的自我功能，去发现目标和生活的意义。一些成年人，他们荒废时间以后就变得消极颓废，有些人到了30

岁出头，就开始沉溺在平淡舒适的平庸生活之中。他们将别人拼搏的时间花费在了看电视、打牌中，甚至不去工作。他们没有学习，没有充分运用时间来培养自己的心智，如果他们不觉醒并改变生活方式，就会一事无成。

第四章

是金子要及时发光，解读面试官微行为揣摩其心思

给他人留下美好第一印象的十大金科玉律

让我们假设，你要前去参加一次面试，并希望自己能给面试官留下美好的第一印象。请务必记住，别人在见到你的前四分钟内就形成了对你的印象的 90%，而你给他人留下印象中的 60% ~ 80% 是通过身体语言传达的。所以，如何有效利用身体语言美化自己在面试官心目中的形象就成为每一个面试者应该掌握的技巧。简单地说，遵循以下 10 个步骤中的各个原则，你就能为自己树立良好的形象了。

1. 接待处

脱下你的外套，可能的话交给接待员，这样可以避免在进入办公室的时候手臂上挂满各种凌乱的东西或衣衫不整。如果那样的话，会使你看上去显得笨手笨脚。请站在接待处，切记不可随便坐下。接待员可能会坚持要你坐下，因为如果你坐下了他们就容易忽视你，他们就不用来应付你了。采取站立的姿势，把双手握在背后（表示自信），双脚稳站，缓慢向前后晃动身体（表示沉着自信），或者双手做出塔尖的姿势。这种身体语言是在提醒接待员你的存在，而且你正在等待着他的接待。

2. 入口

你进入办公室的姿态会无声地告诉别人你希望对方怎样接待你。当接待

人员对你开了绿灯让你进去时，就请不要犹豫，更不要显得畏畏缩缩，径直走进去即可，切记不可表现得像个站在门口等着见校长的调皮学生一般。当你走进办公室时，请保持你走路的速度不变。有些人在走进办公室时会调整他们的步法，改变他们的速度，而这样往往会给人留下缺乏自信和沉稳气质的印象。

3. 接近对方

当你走进办公室后，如果发现对方正在接听电话，或正打开抽屉查找资料，请直接迈着稳健的步伐自信地走进门去，然后放下你的公事包、文件夹及任何拿在手上的东西，主动和对方握手（当然，如果对方是女性，而你是男性，切记不要先伸手），得到应允后沉稳落座，让对方看到你自信的仪态。

那些慢步走或踱着大步走进办公室的面试者，通常会给面试官留下这样一种印象：他们时间充裕，对自己所做的事情缺乏兴趣，或根本无事可做。当然，如果是退了休的百万富翁采取这种姿势，还是能被人们接受的。但是对于那些想表现出力量、威信、自信或想向异性表现出健康、优秀形象的人士，这些姿势还是收敛为妙。一般来说，那些富有影响力和取得卓越成就的人走路时，步伐轻快，速度中等，步伐大小适中。

4. 握手

当你与对方握手时，一定要把手掌伸直，并使用和对方相同的力量，让对方来决定何时结束握手。当你和面试官间隔着一张长方形的桌子时，你应该从桌子的左侧走到面试官的跟前和他握手，这样你就可以避免“手心向上”的劣势了。在任何情况下，都切忌隔着桌子和对方握手。在见面最初的 15 秒钟内，你应该两次提起对方的头衔，而且每次说话的时间不得超过 30 秒钟。

5. 坐下

如果你不得不面对着对方坐在一个较低的位置，那么请转向和对方成 45° 的方向，这样就可以避免处于一种“受对方训斥”的不利位置。如果你无法转动椅子，那么请转动你的身体。

如果面试时可以自己选择座位，你最好选择坐在面试官办公桌的右侧，因为这样的位置可以让双方的目光无限制地接触，且可以运用许多姿势，你也可以清楚看到对方的姿势。若是一方感到有压力或受威胁，办公桌的角就起到了屏障作用，避免你们之间在尴尬时进行直接的目光交流。

6. 座位环境

如果对方邀请你坐在办公室里相对说来不很正式的地方，比如咖啡桌边，那么这就是一个积极的信号，因为在商务场合中，95% 的拒绝都是隔着办公桌说出的。最好不要坐在较低的沙发上，因为当你坐下之后沙发会下陷，那么你看上去就像是一对巨大的腿上安着一颗小脑袋，这对树立你的形象可没有什么好处。如果你必须坐在沙发上的话，那么请在沙发边上坐直，这样你就可以控制自己的身体语言和姿势，同时让自己的身体朝向与对方成 45° 的方向。

7. 坐姿

当你坐下后，最好不要将两腿和双脚跟并拢靠在一起，双手交叉放于大腿两侧，因为在面试官的心目中，采取这种姿势的人通常非常古板、顽固，不愿接受别人的意见；也不要将双膝并在一起，小腿随着脚跟分开呈一个“八”字形，两手掌相对，放于双膝之间，在面试官心目中，这种人特别害羞、性格内向、不善于交谈。你最应该采取的坐姿是将左腿交叠在右腿上，双手交叉放在左腿上，因为在面试官眼中，这种人具有较强的自信心和顽强的意志，且富有团队精神。

8. 保持微笑

两名刚毕业的大学生一同到一家公司应聘。面对发问，甲滔滔不绝地回答，甚至不等主考官说完就大谈意见，很有“英雄无用武之地”的感慨；而相貌平平的乙却始终面带微笑，平静而又不失机灵地陈述着自己的见解，结果乙被录用了。

究其原因，用主考官的话来说，就是他从乙的微笑中，看见了乙礼貌、自信和稳重的品质，看见了乙潜在的创造力。因此，无论你是生活上求助于他人，还是请求上司变换工作，只要你巧施微笑，你一定会左右逢源，万事皆顺。

9. 距离

尊重他人的个人空间是一个人给他人留下良好印象的必要条件之一。一般来说，当两个陌生人第一次见面时，他们之间的个人空间相对较大，如果你靠对方太近，他就会产生一种压迫感或紧张感。这样一来，他就会往后坐往后靠，或做一些重复的动作，比如敲击桌面。所以，首次和面试官见面时，不要急切靠近对方，而应该保持至少一米以上的距离，给双方留下一个自由的空间，以便双方轻松交谈。

10. 离开

当你结束和面试官交谈准备离开时，你应从容不迫地收拾自己的东西，而不要表现得匆忙或慌张，不然会让面试官觉得你缺乏自信、粗枝大叶，令你的形象大打折扣。如果可能的话，你应该先和对方握手再转身离开。如果你进来时门是关着的，那么当你离开时请将门轻轻关上。人们总是喜欢在你离开时从后面观察你，所以如果你是一名男士，那么请务必将自己的鞋后跟擦干净。这个地方是许多男士所忽略的地方，但这却是许多女面试官所在意的地方。如果女士需要离开时，她们通常会把脚指向大门并开始整理自己衣服及头发，这样当她走出门后就能给人留下较好的印象。正如我们在前面所提到的，隐藏匣里的摄像机显示，如果你是一位女士，不管你喜欢与否，当你离开时，别人都会不自觉地观察你的臀部。所以在你走出门口时，请慢慢转过身来并笑一笑。因为让别人记住你的笑脸当然比让别人记住你的臀部要好得多。

面子很重要，注意修饰自己的仪容

过去企业招人，看重的是学历和能力，而如今，形象已经成为企业更加看重的东西。因为从一个人的形象往往可以看出其生活态度、生活质量和个人素质、道德情操等，由此可以推测出其对事业的态度。因此在面试时，一定要注意修饰自己的仪容仪表，具体可以从以下几点入手：

1. 发型体现干练个性

发型要大方、高雅、得体、干练，以不遮眼遮脸为好，发丝要保持干净整洁。在染发风行的今天，为了追求个性而染发者甚众，但是为了和工作场合与工作性质相符，染发就不能随心所欲，发色要庄重和谐，不能太夸张。

2. 理净脸上的胡须

现代职场中，人际关系中第一印象往往很重要，若是胡子一大把，会让人觉得没有精神。胡须若没有理净，会给人留下办事不利索的印象。为了让合作对象对你有个好印象，为了不给竞争对手可以抓住的“把柄”，一定要让你的下巴干干净净。

3. 皮肤是最好的门面

皮肤是人的门面，也是保护人体的“第一道防线”。即便有花容月貌，也会美中不足，不妨锦上添花，化点淡妆。尤其是有品位、有气质、优雅又精致的职业女性，更不可以素面朝天。因此，职业女性要掌握好职业环境中的彩妆造型技巧，学会基本的职业彩妆的画法。

4. 衣着打扮

很多人可能认为面试时面试官不会在意面试者的衣着服饰打扮，因为这毕竟不是选美。事实上，这种想法是错误的。一份调查显示，98% 以上的面试官都会注意面试者的衣着服饰打扮，尤其是那些女性面试官，几乎 100% 地会注意面试者的衣着服饰打扮。对于那些打扮比较马虎的应聘者，女性面试官会比男性面试官更为挑剔和苛刻。

女性面试官在对男性应聘者进行提问时，或是在面试的间隙，都会留意去观察他们的头发长短，衣服搭配、裤子上有无褶皱，以及鞋子是否干净等。可能很多男性应聘者都不知道在他们走出面试室的时候，女性面试官往往还会看他们鞋子后跟的情况。由此可见，每个应聘者在参加面试前都应注意自己的衣着服饰打扮，以便能给面试官留下一个好印象。

一般来说，应该这样做：衣着要整洁干净，头发要梳理整齐，指甲要干净；所穿衣服裤子应与所申请的职位及工作性质一致，比如应征广告或设计工作，则可以选一些图案特别、款色新颖的领带，以凸显个性。女性则可以穿套装（颜色应浅），并可以略施脂粉，最好不要化浓妆；也不要穿太薄、紧身、性感的衣饰，以及太高或太窄的鞋。

面试不同阶段的身体语言

通常情况下，一个凭借自身实力踏上职业道路的人都会经历一系列大大小小的面试。只有通过了这些面试，你才能拿到职场的通行证。而即便是你已经踏上了职场，你还是要面临各种面试，比如升职面试等。面试通常都是短暂而正式的，面试官会从你的一举一动中阅读你的品质和能力，所以在这些面试中你必须要注意自己的身体语言。

1. 准备

给人的第一印象是极其重要的，而这个第一印象有很大程度上来自你的着装打扮。你可以考察一下你所应聘的公司，知晓它的职员平时是怎样穿着的，然后可以依葫芦画瓢。类似的着装风格可以让你们互相之间找到共融感。如果你没有这份闲情，准备一套简洁大方的套装应该是不错的选择，可以显示出你对面试的重视。

2. 面试中

一般情况下，面试人员会为你提供座位。因为面试本身就是一个关于领土和高低地位的周旋游戏，你的座位是对方确定好了的，你不要想着改变劣势地位而去调整自己的座位，遵循对方为你设定好的规则有时候是很有必要的。

在面试中，你要学会避免目光游离。因为游离、善变的目光会让面试官认为你比较不可信，或者感觉到你的不自信。当他提出一个问题时，你应该留意倾听，并将坚定的、自信的目光停留在问话人脸上 5 ~ 7 秒钟。目光的交流并不是让你直勾勾地盯着对方，有一个小秘诀是将目光集中在对方眼睛与鼻子之间的三角形位置上移动，这样会令人觉得你对他的话十分重视。

当你同面试官交谈时，你可以根据情况改变自己的面部表情。比如当面试官谈及某个观点时，你可以微微点头，表示附和。但不要太过火了，猛烈的点头和干涩的大笑都会让你看起来虚伪。

当你的双手要摆姿势时，将所有的手部动作都控制在下巴和腰之间的范围。移动双手时，确定手离开身体的距离不超过肘部的长度。拍掌、摆弄手指等不经意的小动作可能会使人觉得你很轻浮，不够稳重。所以你的手部动作不要太多。当然，也不要将双手握得太紧，否则会给人握紧拳头的感觉。

面对着面试官，我们前面章节曾谈到的交叉双腿等姿势，这时是绝不适宜的，并且在任何情况下都不要跷二郎腿，这看上去像你与主考官之间竖起了一道屏障。

我们通常都会要求应聘者在面试时不要过于紧张，但实际上适度的紧张感会让对方感到你的诚意，所以如果这个位子并不是非你不可，你就不要摆出一副轻松自如的样子。

3. 面试结束

面试结束的标志一般为面试官询问你是否有不清楚的地方，此时如果你没有一些的确很有意思的问题就应该识趣地结束。你可以稍作停顿，代表你在快速思考，然后微笑着告诉对方你觉得之前的问题已经覆盖了你想知道的事情。

当面试官正式宣告面试结束时，你不要急不可耐地离开。向他微笑几秒钟，让他感受到你的善意和诚意，然后向他表示感谢。做完了这些，你才可以离开。

同样，面试官也需要注重自己的身体语言。面试官的形象和气质通常会被面试官当作公司的整体形象，所以你的身体语言所流露出来的信号也要有所讲究。这里给出的建议是关于在评估面试官的过程中，怎样的身体语言比较恰当。

当你需要对面试官作出评价时，正面积极的反馈自然是愉快的，但也不能显得过于热情，这样会反而会降低对方的成就感，让他觉得太过轻松。而如果是负面的反馈，处理得不好就容易造成尴尬的局面。

通常情况下，不仅是接受消息的人感到尴尬，传达消息的人也会有些许尴尬和窘迫。但你不能让这些情绪在你的身体语言中表达出来，而应该以一种真诚而坦率的态度去面对。可以从肯定性的视觉交流开始，把双手放在对方可以看到的地方来表达你的坦诚。首先谈一些赞誉内容，比如“在……方面，你还是做的不错的”，有眼色的面试官会在此时就感知到负面的结局，从而为其准备好情绪应对。然后你再讲述负面的内容，身体语言要显得积极主动。身体向前微倾，同时保持开放型的姿势，不要交叉双臂，也不要做出头枕双手的动作。用手托着下巴的动作更会让对方觉得你在厌烦他，连一刻也不愿意浪费在他身上了。

如果对方过于沮丧，不要马上做出请他离开的手势。可以静待一会儿，让他情绪平静。然后站起身与他握手。在握手时，可以稍稍用力，让对方知道你对这次面试的态度是严肃的。

站如松，坐如钟

有一位年轻人到一家大公司应聘，在自我介绍时，他身体松垮地斜立着，并且右腿还不停地抖动。面试官让他坐下后，他一会儿跷起二郎腿，一会儿又向前伸脚，身体后倾倚在椅背上。面试结束后，那位面试官告诉他很遗憾公司不能要他，因为他的这些“现场秀”无法让别人产生好感。

这个年轻人的教训是令人警惕的。一般说来，在应聘面谈中，你站立时要站得直——“立如松”，站立时不能下意识地抖动肩膀，或用手搓裤子。正确的站姿是：两脚自然分开为两拳左右距离，身体重心聚在两脚上，双臂自然垂下，挺胸抬头，两眼平视，面带微笑。

男性和女性站立的姿势也是不同的。

男性：男性站立时应面带微笑，收小腹和下颌，两脚平均重心，自然微开成倒“V”字形；并且应抬头挺胸目视前方，给人稳重自信的感觉。

女性：女性站立时，除了抬头挺胸之外，应注意两脚的姿态是否美观。

一般而言，一脚略前，一脚略后，两腿膝盖微微靠拢；双手可交叉于前方或后方。

站姿优美的秘诀在于双脚的位置，不论坐着或走路时，这个位置都是最基本的。优美的站姿需要全身协调，以下是站姿的练习动作：

（1）脚部。右脚的脚踝轻轻靠在左脚的内侧上，右脚是45°，重心放在左脚。

（2）膝盖。前后脚之间轻轻靠拢，不要有丝毫间隙，而且要用力伸直，不可以弯曲。

（3）臀部。双臀紧紧并拢，下半部稍微往前推，上半部稍微往后移。

（4）腰部。和臀部连成一体，从臀部开始用力，将腰部挺直缩紧小腹。

（5）手部。左脚在前时，左手也在前，两手垂放在臀部的两侧，手肘微弯，稍稍离开腹侧。

（6）胸部。从臀部到腰部如果姿势都非常正确的话，胸部的位置应该也很正确，不需要多费力气。

（7）肩部。从腰部开始，将背骨挺直，双肩自然地保持水平，绝不可以出现一肩高一肩低的现象。

（8）脖子。肩膀的位置固定了之后，往后面延伸，让耳朵与肩膀成一直线，最好放一面镜子在旁边检查。

面试时不仅要站得直，还要坐得端正——“坐如钟”。这就要求上身自然挺直，双膝、双腿要并拢，双手要自然垂放在双膝上。这种坐姿显示出的则是你的自信、自律与坚定。再次，还要坐得文雅、大方，这一点对女性更重要。那种“身体微微向前，双手自然地平放或叠放在双膝上，面带微笑，并不时地点头回应”——所表现出的礼貌与文雅一样能打动别人。相反，抖着腿、跷着腿、撇着“V”字腿的坐态不但有伤大雅，而且还会使你“坐失良机”。男性和女性的正确坐姿如下：

男性：男性的正确坐姿是上半身成L型，双脚微开与肩同宽，双手握拳轻放于大腿上。

女性：女性的坐姿应注意两膝盖随时都并拢，双脚侧放，双手轻放于腿上。

优美的坐姿，从走近椅子的动作开始。轻松地走近椅子，左脚放在椅前中央，向右半转身，屈膝慢慢坐在椅子上，两脚合起来往右边挪一挪，左脚置右脚后面，就是最优美的坐姿了。千万不要扑通一声就坐下，这样，除了显得体态笨拙以外，如果坐得不稳，往往使你跌在地上，就很失礼了。坐下时要安静，不可坐得过深。能够安详地坐下的人，给人一种潇洒自如的感觉，显示沉着、冷静。而有些人却不考虑这些，尤其在集会中常常可以看到人们站起坐下时，乒乒乓乓发出声响，一片混乱，这显得鲁莽、缺少修养。

面试官的暗示你懂吗

求职时，人们会遇到形形色色的面试官，自从进入办公室开始，你就将一直面对这个人。问题是，我们并不知道他们的性情，该如何同他们打交道。此时，不妨先观察一下面试官的身体动作，也许能为你提供些许有效的信息。

1. 严肃的面试官

当你走进面试的房间，发现面试官"铁面"的表情，似乎对你的出现没有任何反应。然后对你说："嗯，请坐。"等你坐好后，他开始提出问题。

一般遇到这样的面试官，新手会感到十分棘手。这类人就像是冷酷的"终结者"，很轻易就能把自己删掉。实际上，这类考官可能是较为保守的一类，不想听其他人的长篇大论，注重对方的实际能力，只要你能将自己突出的某方面能力展现出来即可。不要做过多的论述。或者，他内心也比较紧张，是个内冷外热的人，如果挑对谈论的话题，或者更有利于双方交谈。当然，他最感兴趣的还是你的实力和这种能力会为公司带来什么。

2. 热情的面试官

一见到面试者就非常主动热情，握手端茶。如此的举动让你感到受尊重，甚至有贵宾般的感受。甚至，他们还会不停地赞赏你，让你更放松警惕。除非你非常有能力，让这类面试官仰慕你的才华，否则，他们就是在"做戏"。这样做的目的无非是想让你"小看"了面试的严肃性，然后充分表达，暴露自己的缺点。

3. 礼貌的面试官

对待面试者，他们客气有礼，很注意双方之间相处的距离。就像正式场合中的外交代表一样。既不过分热情也不让人感到冷漠。他们给人的感觉是礼貌的疏远，不会主动挑起话题，只会安静地听你陈述。这类人多心思缜密、城府深，不容易洞察他们的内心。所以，你所能做的就是举止得体，正常发挥。

4. 一言不发的面试官

这样的面试官极少遇到，他们从头到尾都没有说几个字，都是让你做自我陈述。只在最后吐出几个字："好，就这样，你可以走了。"这种面试官并不是哑巴，而是等着你自然发挥，等你占据主动地位，看你如何进行自我描述。如果他一直面无表情，那也无须紧张，自由发挥即可。

5. 善于言谈的面试官

他们是会谈中的积极者，一张嘴就会淋漓尽致地发挥自己的能力。这时，面试者应当感到庆幸，这是个自以为是的面试官，他们喜欢表现自己。那么就将面试中的绝大部分时间留给他们。当你表现出应承或者点头示意的时候，会加深他们对你的认可。但是，表面上一定要表现得恭恭敬敬，不出现懈怠或者疲倦的情况。

把握时间，礼貌为先

面试过程当中需要注意的问题有很多，然而有两项原则是必须要把握的，即时间原则和礼貌原则，这是体现应聘者素质最基本的要求。

1. 时间原则

面试时迟到是一大忌，面试官会认为你不重视这次面试、不尊重面试官、或者没有时间观念，迟到会极大地影响自身形象。并且，如果你迟到，会加剧你在面试时的紧张，从一开始就带着不好的情绪，会影响之后的发挥。

比较好的策略是，提前10~15分钟到达面试地点。特别是不熟悉的地点，一定要提早出门。毕竟，路上堵车的情形很普遍，对于不熟悉的地方也难免迷路。对面试地点比较远，地理位置也比较复杂的，不妨先跑一趟，熟悉交通线路、地形甚至事先搞清洗手间的位置，这样你就知道面试的具体地点，同时也了解了路上所需的时间。

但是如果到得很早，也不宜提早进入办公室，提前 10 分钟以上出现在面谈地点都是不礼貌的，因为面试官可能有手头的事情没处理完而觉得很不方便。可以先熟悉一下周围的环境，去趟洗手间，整理一下仪容。

需要注意的是，面试官迟到对你来说也是一种考验。有的应聘者沉不住气，面试官一迟到，不满情绪就流于言表，这样肯定会对你的形象减分。毕竟，面试官以处理公司事务为先，临时有事要处理也是正常的，因此应聘者对面试官的迟到不要太介意。同时，你也不要太介意面试人员的礼仪、素养，应尽量表现得大度开朗一些，这样往往能使坏事变好事。因为面试考查的各种能力当中，很重要的一项就是人际磨合能力的考查，你得体周到的表现自是有百利而无一害的。

最后来看看进屋的时间。如果约定的面试时间已经到了，你就应该按点敲门。不过如果招聘人员请你在门外等一下，那就另当别论，此时你就应按他的要求做。否则，就不要傻傻地站在外面等，落得“哑巴吃黄连，有苦说不出”的后果。

有的面试官会让你先进屋，在屋里等他一下，那就安静地坐下，不要东张西望、动手动脚、闭目养神或中间插话。如果等待的时间有些长，面试官可能会递给你杂志之类的，即使不想看也不要拒绝，礼貌地接过来即可。

2. 礼貌原则

对面试官的礼貌自然不必说，这里要强调的是对接待人员以及其他工作人员的礼貌。一些应聘者对秘书很不礼貌，觉得秘书级别低，不重要。尤其是在外企面试时要特别留意这一点，在外企文化中，级别只代表工作分工的不同，所有工作人员都是平等的。有的应聘者虽然在面试时表现很好，与面试官交谈愉快，但秘书对他却很反感，而秘书的一句话可能就会让你前功尽弃。

另外一点要注意的是，尽量不要使用“随便”这个词。例如，如果面试官问你需要什么饮料，不要用“随便”来回答对方，“随便”这个词传达出的是一种漫不经心的态度，而且没有主见，大公司最不喜欢没有主见的人，这种人在将来的合作中会给大家带来麻烦，浪费时间，降低效率。

接过饮料之后，就要注意喝水的动作。有两个细节要注意，一是喝水出声。吃喝东西出声都是极失礼的举动，尤其是在外企。因此不妨从现在起就练习“默默无闻”的吃饭、喝水。第二是要注意放水杯的位置，放得不好很容易洒。因为面试时，通常都会使用纸杯或一次性塑料杯，这些杯子又薄又软又轻，更容易洒。所以水杯可以尽量放得远一点，如果担心洒水，不喝也没关系，因为一旦洒水，难免尴尬和紧张。

有很多应聘者为了缓解紧张，喜欢嚼口香糖，要注意，面试时应杜绝吃东西，包括口香糖、香烟，等等。有人因为自我感觉良好或为了显示自己的傲气，面试时嘴里还嚼着口香糖，这是很不礼貌的。有人还会忍不住烟瘾，抽上几口。现在很多大公司里大部分地方都是禁烟的，即使没有这个要求，你抽烟也会显得很不礼貌。

决定结果的是你做了什么而非说了什么

大多数求职者在准备面试的过程中，都会悉心准备如何回答面试官可能提出的问题，有心者还会事先预演很多遍，以期在面试时能够流利地回答出完美的答案。然而，他们可能忽略了一个关键的问题，如果是准备电话面试，这样的做法也许是不错的，但如果是面对面的面试，仅仅准备如何回答面试官的提问是远远不够的，甚至，面试结果在很大程度上并不取决于你说了什么，而是你做了什么，即你的一举一动是如何表现的，在面试过程中，如何克服紧张的表现、避免泄露“马脚”的动作以及认真地倾听是影响面试效果的三个重要方面。

1. 克服紧张

开头不宜多说话。有很多面试者会因为紧张而废话连篇，刚刚入座时面试官可能会简单地和你寒暄两句，此时千万要控制住话匣子，简单说几句即可，同时避免动作过多，因为面试刚开始的这个阶段，面试官会看着你，从中获得第一印象。

可以微笑，但不要随意发笑。紧张的笑是致命的，你不必装作一本正经，但是也要避免毫无准备的大笑。

如果对方提供饮料，不妨接受，饮料有助于缓解紧张，但同时要注意你的动作，什么时候该去喝一口饮料，面试官说话的时候不能喝，也不要在回答问题的中间喝水。喝水无疑会停止实现交流并且分散注意力，所以最好是正式提问开始前稍微喝一点就好。

应聘者应该有一套主要的坐姿，在谈话的过程中就面试官的讲话恰当地作出反应即可，但要记得恢复自己的坐姿，不要表现得比面试官还随便，这要根据面试官的情况来定，如果他坐得笔直，手势动作也很少，那么应聘者最好也保持非常正式的姿势。如果面试官很随意，你可以适当放开动作，总体上，表现得稍微紧张一些是保险的，显示你对面试官的尊重。

尽量学着去忍受那些无话可说的停顿时间。面试中会经常出现这样的情况。如果你从小到大一直认为停顿在某种程度上说是一种社交灾难，那么这些停顿就真的是非常可怕的建议。但是，你可能需要停下来考虑每一个你将要回答的问题。面试官也需要停下来去消化甚至写下你的答案。如果出现后一种停顿的情形，那么你就将自己的姿势恢复到主要姿势中去。

2. 如何倾听

倾听面试官说话的时候要保持与对方持续的视觉交流，而在谈话的时候则要间或地变换一下眼神。眼神中不要露出“深度思考”的神情来，比如盯着天花板长时间地发愣。

你可以在对方提问之后，若有所思地向别处看看，然后再看着对方开始回答问题。这样会让面试官觉得他刚才提的问题非常不错，而你的回答很诚实且经过了深思熟虑。相反，如果回答得太快反而显得轻率。

面试官在讲话时，应聘者脸上的表情很容易显得僵硬，倾听的时候要不时地改变自己的面部表情，对面试官所说的内容要有回应，例如用点头、扬眉等小动作来回应，但不能太过火了，否则看起来你会有些做作。要通过全神贯注地倾听来让问题的提出者感到高兴。可以轻轻地皱眉，让面试官觉得那个问题是一个非常聪明的问题，引发了你的思考。

面试官讲话时，应聘者的双手最好不要乱动，可以把手放在腿上，保持双手紧握，而当你开始回答问题时，就可以运用一些手势配合。

倾听时，坐得浅一些，并且保持身体前倾，这样可以更加全神贯注地聆听，表现出积极认真的态度。

最重要的是，千万不要去打断面试官的讲话，即使是用手势，不要举手，也不要疯狂地点头，如果发现自己已经伸出手，顺势绕回来整理一下头发会比较好。

3. 警惕“马脚”动作

面试过程中，应聘者常常下意识地做出一些动作，这些动作会泄露内心真实的想法。

例如，你可能已经对那些比较棘手的问题准备好了口头的答案，比如“为什么要离开你上一个公司”和“你在简历中提到曾有长达一年的时间没有工作，谈谈你是如何度过这段时间的”，你也许可以流利地说出事先构思好的答案，然而却下意识地摸了摸鼻子或者身体往后仰，双脚往后缩，这些小动作都会让敏锐的面试官觉察到你撒谎的迹象。

其次，记住永远不要得意忘形。面试官提问时，很多应聘者一旦意识到自己知道这个问题的答案，脸上就会露出一种愉悦的笑容。这时候笑绝对不是好主意，因为在面试官看来，你的笑容就好像在说面试官的提问毫无水平，而你则扬扬得意地坐在那里，心中早已有了准备好的答案。面试官一旦这样理解，难保不会用更难的问题来刁难你。

另外一种让你露马脚的是防御性的动作，比如双臂交叉或身体向斜后方倾斜、把玩戒指、手表或者身体的某个部位、摇摆身体或者晃动双腿，这些动作都可能暗示着你还有很多东西没有透露出来。

当然，也不要把自己的动作控制得过于严格，即使是在非常正式的场合，也不需要表现得像个机器人，当你已经掌握了什么动作可以做，什么动作会导致扣分，你就可以允许自己移动或者欣然地表现自我，坐着一动不动绝对不是好主意，只会暴露你的紧张和不自信。

第五章

一分钟拿下订单，解读客户微行为找到突破口

待客有道，赢得第一步

在工作中，与客户互相拜访都是社交活动中重要的一环。去拜访客户时，你的一些行为举止表现出你的修养。事实上，你一个小小的举动，就可能改变别人对你的印象。

比如，你不像你的客户那样有广博的知识，因此客户觉得好像找不到共同语言。但是，你一直在认真地听他说话，并默默地为他端茶送水，这样小小的动作让他感到你的真诚和礼貌，因此对你的印象很好，乐意与你做朋友。在迎送客户时，要留心用身体语言表达对客户的敬意，如果行为举止不当，就有可能断送生意。

泰国某机构为泰国一项庞大的建筑工程向美国工程公司招标。经过筛选，最后剩下 4 家候选公司。泰国方面派遣代表团去美国亲自与各家公司商谈。代表团到达芝加哥时，那家工程公司由于忙乱中出了差错，又没有仔细复核飞机到达时间，未去机场迎接。但是泰国代表团尽管初来乍到，不熟悉芝加哥，还是自己找到了芝加哥商业中心的一家旅馆。他们打电话给那位局促不安的美国经理。在听了他的道歉之后，泰国代表团同意第二天 11 点在经理办公室会面。第二天美国经理按时到达办公室等候，直到下午三四点钟才接

到客人的电话说："我们一直在旅馆等候，始终没有人前来接我们。我们对这样的接待实在不习惯。我们已订了下午的机票飞赴下一个目的地，再见吧！"

如果没有意识到这种待客之道，那些一开始也许是很有希望的商业活动很可能发展成短期的，当然也是不美好的关系。这里的问题是，国际范围内的商务，可以不加夸张地说是随着第一次见面的情况而决定成败的。礼节或礼仪或风度，不管你叫它什么，编织在我们的商业活动之中，就像一块精细的用手工编织的波斯地毯，如果抽去几根关键性的丝，整个图案会失色不少，甚至会面目全非。所以在商业交往中要时刻注意待客之道，给人留下良好的形象，以后的事也就好办得多。具体来说，在迎接客户时应该注意以下几点：

（1）见面时面带微笑，握手时热情亲切，不可毫无生气或一副冰冷相。

（2）客人进门，应起立表示欢迎，避免坐着用手示意客人入座。

（3）家中有访客时，其他家人也应该出来打招呼，同时主人应向访客介绍其他家人。

（4）待客时应亲切，使访客感到自在。例如可在与访客寒暄过后先主动询问客人是否要洗个手，以免访客不好意思开口借用厕所。

得体的装扮赢得好感

在与客户沟通过程中，客户常常根据对方的外貌、举止、谈吐、服饰等外在形象作出初步评价和形成某种印象，即第一印象。与客户会面，要注意自己的着装是否得体、妆容是否得当、饰品是否符合身份等。心理学专家证实：在人际交往中，往往第一印象在对方的头脑中占据着主导地位，这种效应在心理学上叫首因效应。因此，在交友、聚会等社交活动中，我们可以利用首因效应，展示出自己最优秀的形象，为以后与客户进一步沟通交流打下良好的基础。因此，销售的第一步是从形象开始的。

服装在我们的日常生活中占有非常重要的地位。穿着打扮不仅反映一个人的修养、职业，同时也反映其个性与心理。我们切忌缺乏主见，别人穿什么，自己就跟着学，却忘了考虑自己的个人喜好和身份地位，否则会弄巧成拙。或者是由于方便或是习惯使然，着装不分场合，千篇一律，给人不修边幅的印象。

马赫属于IT行业里面的“金领”一族，很有工作能力，然而生活里他是个不拘小节的人，整天一身破牛仔，从未想过个人形象这回事。

有一次，公司举行周年庆，邀请了市里的几位领导以及一些重要客户。晚宴上马赫依旧穿的是那套“行头”。他刚进场，负责接待的公关部经理就皱起了眉头，说：“马赫，不是早就通知了，今天的酒会要盛装出席的吗？怎么你还是这样啊？”马赫呵呵一笑，说：“我一个技术人员，又不是领导，还着什么盛装啊！再说了，我就只有这样的，跟你一样穿西服我浑身不自在，还是这样好，而且我习惯了。”公关部经理语重心长地说：“平常也就算了，今天来了这么多重要客人，你穿成这样，老板的面子下不来啊！你还是别过去了。”马赫不听劝告，径自向老板走去，老板看见他勉强说了几句，就转身走向其他员工了。

现场的其他人也都以异样的眼光看着马赫，没有人主动上来与他交谈，甚至很多同事竟装作不认识他，令马赫十分尴尬。

常言道：人靠衣装，佛靠金装。能透过衣装看人“腠理”，马赫的不修边幅，使他在宴会中遭遇尴尬和冷遇，根本不可能玩转宴会现场，这一切皆因他的着装暴露出他不严谨的生活态度，也是不懂得尊重他人的表现。

在与客户交往中，服饰被赋予了更多的内容。它不仅是一块“遮羞布”，而且传达着很多的信息，比如个人的品位、性格、态度。商务宴请当然不是为了吃饭而吃饭，它作为人际交往的平台，是展现个人修养的舞台，而服饰则可以看作舞台上的“戏服”，如何着装直接对你的角色进行了定位，决定了你能否成事。为了给所有客户留下好印象，切忌不修边幅。

举手投足不失礼

与客户会面的过程中，我们的一举一动都可能被客户看在眼里，有风度的举止能够让客户感到舒适和愉快，而如果冒冒失失，总有失礼的行为，就有可能引起客户的反感。会面过程中，不但要注意自己的姿态，还要注意与客户的配合，如果两个人的动作总是互不协调，也难免产生尴尬。具体来说，要注意以下几个方面：

1. 陪同引导

例如陪同客户参观企业，引导时的方位、速度及体位等都需要注意。请客户开始行走时，要面向对方，稍微欠身。在行进中可以与对方交谈或进行介绍，并把头部、上身转向对方。双方并排行走时，应居于左侧。需要指引路线时，要居于客户左前方一米左右的位置引领。

引领时，行走的速度要以客户的速度为准，保持与对方协调一致的速度，不可以走得过快或过慢。每当经过拐角、楼梯或道路坎坷、照明欠佳的地方时，需要以手势或语言提醒客户留意。

2. 上下楼梯

上下楼梯或自动扶梯时最好不要与客户并排行走，而要从楼梯的右侧上下，也就是遵从礼仪中所讲的“右上右下”原则，目的在于让有急事的人可以从楼梯左边的急行道通过。

要注意礼让他人，在上下楼梯时，不要与他人抢行。如果其他人有急事，可以请对方先走。如与客户或级别和身份比自己高的人同行，上楼梯时最礼貌的做法是走在对方的后面；而下楼时，则应该走在对方的前面。

3. 进出电梯

陪同客户乘坐电梯时，如果是无人驾驶的电梯，自己必须先进后出，以方便控制电梯；乘坐有人驾驶的电梯时，则应当后进后出。

4. 出入房门

引导客户时，须快步上前为对方开门，为了表示自己的礼貌，还应请客户先进先出。进入房间前，由弱到强地轻轻叩门是非常必要的，切不可以冒失地突然闯入。开关房门时，应尽量避免采用肘部顶、膝盖拱、脚尖踢、脚跟蹬等方式，这样会显得很粗鲁。

选择有利的会面场所

美国心理学家穆勒尔和他的助手做过一次有趣的试验，证明许多人在自己的会客厅里谈话，比在别人的客厅里更能说服对方。这就表明，人们在自己熟悉的地方与人交往容易无拘无束，可以灵活主动地展现或推销自己，有利于社交的成功。

倘若在别人熟悉而自己不熟悉的地方交往，则容易引起莫名其妙的不安和恐惧，难以洒脱自如，自然处于劣势。这就是为什么在比较开放的今天，经人介绍的对象初次见面时，绝大多数人仍愿意在自己的“领地”内进行，而不愿在对方“地盘”内进行的原因所在。

不过，值得说明的是，在自己的领地内，固然容易充分发挥自己的交往潜能，但也时常伴有少了约束的弊端，使自己的缺点外露。而在别人的地盘内进行，虽然受到的约束较多，然而却可用心专一，利于深层次、多方位地观察和了解对方。

因此，善于社交者，绝不局限于自己的领地，他们既可“请进来”，也可以“走出去”，是不会作茧自缚的。

最佳地利是有条件的、辩证的、可以变化的，在自己熟悉的地方交往，在一般情况下是有利的。但若对方是老人、长者、女士等，让他们也迁就自己，恐怕于情于理都说不过去。反之，倘若听凭他们选择，自己前往他们的地盘，则更能体现对他们的照顾、体谅和尊重，这样做本身就极有利于社交的成功。

此外，光线暗有助于人们交往。在光线暗的地方，人们比较容易亲近。心理学的实验也表明，昏暗是人们亲密起来的保护伞。人们聚在黑暗中，因减少了戒备而增加了亲近感，便于双方沟通。同时，在昏暗中，对方难以看清自己的表情，也容易产生一种安全感。这样，彼此间的对立情绪就会大大少于光线明亮的场所。

想与他人建立一种亲密关系的时候，就应尽量请他们到酒吧、俱乐部、咖啡室等地方去。地点是与交往的目的密切联系的，二者相符方能收到最佳效果。高级宾馆、豪华客厅是招待高级宾客的好去处，而花前月下、幽静隐蔽之地是谈情说爱的理想场所，办公事在单位为宜，办私事则到家里办。因事而定，随事而变，才是明智的选择。

令人舒适的座位提高沟通效率

除了会面场所的选择之外，与客户会面时还应注意座位的安排方式，因为座位方式直接决定谈话者的身体角度和身体距离以及其中是否存在障碍物，等等，前面的章节中提到，不同的身体角度对谈话气氛有很大的影响，因此座位的安排方式也会对沟通效率产生影响。

（1）正面对坐的沟通效率最低。初次见面，和人面对面地谈话，是一件不好受的事。因为两人之间的视线极易相遇，导致两人之间的紧张感增加。而坐在旁边的位置，则不必一直注意对方的视线，因而容易轻松下来。因此，如果是初次见面，采取坐在旁边的位置，能迅速建立亲近感。另外，在室内放一盆花，使对方有转移视线的对象，效果会更好。

（2）中间的桌子会使双方产生距离感。如果在办公室里与客户会面，那么最好不要安排对方坐在书桌的旁边，因为这样一来会使彼此之间产生了一个障碍物——桌子，无形中让彼此显得疏远了很多，这样的座位安排只会让客户和你之间显得生分，如果想要营造温暖亲近的氛围，最好双方都坐在沙发上，可以让人感到放松，也不会显得太正式。

（3）相距 50 厘米能给对方留下好印象。要使对方对你产生好感，与谈话者就应保持理想的距离。谈话的距离较近，能制造一种融洽的气氛，消除紧张情绪。最合适的距离就是一方伸出手可以够到另一方的手，即 50 厘米左右。同样，如果你想在社交中尽快打开局面，适应环境，那么，每次与人打招呼或谈话的时候，要注意尽可能地把距离拉近一些。

当然，拉近距离并不是亲密无间，特别是在与上级或女性打交道时，不能冒昧莽撞，不然会引起对方反感，以为你没有规矩或用心不正，反而弄巧成拙。

（4）坐椅子时，浅坐的姿势会令人产生好感。交谈时，如果对方深深地坐在沙发或椅子上，甚至上半身靠在椅子上，那么说明他根本没有专心听讲，缺乏诚意。相反，如果浅坐在椅子前端的1/3处，就会使人产生好感。因为这种姿势可使上半身自然地向前倾，因而成为最佳的听话姿势。此外，像这种随时可由椅子上起立的姿势，还会给对方积极活泼的印象。

以小动作促成合作

在当代各种商业活动中，很多公司都渴求在与人合作时能取得一个双赢的结果，但是，这种愿望往往很难实现。为什么求得一个双赢的结果会如此之难呢？原因很简单，因为很多公司在与另一方进行谈判或合作前，缺乏对对方的深入了解，再加之在谈判或合作的过程中，双方缺乏有效、及时的沟通，这就很容易导致谈判或合作的双方产生一些麻烦，甚至是误会，此种情况下，当然不会有所谓双赢结果的产生。

也正是在这一背景下，在欧美很多国家如今产生了联络经理人。所谓联络经理人，就是专门为有合作意向的两个或数个公司提供对方或数方公司的相关信息，在双方合作或谈判的过程中尽力促进双方最大限度的了解、认识，并最终让两家或数家合作的公司获得共赢的结果。由此可以看出，联络经理人实际充当了一个兼顾双方利益的中间人角色。

作为一个联络经理人，如何才能兼顾双方的利益呢？除了要为客户提供大量翔实的信息资料外，严谨、认真的工作作风是必需的。因为他提供的每一个数据，都是谈判或合作双方的依据，一旦你的某个数据出现了差错，肯定会给合作的双方带来巨大的损失。当然，作为一名成功的联络经理人，还必须学会使用身体语言。因为在很多情况下，尤其是在谈判的时候，正确的、恰到好处的身体语言可能比有声语言更有说服力，更能促进双方合作的形成。

比如，你是一个联络经理人，甲和乙是谈判的双方，你们三个人坐在了一个大圆桌前，形成了一个三角形。其中甲非常善于言谈，在详细介绍完自己的公司后，问了乙很多问题，但乙却保持笑而不答的态度。于是甲向你提了一个问题，此种情况下，你回答问题的方式极有可能会影响到双方的合作。因为如果你回答问题时不能将乙吸引到问题讨论中，双方的谈判很可能就此而止。此时，你应该如何做才能让乙加入进来呢？一般来说，你可以这样做：在回答甲的问题之前，你可以先看甲一眼，然后轻轻转过去，再看乙一眼，在接下来的阐述中，你在用有声语言回答甲的问题的同时，不断用眼睛看着甲和乙（其中在看乙时眼神停留的时间稍长一点），直到你把问题回答完。

在结束之前，最后看甲一眼。在此，你的眼神可以说是非常重要的，因为它会让乙没有受冷落的感觉，与之相反，他会觉得自己也参与了你和甲刚才的谈话。如此一来，乙极有可能会积极参与到与甲的谈判中来。试想，如果你此时不懂得巧妙地运用眼神，自顾自地在那儿高谈阔论，乙肯定会产生被冷落的感觉，从而导致双方无果而终。

再如，双方谈判或合作成功后，一般都要举杯庆贺，此时作为双方合作的“媒婆”，你就应该在双方碰杯以后用自己的双手，将谈判或合作双方左右两只手同时举起击掌相庆，这往往会将整个庆贺场面推向高潮。如果你在使双方击掌的过程中，将一方的手先举起，而将另一方的手后举起，则往往是不妥的，很可能会使后举手的一方心里产生不快。

身送七步，你做到了吗

俗话说：“出迎三步，身送七步。”在应酬接待中，许多人对客户的迎接礼仪往往热烈隆重，却常常忽视了对客户的欢送礼节，这样就常常给人以“人一走茶就凉”的悲凉感，无形中引起别人的反感，为自己的成功增加了阻力。

在中国的应酬，许多的知名企业家都深知“身送七步”的重要性，也格外注意送人的礼节，中国商业的巨人李嘉诚就是其中一个绝佳的典范。一位内地企业家在接受电视采访时谈到了他去李嘉诚办公室拜访李嘉诚的经历。那天，李嘉诚和儿子一起接见了他。会谈结束之后，李嘉诚起身从办公室陪他出来，送他到电梯口。更让人惊叹的是，李嘉诚不是送到即走，而是一直等到电梯上来，他进去之后，再举手告别，一直等到电梯门合上。身为亚洲首富的李嘉诚日理万机，可他依旧注重礼节，严格遵循“身送七步”的礼仪，亲自送客，没有一丝一毫的怠慢之举。这位内地企业家面对着电视机前的亿万观众动情地说：“李嘉诚这么大年纪了，对我们晚辈如此尊重，他不成功都难。”

“身送七步”，商业巨人李嘉诚都不忘的待客礼仪，经常在应酬场上的人更要铭记在心，以实际行动给客户贴心之感，才能拉近和客户的心理距离，促成、促进合作。

作为常应酬的人员，不仅要认识到迎接客人的重要性，更要明白送客礼仪的重要性。不要做到了“迎人三步”，却忘记了“身送七步”，就可能给客户留下“虎头蛇尾”的印象，甚至造成前功尽弃、功亏一篑的结局。

因此，送客时应注意以下几点：

1. 让客户先起身

当客户提出告辞时，要等客户起身后再站起来相送，切忌没等客户起身，自己先于客户起立相送。更不能嘴里说再见，而手中却还忙着自己的事，甚至连眼神也没有转到客户身上。

2. 送客也不失热忱

当客户起身告辞时，应马上站起来，主动为客户取下衣帽，帮他穿上，与客户握手告别，同时选择最合适的言词送别，如希望下次再来等礼貌用语。每次见面结束，都要以将再次见面的心情来恭送对方回去。尤其对初次来访的客户更热情、周到、细致。

3. 代客提重物

当客户带有较多或较重的物品，送客时应帮客户代提重物。与客户在门口、电梯口或汽车旁告别时，要与客户握手，目送客户上车或离开，要以恭敬真诚的态度，笑容可掬地送客，不要急于返回，应鞠躬挥手致意，待客户移出视线后，才可结束告别仪式。否则，当客户走完一段再回头致意时，发现主人已经不在，心里会很不是滋味。

4. 晚一步关门

许多时候，商务人士将客户送出门外，不等客户走远，就“砰”的一声将门关上，往往给客户类似“闭门羹”的恶劣感觉，并且很有可能因此而“砰”掉客户来访期间培养起来的所有情感。因此，商务人士在送客返身进屋后，应将房门轻轻关上，不要使其发出声响，最好是等客户远离后再轻声关上门。

如果将客人送到会议室或办公室门口、服务台边，宜说声“对不起，失陪”，目送客人走远。如果将客人送到电梯门口，宜点头为礼，目送到电梯门关合为止。如果把客人送到大门口、汽车旁，可以招手为礼，等客人走远后返回公司。

心理学上不但有首因效应，也有“末因效应”。“最初的”和“最后的”信息，都能给人们留下深刻印象，“最初的”印象尚可弥补，而“最后的”信息往往无法改变。“送往”的意义大于“迎来”。“身送七步”，我们要谨记心中。

成功销售靠身体语言

有个年收入超过1000万元的保险销售员，他的推销能力极为出色，被新进年轻销售员们视为偶像，经常向他讨教推销秘诀。

他指出，当销售员去某个公司推销保险时，如果直接站在埋头工作的职员后面推销保险，对方根本就不会理睬。为此，他强调说：“要想让埋头工作的人转过来与你讲话，除非你口若悬河，否则根本是白费力气，因为你的话语根本无法打动他的心。”

他还进一步指出，当遇到拜访对象正在工作时，千万不可打断他的工作，而是要先在他附近找个椅子坐下，安静等待。这样就使对方不得不注意到你，不得不停下手头的工作和你交谈。也许他不会马上停止工作，但他已经注意到你了，心里就会有一些慌乱，对你的等候会过意不去。当他的工作告一段落以后，他一定说：“好吧！我们到那边谈谈吧！”这样，你就赢得了谈判

第一个回合的胜利。

人们心理上的亲疏程度，可以用物理学的高度、距离及角度来进行一下说明。对一个成功的销售员来说，在第一次与客户见面时，角落的位置是最成功的策略性的位置，即与客户呈直角位置的座位。因为这个位置可以缓和双方的紧张的气氛，使你的推销工作顺利进行。

如果当销售员准备与客户进行第二次谈判，并且谈判对手又增加了一位技术专家。那么，销售员可以选择与客户并排坐在专家的对面，这样销售员似乎就与客户站在同一条战线上，代表客户向专家提出问题了。但是需要注意的是，只有当你的客户不觉得他的私人领域被侵占的时候，你才可以选择这样的位置。否则，销售员还是应该坐在角落的位置，但是可以在客户与专家之间选择稍微靠近客户的位置。

销售员所标榜的口号是诚实可靠。可是要向顾客证明自己诚实可靠，通常需要花费不少的时间和精力，让对方产生信任感的关键就在第一次见面，所以，必须掌握首次会面的一些技巧，进入对方的“地盘”，其中身体语言是成功的要诀之一，从而使他乐于相信你。

今天，你对顾客微笑了吗

微笑是最简单、最省钱、最可行，也最容易做到的服务，更重要的是，微笑是成本最低、收益最高的投资。

作为销售人员，要坚持对客户保持微笑，因为面带微笑的人最容易受人欢迎。没有人能轻易拒绝一个笑脸，因为笑是人类的本能，要人类将笑容从脸上抹去是件很困难的事情。由于人类具有这样的本能，微笑就成了两个人之间最短的距离，具有神奇的魔力。因此，服务人员想让客户接受自己，微笑就是最好的通行证。

微笑不但能够保持你自己外在的良好形象，而且也影响着自己和别人的情绪。真诚地微笑能调节体内的荷尔蒙，让人由内向外放射着愉悦的光彩。而笑容又能够影响他人，让他们像你一样产生愉悦的情绪，心理学家分析后认为，如果你对他人微笑，对方也会回报以友好的笑脸，但在这回报式的微笑背后，有一层更深的意义，那便是对方想用微笑告诉你，你让他体会到了幸福，而这是一个良性的传播快乐的过程。

所有的人都希望别人用微笑去迎接他，而不是横眉冷对，冷漠阻碍了心灵的沟通和思想的交流。所以，许多公司在招聘员工时，以面带微笑为第一条件，他们希望自己的职员脸上挂着笑容，把自己和公司推销出去。

“日本推销之神”原一平总结他取得成功的秘诀时，其中最重要的一项就是善于微笑。他的笑被认为值百万美元。原一平认为，对销售员而言，“笑”至少有下列十大好处：

（1）笑能消除自卑感。

（2）笑能使你的外表更迷人。

（3）笑能把你的友善与关怀有效地传递给准客户。

（4）你的笑能感染对方，让对方也笑，营造和谐的交谈氛围。

（5）笑能建立准客户对你的信赖感。

（6）笑能拆除你与准客户之间的“篱笆”，敞开双方的心扉。

（7）笑可以消除双方的戒心与不安，从而打破僵局。

（8）笑能去除自己的哀伤，迅速重建自信心。

（9）笑是表达爱意的捷径。

（10）笑会增进活力，有益健康。

的确，微笑就是你递给客户最温暖、最具有亲和力的一张名片。这张名片完全可以让你拿到订单。销售人员的第一堂训练课的内容应当是微笑。微笑能传达友善，能建立信任。

一分钟，打开客户心门

相关研究显示，销售人员第一次与客户接触的时候，客户对销售人员的总体印象评判，通常只需要 10 秒钟。就在这短暂的时间里，客户将可能留下深刻的印象，甚至直接影响双方能否达成交易。在你面对客户时，能否顺利叩开客户的心门，并对其进行自然地引导，将是成功的关键。想做到这一点，你必须注意以下几方面：

1. 手势动作

手势应当尽量向上和向外做出动作，释放出积极、正面的信息。在一般的交谈中，应双手自然放置，但绝不能让双臂交叉于胸前，这是封闭内心的表示。尤其是在解说自己的产品时，要自信地伸出手，并指向产品，引导顾客观察，加深对商品的印象。如果需要握手，推销人员还要注意，握手时用力要适度，既不要太轻也不要太重。只有力度适宜，才能带来最好的效果。

2. 自己的面部表情

面部微笑，妆容要清新自然，要给予客户真诚、坦率、自信的印象。目光要专注地看着客户，注意眼神的沟通，让客户感到备受尊重。但不要一直盯着客户看，而是不时地交流和微笑，否则会让客户感到如芒在背。

3. 自己的服饰

作为一个推销人员，你的服饰也会对客户产生不同的印象。一般，在客户面前，外套纽扣不扣上或者松开领口的一颗，将有利于营造轻松的氛围。因为，在身体语言中，这样的动作是一种心胸开放的表现，表示你很愿意和客户沟通、对话，也让双方不必因衣着正规而感到紧张。

4. 说话的内容

无论是面对面推销还是电话推销，推销人员都应当在事前准备好自己要谈话的内容，力求精简、准确，多使用礼貌用语。在对产品进行讲述的时候，要突出重点，将客户的需求同自己产品的益处联系起来。

5. 自己的位置

销售员在与客户交谈时，要注意不能与对方站在相互对立的两面。有经验的推销者通常会巧妙地站在或坐在客户的斜对面或旁边。因为，正面对的两个人之间气氛比较严肃，似乎要对峙一样，而坐在斜对面或旁边，则让交谈的氛围更加和睦融洽。

6. 同客户之间的距离和方向

在交谈时，推销人员需要注意，应身体略微倾斜于客户，做出时刻准备倾听客户信息的样子，因为，沟通中如果有人试图拉近两者距离，则表明他希望建立友好的关系，但距离一定要适度，若贴客户太近，效果则适得其反。

推销人员要保持的方向，应是尽量让身体面对客户，因为当一个人同其他人保持相同的方向时，实际上就是表示想要接受对方的谈话内容，向对方表示友好。推销人员试图努力面对客户时，他的积极含义较多。

7. 生活中的礼节

推销的过程中，推销人员应注意社交礼仪，保持口气清新，服装整齐，身上没有异味，且尽量不要吸烟。因为，对于大多数人来说，同一个满身异味的人相处，将是一种折磨。吸烟不仅对身体不好，也容易让顾客产生厌恶情绪。

百般辨别，看透“石头”顾客

有些时候，尽管销售员做了很多努力，但仍无法打动顾客。他们明确地用消极的信号告诉你，自己并不感兴趣。销售员与其继续游说，不如暂停言语，相机而动。

一般来说，如果一个顾客明显做出下列表情，就说明他已经进入消极状态。

1. 眼神游离

如果顾客没有用眼睛直视销售员，反而不断地扫视四周的物体或者向下看，并不时地将脸转向一侧，似乎在寻找更有趣的东西，这就说明他对推销的产品并不感兴趣。如果目光呈现出呆滞的表现，则说明他已经感到厌倦至极，只是可能碍于礼貌不能立刻让销售员走开。

2. 表现出繁忙的样子

假如顾客一见到销售员就说自己很忙，没有时间，以后有机会一定考虑相关产品；或者在听销售员解说的过程中不断地看手表，表现有急事的样子，说明他可能是在应付销售员。

实际上，他很可能并没有考虑过被推销的产品，也不想浪费时间听销售员的解说。如果销售员没有足够地耐心引导他进行购买，交易就将很难成交。

3. 言语表现

如果顾客既不回应，也不提出要求，更没让销售员继续作出任何解释，而是面无表情地看着销售员，说明顾客感到自己受够了，这个聒噪的销售员可以立刻走人了。

4. 身体的动作

顾客在椅子上不断地动，或者用脚敲打地板，用手拍打桌子或腿、把玩手头的物件，都是不耐烦的表现。如果开始打呵欠，再加上头和眼皮下垂，四肢无力地瘫坐着，就表明他感到销售员的话题简直无聊透顶，他都要睡着了，即使硬说下去，也只会增加顾客的不满。

面对顾客的上述表现，销售员可以作出最后一次尝试，向顾客提出一些问题，鼓励他们参与到推销之中，如果条件允许，可以让顾客亲自参与示范、控制和接触产品，以转变客户对产品冷漠的态度。如果客户的态度仍不为所动，则你可以尝试退一步的策略，即请顾客为公司的产品和自己的服务提出意见并打分，如果顾客留下的印象是正面的，或者下一次他想购买相关产品时，就会变成你的顾客。注意，在这一过程中，一定要保持自信和乐观、热情的态度。

打消怀疑，促成交易

面对自己未曾了解过的商品，很多顾客都会显得犹豫不决，怀疑商品的实用性和价值。此时，需要销售人员敏锐地发现顾客犹豫的表现，并且做出积极的回应，打消顾客的疑虑，促成交易。

1. 顾客举棋不定的表现

如果顾客出现下列表情，则他们可能正举棋不定，或者并没有明确要购买的意愿。

（1）顾客不停地摆弄头发，调整身体的姿势，或者将眼镜从脸上拿下来不停地擦拭。他们这些类似于暂停的动作，就是给身体提供思考的机会，就像在说："我需要认真考虑一下。"

（2）顾客呈现出一副沉思、专注的样子，用一只手托着下巴，同时轻轻抚摸脸颊，肩膀下垂，这是在思考的表现。

（3）顾客两眼呆滞，没有其他动作，或者眼睛望着某一处一动不动，并眉毛上皱，说话吞吞吐吐，犹豫不决就是如此表现。

（4）如果顾客提出了一些简单的问题，但在你介绍的时候，并没有认真听，而是迎合地发出"嗯""啊"的声音，你就不能因他的互动而高兴太早，他很可能是在敷衍你。当让你提供一些材料的时候，他或许还没有对此产品进行考虑，因为很多推销人员的说辞都水分大于真实情况，他可能是想进一步了解再说。

（5）如果顾客对一件商品把玩了很久，但仍是左看右看，眉毛总是皱着，说明顾客还很挑剔，对这件产品他心存疑虑。

2. 破解客户的懈怠反应

（1）如果在推销的时候，顾客开始交叉双臂，把自己封闭起来，这说明他们有拒绝交易的倾向，此时不妨递给他们一份文件或材料，让他们自己打开，重新进入对商品的评估状态。或者你可以转移话题，从这个购买的信息上转移，休息闲聊之后，再重新引导他们进入交易上来。

（2）如果客户紧闭嘴唇，频繁地触摸鼻子和眼睛，说明可能是你说了什么话或者做了什么事情，让他们感到不舒服，这就需要你更换一种销售的方法，比如鼓励他们说出想要产品的特征，内心对这个产品的感觉，并积极给予肯定。

另外，在气氛尴尬的时候，还可以使用一些小技巧来改善双方的沉闷气氛。例如制造一些小事故，笔掉到地上，包掉到地上等，将双方的谈话暂时中断，转移客户厌倦和紧张的情绪。

3. 反复突出商品的功能和价格合理性

人们面对推销的时候，如果陷入沉默的境地，开始只是倾听，很少回应，则说明他们陷入了思考，很可能还没有作出最后的决定。此时，销售员应当从顾客角度出发，态度温和地说服顾客考虑商品的功能和实惠的价格。因为任何人在购买东西时，都希望从两方面得到满足，一方面是理性上的，即认为产品的确物有所值，性价比高。另一方面是感情上的，即顾客感到自己受到重视，销售员一直姿态真诚，以诚动人。

下篇

解读情场行为密码，洞悉俘获幸福爱情的“潜台词”

第一章

眼睛是心灵的窗户，从男女眼神差异看透其心意

女性解读眼睛信息的能力比男性更胜一筹

究竟是女性解读眼睛信息的能力强，还是男性解读眼睛信息的能力强，心理学家对这一问题一直存在争议。近来，美国心理学家布莱德的一项实验证明，女性解读眼睛信息的能力比男性更胜一筹。

实验中，布莱德让参加试验的 100 名男女（男女各占一半）去看一些仅能看见人物眼睛的照片，并要求他们通过人物的眼神去揣摩照片中人物的情绪状态。让这 100 名参加实验的男女观看了各自手中照片大约 10 分钟后，布莱德要求他们把揣摩的人物的情绪状态写在纸上。结果和布莱德预想的几乎完全一致，在 50 名男性中，仅有 15 人猜对了他们手中照片人物的情绪状态，而在 50 名女性中，仅有 15 人猜错了她们手中照片人物的情绪状态。随后，布莱德又挑选了不同的人群做了近 10 次这样的试验，其结果几乎和第一次完全一样。这就表明，女性解读眼睛信息的能力的确比男性更胜一筹。

有趣的是，各国科学家至今仍然没有弄明白人们是如何怎样通过眼睛来解读或发出各种信息的，他们仅仅知道我们有这一能力。同时，布莱德通过实验还发现，在男性当中，性格内向或是有自闭倾向的人，他们不仅在解读眼睛信息方面比一般男性差，即使在解读其他身体语言方面，也会比一般男性差一大截。这可能就是那些性格内向或是患有自闭症的人很难建立和谐人际关系的原因之一。

女性的眼白比男性多

因为身体语言比口头语言更接近于人类的本能，所以，心理学家在从事

相关研究时，喜欢用灵长类的动物比如黑猩猩、猿猴等作对比试验，对人类眼神的研究也不例外。

通过对比，科学家发现，借助眼白，人们就可以很方便地观察到对方的视线，并猜测到他的心理变化，因为一个人的视线的移动和变化是和他的心情密切相关的。与男性相比，女性更善于借助身体语言表情达意，其结果就是女性的眼白要比男性更多。不仅运用身体语言的能力，女性在解读诸如眼神之类的身体语言、阅读他人的情绪的能力方面也同样强于男性。

猿类没有眼白，它们的眼睛完全是黑色的。当猿类捕猎时，猎物根本无从察知猿的视线，也无法知道自己是不是已经被猿发现了，这样，猿就能够轻松地捕获猎物。与猿类似，男人的眼白较少，可能与他们需要掩饰自己动机的心理有关。

变大的眼睛和变小的眼睛

当一只黑猩猩受到外界刺激而生气或是准备攻击对方时，它的眉毛会自动降低，同时瞳孔缩小，眼睛变小，表现出一副气势汹汹的样子。反之，当一只黑猩猩忽然得到一大串香蕉或是准备与同类友好相处时，它的眉毛会自动上扬，同时瞳孔扩大，眼睛变大，表现出一副友好、顺从的样子。

人类也同黑猩猩一样，当我们感到生气或是想控制、威胁对方时，就会眉毛降低，瞳孔缩小，眼睛变小，表现出一副无比威严的样子。反之，当我们感到高兴或是想与对方建立友好关系时，就会眉毛上扬，同时瞳孔扩大，眼睛变大，表现出温柔、顺从的样子。

由此，我们也就明白了很多女性在与别人，尤其是与异性，进行眼神交流时总是喜欢扬起自己的眉毛和眼皮的原因。她们之所以要这样做，就在于此举能使她们的瞳孔扩大，眼睛变大，从而显示出可爱而又让人“可怜”的“娃娃脸”。一般来说，此种表情对男性具有很大的吸引力。相比于其他表情，它也更能增添女性的温柔和美丽。所以，很多女性在为自己化妆时，总喜欢把眉形增高，以便使自己的眼睛看起来更大，显得更加可爱、温柔，从而吸引更多男性的“眼球”。与女性故意将眉形增高相反，男性如果要修眉，他们通常会把眉形降低，以便使自己的眼睛看起来较小，显得精神十足，从而给别人一种震撼力和威慑感，尽显男子汉的魅力。

怎样吸引一个男人的注意力

当某位女性试图吸引一个男性的注意力时，她通常会采取哪些手段？一般来说，她主要采取下列 3 种手段：

其一，通过视觉冲击来吸引该男性的注意力，如精心打扮自己的容貌，穿着华丽、鲜艳的衣服等。正所谓爱美之心人皆有之，当一个男性看见容貌美丽的女性，或是衣着鲜艳、华丽的女性时，往往会情不自禁地多看几眼，甚至会故意停下来驻足观看。如此一来，她就可能达到了自己的目的——吸引了某位男士的注意力。一般来说，使用此种方式的女性其性格较为外向。

其二，通过听觉冲击来吸引该男性的注意力。当一个女性通过容貌、衣着服饰不能吸引某个男性的注意力时，她往往就会通过听觉冲击来引起别人对她的注意，比如，故意在对方面前或是周围大声说话、发出笑声等，以此来吸引对方注意自己。这是很多女性吸引自己心仪男性的常用手段之一。一般来说，使用此种方式的女性其性格也较为外向。所以，很多在办公室或其他公共场合故意大声说话、发出笑声的女性，往往是“别有用心”的。

其三，通过眼神来暗示。当一个女性想要吸引某位男性的注意力时，除了上述两种方法以外，她还可以通过自己的眼神来向对方暗示：嗨，对面的家伙，我对你有点感兴趣！具体来说，她会这样来做：寻找机会和那位男士进行眼神交流；一旦机会来临，她就会脉脉含情地注视着对方；和对方对视两三秒钟后，她就会嫣然一笑，轻轻地把头扭向一边或是向下看。令人遗憾的是，很多男性无法在第一时间内领会女性对他含情脉脉的凝视和嫣然一笑的真实含义。所以很多时候，女性得对自己心仪的男性重复数遍此种眼神暗示，对方才可能真正明白她的意思。当她成功吸引到男性的注意力的时候，会轻微而巧妙地对对方扬一扬眉，并睁大自己的眼睛，以此来告诉对方：笨蛋，我看的就是你！一般来说，使用此种方式的女性其性格也较为外向。

亲爱的，请看着我的眼睛

来看这样一则有趣的故事：

某位男孩在和第 99 位姑娘相亲失败后，从此一蹶不振，并下定决心从此单身过一辈子。父母知道儿子的这个打算后，感到非常难过。于是，他们去向一位心理学家求救，希望他能帮助儿子走出失败的阴影，让他重新振作起来去寻找人生的“另一半”。心理学家听完这位年轻人父母的述说后，当即决定要帮助他们的儿子重拾爱情的信心。他对年轻人的父母说：“你们马上打电话叫他到我的诊所来，我现在就给他‘看一看’。”父母立即照办。很快，这位男孩赶了过来。

心理学家让男孩坐好后，说道：“年轻人，请你给我简要说说你 99 次相亲的过程。”男孩点了点头，然后埋下头说道：“我也感到很奇怪，那些和我曾经相过亲的女孩都说我不打算与她们相处，有的女孩还说我不想听他们说话，还有一少部分女孩说我很冷漠，但我不是那样的人啊，我很渴望与她们交流、相处……”令心理学家颇感意外的是，这位男孩在自己整个说话的近 20 分钟内，居然没有抬过一次头。随后，心理学家又注意到，每当自己说话的时候，这位男孩也总是低着头不说一句话。自此，心理学家终于明白了男孩 99 次相亲失败的原因。于是，他对这位男孩说：“年轻人，不要紧张，你的身心完全是健康的，我相信你很快就会找到你生命中的‘另一半’。”随后，他让这位男孩出去时把他母亲叫进来。当这位男孩的母亲坐下后，心理学家笑着说道：“不要担心，你的孩子身心非常健康，回去后再为他安排一次相亲。不过在相亲前，你这样告诉他，就说和他约会的女孩某只眼睛曾经受过伤，现在不能正常转动，所以她很在意别人看她的那只眼睛。”听完心理学家的这番话后，这位母亲半信半疑地离开了。

不久，他们就托人为儿子张罗到一个姑娘，并安排好了约会的时间。在对儿子进行一番苦口婆心的劝说后，儿子最终答应再试最后一次。在儿子出门前，母亲把心理学家说的话告诉了儿子。儿子听完母亲的话后感到很不解，心想母亲怎么安排自己跟一个眼睛有残疾的人相亲呢，但与此同时，他也感到很好奇，想看看那位女孩究竟是哪只眼睛受了伤。见面后，那位女孩做起了自我介绍。这一次，这位男孩没有在对方说话时低下头，而是时不时地用眼睛盯着女孩的眼睛。因为他试图去弄明白她哪只眼睛受过伤。面对对方如此“火辣辣的眼神”，女孩的心里感到很高兴，同时也感到几分羞涩。随后，女孩语带羞涩地请这位男孩介绍一下他自己的情况。男孩面带微笑地点了点头，便开始介绍自己的一些情况，与此同时，他仍不时地盯着女孩的眼睛看，想看看她那只受伤的眼睛究竟能不能转动。这就让那位女孩更加陶醉了，心想对方看来真的是很在意我。约会结束后，这位女孩没有像此前的 99 位女孩那样掉头就走，而是主动将自己的电话留给了这位男孩。这让男孩感动不已。

回到家后，男孩迫不及待地对母亲说道：“妈，我这次相亲可能要成功，因为那个女孩主动把她的手机号给我了。不过，我没有看出她哪只眼睛受过伤啊。”听完儿子的话后，母亲笑着说道：“傻小子，要是你真看出人家哪只眼睛受过伤，那可真是神了，因为人家眼睛根本就没受过伤。”男孩一听这话，顿时满头雾水。看着儿子满脸的疑惑，母亲说道：“你知不知道你以前相亲失败的原因是什么？”儿子摇了摇头，母亲说：“上次那个心理学家说，主要是因为你在别人说话时总是低着头，不看别人的眼神，这会让别人觉得你根本没有真心和她说话，同时，你说话的时候也不看着别人的眼睛，这会让对方觉得你是一个很顽固的人，不喜欢听别人的意见。所以，他让我在你相亲时给你撒一个谎，说对方眼睛受过伤，其目的就是想利用你的好奇心去观察别人说话时的眼睛，以此多与对方进行眼神交流。”听完母亲的话后，男孩顿时明白了一切。后来，男孩果真和那第 100 个约会对象走进了教堂。

故事固然有趣，但也说明了一个道理，如果你真的喜欢一个人，那么就请你在和她 / 他约会的时候，多看看对方的眼睛。

第二章

赢得爱情靠眼力，从小动作看出异性对你的好感度

触碰你的随身物品，是要和你牵手的前兆

有时候，你和某个男生已经互相有好感，甚至已经开始约会，两人也聊得很开心，但他却迟迟没有牵你的手，这时候女生们都会很疑惑：他是真的喜欢我吗？还是因为害羞而迟迟不敢行动呢？遇到这种情况，不妨先仔细观察一下你们在一起时他的各种小动作，例如他是不是经常把玩你随身携带的包包、手机、吊坠，等等。如果他经常触碰你的随身物品，那么在潜意识里他非常想牵你的手，只是暂时还没有行动罢了。

之所以要观察他对你随身物品的态度，是因为一个人随身携带的东西，虽然不是自己身体的一部分，却扮演着“肢体延伸物”的角色。当他想要触碰你，却不好意思或者觉得太唐突，就会先试着触碰你的随身物品作为过渡，相当于间接地接触你的身体。这同时也是在试探你的反应，如果你给他机会，他才敢大大方方地牵起你的手。

同时，从他触碰的物品种类，可以看出他对你有好感的程度。

在有好感的初期，他会触碰你的“非直接贴身”的私人物品，例如手机、提包等，这些物品是属于你个人的，但没有直接和身体接触，相当于和你接触的入门仪式，借由观察你的手机和提包来制造话题，拉近彼此的距离。

如果他进一步研究你的手表、项链、耳环等这些与身体直接接触的物品，则表示他已经非常喜欢你了，通过接触这些配件来触碰你的身体，进一步试探你的反应，如果你不反感，等于告诉他“牵我的手吧”，他便会大胆行动了。

四种牵手方式，显示不同的亲密度

情侣之间牵手恐怕是最普通的行为之一，只要不是害怕被别人看见的地下恋情，牵手一定是少不了的。然而，牵手也有很多种形式，看他如何牵你的手，能够知道他内心对你的亲近程度。

1. 让你挽着他的手臂

这种挽手臂的牵手方式很常见，通常女方属于小鸟依人类型的，依偎在男朋友的身边，而男方通常比较成熟、稳重，有点“兄长”的感觉，对女朋友非常照顾，不喜欢那种像小孩子一样手牵手的方式。但如果他从来不跟你手牵手，只让你挽住手臂，那就要提高警惕了。不肯让你触碰手掌的男人和你之间一定还有隔膜，他对你还有防备或者隐瞒了什么。

2. 让你牵他的手指

处于初恋阶段的两个人可能因为害羞而只牵手指，但如果他一直如此，往往在心里也藏了某些秘密，有事情瞒着你。与挽手臂的情况类似，他不让你接触他的掌心，也就是仍然把你当外人，还没完全对你敞开心胸，当然也不排除他有严重的“手汗”问题。

3. 像握手一样牵你的手

当他用整个手掌握着你的手，说明你们之间的关系很正常，他和你在一起很自在舒适，凡事都愿意和你分享，同样也希望你很坦诚地对待他。

4. 和你十指紧扣

正所谓十指连心，如果他不满足于握你的手，而要和你十指交缠相扣，多半是处于热恋的阶段，想要和你密切地接触，甜蜜的感觉藏也藏不住。另外，也可能是他感受到某种危机，想要通过亲密的十指相扣来确认你们的关系，获得安全感，此时，可能你们的感情出了某些问题，需要沟通一下。

总之，通过观察情人之间不同的牵手方式，可以判断出他们的亲密程度。

约会中的小动作，预知他的下一步行动

第一次约会之后，最想知道的事情恐怕就是：“他对我的印象如何？还会约我出来吗？”由于不知道对方的态度，常常忐忑不安地等待，如果对方并没有继续接触的想法，岂不是一厢情愿浪费时间。其实，从约会中他的小动作，便可以知道他对你的好感程度，预测他会不会再继续约你。

如果约会时，他会不经意地帮你拨拨头发，耐心地帮你把被风吹乱的头发重新理顺，说明在他心里已经把你当成很亲密的人了，潜意识里希望看到你头发整齐光洁的样子。这和许多灵长目动物互相“梳毛”的动作非常相似，例如猩猩和猴子会用手耐心地为对方梳理毛发，以表达关心和爱护之意。无论是帮你理顺头发还是整理卷起来的衣角之类的动作，都是一种自然流露的疼爱表现。

如果他更进一步，抚摸你的脸颊，则更是一种表现亲密的方式。通常我们只会对非常亲密的家人、恋人或者小孩子，才会抚摸对方的脸颊，这是非常怜爱和亲密的表现。如果他在帮你拨头发的同时，顺手轻触你的脸颊，表明他内心对你已经产生了明显的怜爱之情，想要亲近你、爱护你。虽然可能只是一个顺手的小动作，却比他说上 10 句“你真美”更能表露心意。

再看约会结束时他的动作，即使是第一次约会双方通常都要有礼貌的握手，就算是害羞的男生，握一下手也不过分。如果连礼节性的握手都没有，那么这个男人不是不懂礼貌，就是真的对你没有兴趣，下次再约会的概率几乎为零。如果他想要再约你，握手之后他还会趁机用手碰碰你的手臂，稍微大胆一点的男性，可能还会拍拍你的肩膀或者轻轻搂抱一下。如果仅仅是礼貌性地握手，那么下一次见面的机会也很小。

有的男性即使是第一次约会，也会拥抱你，看起来非常热情，这类男性多半是情场老手、阅人无数。他也很可能再约你出去，但并不一定是认真和你交往，这样的男人最好远离以免自己受伤。

从双腿摆放的方式，看出他对你的好感度

如果仔细观察你会发现，很多男性在自己喜欢的女性面前很善于摆造型。通常男性在站立的时候，如果在很自然的状态下，两腿会自然站开，双脚间的距离与肩同宽或者略小于一些，一般不会双腿并拢呈立正的姿势。然而有的时候，你会发现一些男性在你面前双腿比平时站得更开，两腿间的距离大大超过肩宽，而且脚尖是朝外的。这种站姿是男性典型的开放性姿势，仿佛在展示自己的胯部，好像是整个人都对你“敞开”。这种看上去不十分雅观的姿势，来自于男性的生物本能。双腿叉开，正好凸显了男性独有的“重要部位”，以此在自己喜爱的女性面前展示男子气概，虽然很多女性都十分反感这种站姿，但仍然有很多男性会在不经意间摆出这个姿势。如果他这样站着和你谈话，那么就等于告诉你，你的魅力唤醒了他体内的雄性荷尔蒙，他很愿意和你更加亲近。

接下来可以继续观察他的双手，如果双腿叉开的同时，他双手叉腰或者把手插在皮带的位置，就好像美国西部片里牛仔的姿势，那么他可能是想在你面前表现得又帅又酷，什么都不在乎的样子。而如果他双手交叉放在身前，正好遮住胯部，那么他对你可能还有些害羞，所以下意识地遮住自己的“重要部位”。

喜欢你的男人，不会一直凝视你

恋人之间深情对望的场面相信大家都见过，然而长时间地凝视并不一定是爱的表现。相反，真正喜欢你的男人，不会一直盯着你看。当你说话时，他会忍不住看看你，但是过不了几秒钟就会把视线移开，过了一会儿又会再次把视线投向你的脸。

回想一下自己初恋时候的经历就会发现，想看又不敢看，是男性和女性共有的天性。趁对方不注意的时候偷偷看几眼，但又害怕被对方发现，所以几秒钟之后就会把视线移开，装作没事的样子，可过一会儿又忍不住再看几

眼。如果一不小心正好和对方四目交接，更是惊慌失措，如果是害羞的人，可能脸马上就红成一片。而如果是对你没什么感觉的人，则不会有这种害羞的反应。总之，越是心中喜欢的人，越不敢长时间地凝视，总是想看又不敢看，眼神会在你的脸和旁边的景物之间来回移动。

同样，如果你们谈话时，你发现他无法一直凝视你，总是过不了多久就移开，假装看看窗外的景物，做出一副思考的样子，当然他也有可能是故意在耍帅装酷，但无论怎样，都表明他对你非常有兴趣而同时又很害羞的心情。

如果你还是不确定他对你的态度，不妨趁机做个试验。当他看你的时候，你也把目光投向他，看他是不是会立刻移开视线。之后，你再假装看别的地方，用余光留意他的眼神。如果他又再次把目光投向你，那么就可以确定，他对你有好感。

烟不离手的男人，只把你当普通朋友

虽然一直在提倡戒烟，但是如今吸烟的男士仍然占大多数，不论是社交需要还是释放压力，香烟已经是大多数男士离不开的必需品。女性通常对男性吸烟非常反感，一来是讨厌呛人的烟味，二来是不想受“二手烟”之苦，因此，有涵养的男性在女性面前总会稍微克制一下，尤其是在自己心爱的女性面前，会尽量不吸烟。如果你想要了解他有多爱你，不妨看看约会当中他吸烟的次数，除非你自己也是“瘾君子”，否则那些和你约会还烟不离手的男人，多半只是把你当成普通朋友。

如果他平时烟不离手，但和你在一起时总是能够克制自己尽量不吸烟，这足以说明你在他心中占据了很大的分量，你对他的吸引足以让他暂时忘记吞云吐雾的快乐，或者他愿意为了你一直忍着不抽烟。

相反，如果约会过程中，他仍然忍不住不时地找机会避开你抽一根，甚至只要是在户外活动的情况下就尽情地吞云吐雾，说明他虽然重视你的感受，但内心重视你的程度仍然不如重视尼古丁的程度。

如果你的约会对象刚好有吸烟的习惯，而你又想立刻了解他对你的重视程度，不妨在约会的过程中故意制造一些让他单独行动的机会，看他是立刻开始享受尼古丁还是想要一直和你待在一起。

从约会的动作获得女孩的心理信息

情人的约会是浪漫的、甜蜜的。约会不一定需要烛光晚餐，花前月下，而只要两个人心心相印，情投意合。

你和恋人在周末的夜晚坐在环境雅致、音乐舒缓、富有浪漫气息的咖啡厅里。此时，对面女友的动作将透露出她心底的某种信息。

如果在你们的交谈中，你的女友不停地更换脚的姿势，说明她此时正心浮气躁、寂寞难耐，心中有情绪需要宣泄。

如果她在用手摆弄头发，那么有两种情况：一是她在轻轻地抚摸头发，这是她心底渴望你用温柔的言语体恤她的意识的表现；二是她用力地拨弄头发，这是她觉得受到压抑或对某事感到后悔的表现。

如果你的女友总是在拉扯自己的裙子，很在意裙子的长短和覆盖面，这是她自我防卫心理的显示。她能够想象自己衣冠不整的模样，所以严阵以待。

如果你的女友正含情脉脉地注视着你，那么她一定爱你很深。她很用心地听你讲话，眼神和你交汇时也不岔开视线，这一切都说明她正全心全意地爱着你。

如果她总是在用手抚摸自己的脸颊，那么这是她想要掩饰自己的感情或不愿泄露自己的真实本意而在无意中表现出来的动作。你们相处一定不久，或许还没进行表白。

如果女孩托着腮帮听你讲话，是一种渴望被认同、被了解的流露。其实她并不是在认真地听你讲话，而是在对你的迟钝和不解风情做无言的抗议。

如果女友用一只手捂着嘴巴，静静地听你畅谈，那么这说明她正在控制自己按捺不住的喜悦之情。她太喜欢你了，所以正在尽力掩饰自己内心的激动，认定你就是她的白马王子。

如果她常用手摸鼻子或脸颊、耳朵，这是表示她有些紧张，力图掩饰自己，害怕脸颊泄露自己的秘密。她正处于恋爱初期，恋爱使她更加认识到自身的价值，另外，她也想让自己不要脸颊绯红或不由自主地含情脉脉，以免让你看见以为她已经非你不嫁。

读懂她的“爱意表达五部曲”

正所谓“同性相斥，异性相吸”，当两个异性互相接近时，其身体都会发生一系列的生理变化。心理学家阿伯特·谢夫伦的试验也证明了这一点。通常情况下，在遇到异性时，为了准备一次可能发生的交往，双方身体血液的流速会加快，脸和脖子会发热，脸部和眼部周围水肿的肌肉会大大减少，身体的很多肌肉也会突起和绷紧，整个人显得精神抖擞，神采奕奕。

如果是一位大腹便便的男士，那么他的肚子会自动收缩，挺起胸膛，并尽可能地显露出更多的腹肌来，以显示自己的男子汉气概，吸引异性的目光；如果是一位女士，那么她会不由自主地挺起自己的胸部，同时提起自己的臀部，以展示自己的女性魅力，吸引异性的注意力。

如果你想观察这些变化，一般来说，海滩或游泳馆是最佳场所。因为在这些地方人们普遍都会穿得很少，这十分有利于观察他们身体肌肉的变化，以及抬头、挺胸、收腹等动作。通常情况下，当一个男性和一个女性面对面逐渐靠近时，上述这些生理变化和一些肢体动作就会渐渐显露出来。而当他们彼此走过之后，双方的身体就会迅速恢复到各自原来的状态。

人类学家通过研究发现，人类的求爱过程可以大致分为 5 个阶段。一般来说，当一个人遇见自己心仪的对象时，都会经历这 5 个阶段。

第一阶段：眼神交流

当一位女士在某个场合中发现了一个令自己心动的男士后，她会做出一些动作来吸引对方注意自己。一般来说，她会寻找机会和他对视 5 秒钟左右，然后迅速把头扭向一边，期待该男士发现自己在注意他。当该男士发现这位女士在注意自己后，他会不停地张望着对方，直到她再一次注视着他。通常，女性如果要想自己心仪的男士了解自己的心思，她需要和男性这样对视 3 次。

当然，在某些人身上，这种互相凝视的过程有时需要重复 3 次以上。

第二阶段：微笑

当一位女士和自己心仪的男士进行眼神交流之后，她会向他报以一个或是数个快速的微笑。这是一种并不完整的微笑，其目的是为了给他开“绿灯”，暗示他可以上前与她攀谈，以便双方可以进一步了解对方。令人遗憾的是，很多男士并不懂得女士向他们报以一个或是数个快速微笑的真实含义，所以往往不会对女士发出的信号做出回应，这就会使很多女性认为对方对自己并没有好感或是兴趣。

第三阶段：整理打扮自己

如果这位女士是坐着的，她就会坐得笔直，头微微上扬，以突出自己的胸部，同时把双手或是双腿交叉，从而增添自己的女性魅力；如果她是站立着的，就会将双腿紧紧靠在一起，翘起自己的臀部，脑袋稍微向一边肩膀倾斜，露出脖子。她会玩弄自己的头发长达 6 秒钟——就好像是在为自己中意的男人梳妆打扮自己。此外，她还可能做出舔拭嘴唇，轻弹头发、摆弄首饰等动作。男士则会站得笔直，挺胸收腹。当然，他也可能会做出整理衣服、抚摸头发，以及把大拇指塞进裤兜里等动作姿势。他们双方都会把脚和整个身体指向对方。

第四阶段：交谈

在双方进行眼神交流、微笑，以及整理打扮后，他就会大胆、主动地向她走去，以便双方进一步交谈。一般来说，他会使用这些老掉牙的开场白：“你真漂亮”“我一定在什么地方见过你”“你真像我的一个朋友”，等等。

第五阶段：触碰

当她和他交流后，如果很欣赏对方，她就会寻找一些机会来轻轻触碰对方，可能是“不小心”碰到，也可能是其他情况。无论是哪种情况，其最终目的是向对方示爱。一般来说，相比于触碰对方的手，触碰对方的肩则又前进了一步。通常，每个阶段的触碰都会重复几下，从而确定对方是否注意到或是喜欢自己这样触碰他 / 她，也让对方知道这样的“触碰”不是偶然的，而是自己刻意为之。轻轻地掸拂或者触碰男性的肩膀会让他觉得该女性是在关心他的健康和外表。握手则是一种进入触碰阶段的快捷方法。

表面看来，这 5 个求爱阶段有点无足轻重，甚至带有不少偶然成分，但它们在每一段新的恋情中起着非常重要的作用。有趣的是，这也是大多数人，尤其是男性感到困惑的阶段。

第三章

女人的心思不难猜，解读女人微反应揣摩其真实意图

从相貌选择贤妻

俗话说："妻不贤，不孝子，顶趾鞋，无法治。"一个男士无后顾之忧，全力以事业为主，成功的机会也当然大增，何谓无后顾之忧呢？人生选择中最重要的选择之一，就是择妻，可见娶个贤妻的重要性。

从外貌上看，什么样的女性具备"贤妻"的资格呢？

1. 唇红齿白

嘴唇色泽偏红，同时齿列整齐不尖不龅、齿色偏白，伴随这种面相的是声音偏向柔美，咬字清晰。拥有这种相貌的女子是能够享受美好生活的女子，她们最大的性格优点就是性格中庸，既不情绪化也没有大起大落的生活，而且很善解人意，使得家庭内聚力强，感情基础坚实。

2. 下巴圆满

下巴长得圆圆满满的女孩子，不仅相处起来容易，也是相当善解人意的女人。娶到这样的女子为妻，做丈夫的应该非常的幸福，因为她们是标准的贤内助，对全家人都相当的关心和照顾，而且开朗大度、温和敦厚，是可以信赖相守的终身伴侣。

3. 声音柔和

声音柔美甜润、中气畅旺的女子，即使长得平凡，却都能配得条件相当不错的男性。声音柔和的人，个性多半温柔、体贴，绝对是贤内助的典型。而中气十足，表现这个人的身体强健，特别是语出丹田，表心气相通，浑然达于外。她们婚姻得以和谐幸福。

4. 眼神清澈

眼睛稍大，眼珠黑白分明，明亮慧黠，就像漫画中的女主人一样，有这种美丽眼睛的女子，都是天真、单纯、开朗，带点孩子气的美少女。她们漂亮、气质好，而且彬彬有礼，没有令人难以忍受的傲气，也因为命好，平日多用正面的思考来看待世人，尽管有低潮与挫折，但面对逆境却有克服与转移的一套思维，有这样的妻子，真幸福！

5. 田字脸

所谓的田字脸，就是额头偏方型且腮骨突出，同时脸上有着丰腴肉质，整个脸型方中带圆。这种女子心地坦荡宽阔，好交朋友又乐于助人，同时也是心思缜密，会帮朋友渡过难关的慈善家，没工作的，她热心地帮人家安排，缺业绩的，她会帮着找买主。无论如何，愿意付出比别人多的田字脸型的女人，娶到她等于同时拥有一堆真心好朋友。

6. 鼻子高挺

有着鼻直而挺、山根丰隆、鼻翼饱满的鼻相，这样的女子多半都很有贵气，拥有如此优良鼻相的女子，就算书念得不是很好，也不见得没出息，因此凭着她的自信与干练，事业上会有所收获。而荫夫帮夫是大鼻美女必定会做的事。

7. 柳叶眉

眉型弯曲的幅度相当大，同时呈现弧形，且从眼头长长的到达眼尾的后方，这种柳叶眉的女子都是无比的善良、心地特好的温柔佳人。不过生有这种眉形的女子并不多，遇到了，就要积极把握，以免错失良机，被其他的人追走了。

8. 垂珠厚大

耳垂大又柔软的女人，对人十分宽厚，尤其对自己的丈夫、孩子，都会有一份温馨、体谅的心意，有福荫、有人缘，这样的女人有福气极了！如果你的太太是个有福气的人，全家人一定能接收到她的福气，享受到衣食无忧的生活。

9. 人中清晰

女性要是具有清晰、深长的人中，必定是生殖能力强，所生子息也容易心存孝道、聪明多福，未来成就高。人中形美，也是长寿的表征，故而人中也有“寿堂”之喻。

10. 毛发柔软

发质倾向柔软，个性会很柔和，不会自寻烦恼，不自找麻烦，这样的女人生活会相当安静，是个随遇而安的人。

同时，个性柔软的人还有个好处，行事上不见得没有主见，而是协调性和妥协性很高，总能面面俱到地帮家里解决问题，分忧解劳。

从女人的眼睛观察她

从表面上看，大眼睛女人很吸引人，然而，大眼睛女人通常没有小眼睛女人聪明。因为大眼睛女人老是被人观察，小眼睛女人总是观察别人。

男人的心理也很奇怪，一方面欣赏大眼睛女人，另一方面又警惕大眼睛女人。对小眼睛女人，男人即使知道眯眯眼很狡猾，也会掉以轻心。男人容易战胜大眼睛女人，却又常常输给小眼睛女人。

有人统计过，失恋者多数是大眼睛，小眼睛总是爱情的胜利者，这种情况男女都差不多，只不过，大眼睛男人比大眼睛女人输得更惨，就某种原因而言，大眼睛通常显得很空洞，不深邃。

无论男女都会经常用眼睛去进行较量，这种较量是很精彩的。就那么一瞬间，相互对视的人就会彼此感知对方的分量。眼光浅薄的人容易被人看透，那是因为他们的眼神很混沌，光很散。

眼睛的光泽的确有明显的层次，许多有魅力的女人的眼睛不一定大，但显得很清亮、深远，能给人以神秘感和亲和力。男人非常喜欢探索这样的眼睛。它对男人的诱惑力比较大。女人的大眼睛在艺术表演中有很高的审美价值，但在具体生活中，大眼睛却往往很吃亏。原因很简单，大眼睛总给人强烈的压迫感，令人无法直视。很多人都不敢与大眼睛对望，通常只会偷看。偷看令人心态不平衡，心理反应也很怪异。多偷看几眼，就会挑剔大眼睛的毛病。挑剔的结果大多是对大眼睛的否定，于是，再美的大眼睛也不是很可爱。

不过，大眼睛女人一旦谈起恋爱就非常幸福，因为男人与大眼睛女人独处时都有满足感，会宠爱她，所以，大眼睛女人是恋爱动物。

还有，大眼睛女人在抛媚眼方面，比小眼睛女人更具有优势。小眼睛女人无论怎样努力，她的媚眼也很难被别人发现。而一个大眼睛女人的媚眼，会令男人产生突如其来的兴奋和感动。

有时，女人的媚眼还会像指令一样，让男人完全按照自己的意愿痴痴地干傻事。

女人喜欢一个男人，她的眼睛就会有许多钩，这些钩会勾出男人的衷肠。有时一个女人办事，也会向男人发钩眼，但不少浅薄的男人会把它当成是真爱。要知道，爱的钩眼是一串串的，不仅温柔而且花样丰富。求你办事的钩眼很生硬，那钩眼的光，多看几眼很枯燥。

有水平的男人不仅能看懂女人的眼睛，还能从女人眼睛里看到自己的灵魂和价值。

女人要想征服男人，最好的办法是在自己眼里构筑令男人迷恋的世界。女人被男人征服，是因为男人有征服女人的魅力。男人被女人征服，是因为女人有一双理解男人能力的眼睛。女人的眼睛其实是无边无际的情网，一旦网住男人，男人就会被征服。

在女人无数种的眼睛中，有一种秋水眼绝对迷人。这种秋水眼表面有一层亮闪闪的秋水，那秋水神奇得很，除了无比美丽，还有极强的魔力。它能净化男人的心灵，据说，再花心的男人，一见这种秋水眼，就会变得专一。

女人的眼睛是人类灵性的大门，每一个时代都会通过女人的眼睛来体现生活的光辉。不管你是什么人，也不管你是什么层次，都能从女人的眼睛里找出自己的影子，女人的眼睛其实是一面现实的镜子。

从女人的手探视对方

女人的手势也是因人而异，既有共性，又有个性。经常两手相握，或是相搓手掌或手背的人，大多有自卑感，或是小心眼。她们时而下意识地动作，比如不自觉地看看手表，或者是时而绞弄手绢，都可表现出此人的心绪不宁，多会感情用事。

也有一些女人，喜欢大模大样地反剪双手抬向颈后，这手势有两种含义，一种是有意如此，另一种是无意识地自小养成的习惯。然而不管是有意或无意，都显示此人个性严谨，心里多虑。

有些人的双手，很自然地向下垂，或者轻轻握住，表示此人个性温和，对事情都很热心。

有的女性与人说话时，喜欢以手掩口，做这种姿势的人，比较注重小节。

一双手相互交叉握着，依横的方向不停地动，显示其心不专，心绪不定。

双手一会儿握，一会儿放，表示她做事仔细。如果看到一个有咬手指习惯的人，她可能是个梦想者。心理学家认为这种咬手指的无意识习惯，对任何年龄阶段的人来说都是不雅观的动作。经常做这种动作的人往往都是心不在焉，活在梦想的世界里。

手势不但不自觉地体现性格特征，而且习惯用作有意识表示或手谈。我国聋哑人手谈的运手姿势，武术界模仿各种动物及生活中的手势，其形式相当丰富多彩。而社会生活中的有意识手势表示，也是多种多样的。各国都有其手势在有意识中表现特点，都必须依靠双手来提示。在美国最常见的表示“好”或“同意”时，常用食指和大拇指联搭成圈，其他 3 个指头向上伸，是个“OK”的手势。

总之，手的触觉、感觉、手势、自觉或不自觉都与大脑中枢保持一致，其中有不少学问难以尽举。

耍弄拇指，两手各指互插拇指互相环绕运动，乃是具有积极情绪的表现，此外更有一点有趣的情形：人在愉快的回忆中时，常会慢慢旋转双手的拇指；在计划将来的事情时也会迅速地旋转拇指。

看到妇女一边跟人谈话或听人谈话时，却双手抚摩着臂膊，这正显示她非常喜欢自己，但却觉得旁人并不是像自己喜欢自己那样地喜欢她。

两前臂交叉，两手放在上臂的姿势，表示意志坚定，难以接受讨论。两肩耸起、两臂交叉的姿势表示否定、轻蔑和不信任的态度。

看到一个女人，常把手举起，将手掌对着身体胸前，用另一只手的手指抚摩手背时，此人比较吝啬；其手指紧靠一起，或曲如鸟爪，这是守财的手形，很是小气。

坐在凳子上，双手展开贴在凳子两旁或按在膝盖上表示胸襟豁朗。

从女人的腰了解对方

对于腰部动作这种无声的语言，女人相对男性来说，要微妙很多。女人的腰，是除了女人的臀部和胸部以外的性感符号，它常常是以无声的线条来表示意义的。线条和色彩是人类在有声语言之外最具表现能力的性格语言。女人的腰就是一个线条符号，不同的线条符号体现不同的性格。

1. 弯腰

众所周知，见人即弯腰行礼是日本和韩国女人的见面语言，弯腰所形成的曲线是柔美的、温顺的、流畅的，从而形成一种光滑的外表，这种女人给别人一种柔美的感觉。

2. 叉腰

把两手叉在自己的腰上，这种形象就像两只母鸡斗架的形象。这是女性一种双向的对外扩张，表示出内心的气愤和力量。这种“语言”，一般的女人不采用。但鲁迅笔下“豆腐西施”杨二嫂，却经常使用，让鲁迅看了都吓一大跳。

3. 仰腰

仰腰是“一座不设防的城市”，这叫作女人的“无防备的信号”。如果女人坐在沙发里，用仰腰的姿势对着异性，一般的情况有两种：一是对于眼前的这个男人绝对的信任，绝对的尊重，她觉得他不会给自己带来伤害；二是妓女的一种招数，她告诉眼前的男人：“请跟我来”。

4. 扭腰

扭腰使腰呈现“S”型，这是性的象征。凡是女人扭腰或者扭动臀部，都蕴含了招惹异性的信号。这种语言，在服务小姐、在女模特的身上，你会经常看到。一些浅薄的男人看见模特走路，他们的嘴半天也合不起来，发愣和出神了，这自然会遭到君子的鄙夷。

5. 抚腰

俗话说，没人爱，自己爱。有的女人常常在腰部进行自我抚摸，这种自我抚摸是一种“自我安慰”的行为，同时也是一种“自我亲切”的暗示。

从女人的腿看透对方

人在惊慌害怕时，往往双腿不由自主地发抖，罪犯在接受审判时，他的腿常会首先坦白自己的犯罪心态。

腿部动作即腿部的无声语言，也是女人身体语言中最重要的一个部分。腿部是除了胸部、臀部、腰部以外的最重要的性的表现器官。所以，女人需要掌握好自己的腿语，不能粗心大意。

女人健美的大腿，不仅仅表示美，而且表现女人的力量和信心。女人走路的时候，常常可以体现女性的大腿的力度，也可以表现女人的姿态。所以，走路时抬腿不要太高，也不能太低，不能过分放松肌肉，而要稍稍收紧腿部的肌肉，这样才能达到一种完美的境界。

女人的大腿，坐在椅子上时要谨慎小心，别自我裸露，女人身体的裸露部分一般在膝盖以下，而不能在膝盖以上，裸露过多，让人觉得你这个人太轻浮；别用力抖动，抖动大腿是一种性的暗示，可能引起他人诸多的误解；别太自我张扬，过于张扬，令人感到你太开放，不够沉稳，对人没有戒心；别自我抚摸，自我抚摸大腿是一种自慰的行为；女人坐着的时候，别抬得太高，太高地抬腿，是一种没有修养的表现，尤其不能超过自己的肚脐，这是女人的腿语最重要的规定。

腿语是属于女人的专利，它的信息含量远远超过大腿本身，使用时要特别引起注意。

从女人的发型观察她

发型作为形体语言中最易辨别最具操作性的部分，全面而完整地体现了人们的内心世界，包括行为方式、个人经历、生活状态、性格和情绪等。

发型是外显的个性化符号，一个缺乏个性的人是不会有真正得体的发型的。

一般而言，长发者偏爱回忆，习惯于静态的思维，认知狭隘，耽于自恋，行为被动，容易放弃自我，做事仔细，性别意识较强；短发者追寻新鲜感，注意力分散，情绪更易改变，处事主动，我行我素，较为粗略，性别意识淡化。长发者较依赖别人，留恋过去；短发者相对较独立，朝向未来。长发齐整表示温顺，长发剪出层次表示野性与不羁，长发自然下垂则表示混沌未觉。短发女性化表示压抑的心态，但能够客观地审视自身在现实中的位置；短发男性化则表示心理的叛逆与躁动，以致无法平衡内心的冲突。超过腰际的特长发型与短发男性化者都存有深度的人格障碍，她们将潜存于长发和短发文化背景中的不良倾向加以巩固和强化，甚至走向极端。特长发型者表现为自我封闭和适应环境无力。短发男性化者则易于冲动，缺乏自制。中等发型者居于其间，不因人格态度而妨碍沟通，故大多较能合群，适宜过集体生活。长发者观念闭守，排拒外部信息，短发者热衷于新鲜经验且易改变。中等发型者则不那么自私地过多考虑自身利益，她们用公众意念约束自己，不因个人化的因素影响交流，故中等发型者有更多的朋友。长发者多自我感觉良好，偏爱在回忆中成长；短发者则对抗现实，宁愿抛开过去不要历史。长发者常强调自身的性别特征，其意在于以女性身份去获取照顾；短发者则厌弃女性身份，性意识（性别意识和性的意识能力）淡化，以对抗的形式和扮演激进角色为乐事。中等发型者则永远居于其间，温和而不偏激，较能把握自己。

女性头发披散开来表示乐观热情、恣意放任；头发被束缚则表示自我规约、压抑不满；编发表示向往早年经历，想回复原初；束发表示封闭防守或拘谨失意；挽发表示遭受挫折，心情沮丧；夹发表示暂作保留，等待时日；拢发表示有所收敛期望突破；盘发表示强调女性身份，期待唤起别人（主要是异性）的注意；扎发表示倔强自信、个性独立。

女性直发表示心意平实，女性烫发表示快乐，头发拉丝表示浓郁和热烈，局部烫发则表示在局部范围内获得愉悦。女性头发为本色则表示接受现实，染色表示浮躁与张扬，局部染色表示弱化了的或部分弱化了的染色蕴含。发梢齐整表示驯服温顺，发梢参差则表示野性不羁，发梢卷翘表示不受约束的纯粹状态。前额置有刘海表示留恋现在执意维护现状，尤其是用发胶将刘海翻起定型者角色意识强烈，着意强调个人的社会身份；前额刘海往后箍住表示心胸开阔、思绪烂漫，两颊缀饰头发表示易于突发奇想，将头发前置则表示活泼好动与愉悦。

从戴戒指判断女人对爱情的态度

摊开双手，看看对方把戒指戴在哪一个手指头上，将会看到她内在的那一面。不过对方或许不只戴一枚戒指在手上，倘若如此，请将对方最喜欢戴的手指依次排列，找出她种种层面的性格，如果对方是根本不戴戒指的人，也是另一种对于戒指的选择，在这里同样可以找到解释。

1. 右手

（1）戴在大拇指上：对方是充满自信、骄傲、不服从别人的女人，自以为是，不需要听从或听信任何人，做错也不在乎。

（2）戴在中指上：对方是理想主义者，凡事都有一番见解，从来不在乎品位情调，只要完成工作达到目标，她有强烈使命感，有耐心完成所有工作，即使义工或为理想而没有收入的工作，她一样尽快完成。

（3）戴在食指上：对方很擅长与人竞争或夺取某些东西，这种性格特质使她在做生意或事业表现上有超于一般人的能力，她不计较他人的批评或感受，只要达到目的或得到她想取得的东西，一切代价在所不惜。

（4）戴在无名指上：对方好像有永远做不完的工作、说不完的话题，在不断的付出与取得中，忙得不亦乐乎。她常常有许多挫折感，因为她一方面是主角要掌管很多工作，却又要做许多配角去搭配别人，常有不知所措的慌乱，不知道自己该做什么样的人才能最理想。

（5）戴在小指上：对方充满了友情和博爱，喜欢带有神秘色彩的东西，哲学数理却是她最拿手的绝活，如果有机会也可以研究《易经》或命理，她也喜欢看相和星座。随和的她喜欢赞成别人，不喜欢反对别人，适合小家庭或小团体生活，不适合大家庭或大团体里的复杂人际关系，她是非常善良的人。

2. 左手

（1）戴在大拇指上：对方要很多人的拥护和爱戴，就好像政客一般，不计较仇敌与朋友，只要能投她的票都是好人，她不会把感情付出给别人，但会让别人分享她的光荣和成就，并且是为人服务、解决困难的领袖人物。

（2）戴在中指上：对方是重视仪容的人，不仅衣着高雅，态度也谦和友善，很重朋友和情义，常为朋友辛苦付出也不在乎。她会争取应有的自由与权利，是朋友中的中心人物，受人爱慕与尊敬而且自尊心强烈的人。

（3）戴在食指上：对方是勤奋工作者，对有兴趣的工作，从来不在乎花多少心血去完成它。她有喜新厌旧的性格，对过时服饰感到很厌恶，她喜欢淘汰没有用处的废物，因为她永远要表现很有效率，她不需要浮华不实的时髦打扮，但必须是品质好、坚固耐用、持久性强，在含蓄中略带一些高雅的设计。

（4）戴在无名指上：对方是家居型的人物，希望拥有一个安稳的家庭与家人，大家同心合力在一起生活，每一个人都能有自己的基本责任和义务，她有贤能和安定的个性，照顾和保护弱小或衰老的人，又能友善地与年轻或同年纪族群合作，经济、事业与家庭都能在稳定中求进步。

（5）戴在小指上：对方是自私和自傲的人物，常常能有与众不同的表现，她的胆识与见闻广博，常赢得别人景仰与信赖，渴望与众不同，因此常暗中孤芳自赏，为此经常寻找自己的天分。为了赢得别人的喝彩，她会不断地努力奋斗。

3. 完全不戴戒指

如果对方完全不喜欢戴戒指，表示她不喜欢和别人一样受拘束，有自己的主张，做自己喜爱的工作，在行为和精神上能放轻松，不受任何人干扰。她不喜欢变化太多的生活，或追求太高太远的目标，最适合自由自在过一生。

从搭车看女孩爱你的程度

女人心，海底针。还有一种说法，女人的心事你别猜，猜来猜去只会把她爱，这话没错。你在猜测之中深深地爱上她，可你依然猜不透你在她心目中的地位，你们的亲密度到底有多深呢？她是如何看待你们的关系呢？其实，何必如此烦恼，只要让她搭乘你的摩托车，从她的动作中便可知晓答案。

如果她把手扶在后面的把手上，那么表明她对你还有些距离感，对你们的关系并不十分确定。她在感情处理方面比较冷静，一时不会陷入爱情的漩涡而不能自拔。换而言之，你的甜言蜜语、柔情似水暂时还不能打动她，所以要彻底捕获她的芳心还有待加油。

如果她扶在你的腰际上，你就可以高兴了。因为她已经放下了心理防线，正在全心全意地爱你，而且爱得很理智。她认定了你是那个给她坚强臂膀的人，所以你要懂得珍惜对方！

把手放在膝盖上或者干脆不扶的女友一定很让你头痛吧？她可能只把你当作普通朋友，也可能把你当作不错的男友，她烦恼的是，有时她自己都不确定跟你是什么关系，就这样若隐若无地相处着。你要加把劲，努力一把，成功就在眼前。

如果你们还没有确立恋爱关系，一般她不会紧紧抱着你的后背。如果她真的这样，要么她为人较轻浮，要么就是向你暗示：我爱你。是前者，需要你拔出你的慧剑；是后者，你没事偷着乐吧！

从体态语言看女人

女人的体态语言不仅使一些羞于启齿的信息自然地流露出来，而且使女人看起来更动人。男人如果不能适时有效地读懂女性的体态语言，就很难深切地了解女人。

从头部看女人。习惯头部上扬的女人通常自视甚高、傲慢而唯我独尊，或许是因为她们的条件一般都不错，追求她们的男人又较多，所以她们对男人的要求甚高，却很少能够真正体谅男人的苦心。习惯头部低俯的女人通常内向而温柔，虽然有时显得缺乏激情，但是能细心体贴关照男人。习惯头部侧偏的女人通常充满好奇心，但偏于固执，这种女人容易与男人一见钟情，却没有相伴一生的忍耐力。

从手和手臂看女人。握手是男人接触陌生女子身体的唯一机会，女人也乐意抓住这次难得的机会传达她的信息。手心干爽的女人性格开朗，也可能表示对此次晤面没有特殊的兴趣；手心潮湿的女人性情较内向，也可能表明她的内心很紧张或很恐惧。要找到两者间的差别就需看她的眼睛是躲闪还是微闭。握手时手心朝上的女人多是柔顺易于相处的，手心朝下的女人多是争强好胜、不肯服人的一类。而只伸出手指的女人多精于世故、吝啬贪婪，同时还传达出一种蔑视的意思。

女人双臂的体态语言一般是通过交叉双臂来实现的。标准的交叉双臂姿势没有特别的含义，不过是女性一种本能的自我保护，但如果长时间维持这个姿势就表明消极的态度。用双手握住双臂的姿势表明了紧张和不知所措。单臂交叉的姿势是女人在缺乏自信或身处陌生环境下使用的体态语言，意味着她需要帮助。掩饰的双臂交叉是常在公众场合露面的女人传统姿势，这种女人多数虚伪而且老练。

从臂部看女人。走路时左右臂上下摆动的女人往往热情而不拘小节，好幻想，不喜欢户外运动。走路时左右臂几乎不摆的女人现实而富于功利心，她们像喜欢运动那样喜欢恋爱，目的似乎只为了自己。臂部安静时自然上翘的女人多数热情开朗，喜爱交际又敢爱敢恨。安静时臂部下垂的女人多数性情温顺，对爱情专一而且执着。

从胸部看女人。喜欢挺胸的女人肯定充满自信，心中很少有传统的女卑观念，是现代新女性的代表，也表明她们的心态健康而积极。喜欢含胸的女人肯定不那么自信，或者天性羞涩，她们的人生观相对消极，多愁善感，渴望爱情又缺少勇气，只会默默地等待。

手提包与女人的个性

1. 选择外表时髦但实则廉价的提包的女人

她们表面看上去生活幸福美满，可私底下却有着一些不为别人所知的烦恼。除此之外，她们不能勇敢地面对现实，习惯将那些看起来很困难的事情推托到遥遥无期的未来，眼不见为净。

2. 选择中性色系提包的女人

这种人从里到外都暴露出懒惰：懒于动脑筋思考一下是否换一换背包，以增加自己的风韵；懒于表现自我，极力使自己不引人注目；懒于应对生活中的各种压力和挑战，只希望与寻常百姓打成一片和淹没自己；懒于让自己成为他人眼中的焦点，于是周身上下都是中性的，不光是发型、鞋子、美容品，就连说话的语气也难逃中性化。

3. 整天背着大背包

明明没有驼背，却因为背包的重荷而不得不佝偻着腰，一副悲观主义者的模样，总是无精打采，似乎有极强的戒备心理。她们既不相信生活，又缺乏自信，但在骨子里并不甘心落后于时代潮流，期望借助精巧的小钱包，或把网球拍露出背包来为自己鼓劲和加油。

4. 喜欢大手提包里装小皮包的女人

精力充沛、兴趣广泛并有很强适应能力。她们每天必须扮演很多的角色，而且时间紧迫，被工作、娱乐和交际塞得没有空隙，所以展现出双重性格特征，真正了解她们的人少之又少。

5. 偏好使用色彩鲜艳的手提包或背包的女人

这种人头脑简单，富于幻想，举止有些轻佻，掏钱买这些手提包的时候，完全不会考虑这些包包与自己的服装颜色和款式是否协调，想的只是如何才能吸引住异性的目光，如何和他们搭讪。更有甚者还会将幸福押在小包包上，借用小包包提高自己的品位和档次，创造进入高档场所的机会。

6. 肩上小包塞得满满、手上大口袋晃晃悠悠的女人

她们天真活泼，习惯把生活看得很简单，根本就不准备花费时间和精力去打造设计，而每当问题出现后，依然天真地认为困难很快就会过去，还可能浪漫地幻想会有白马王子及时出现。这种依赖和等待的心理使她们处事缺乏整体性和前瞻性。

7. 经常变换背包的女人

精神经常处于极不稳定的状态，缺乏主见，而且不了解自己的兴趣所在。她们不知道应该选择什么样的情人，所以相当挑剔，也相当随便，有时对意中人冷若冰霜，有时对讨厌的人热情似火。她们总是犹豫不定，她们会把很多男人的优点作为择偶条件进行考虑，而一旦有了决定，往往又会把目光投向另一处，虽然接触到的很多，但属于自己的却很少，常常是两手空空。

8. 从不背包的女人

没有手提包的女人，属于不负责任类型，但却因为摆脱了这个约定俗成的规律而成为其他女人羡慕的对象。手提包作为一种饰物，对于每一个爱美的女人来说不可或缺，所以她们有着与众不同的个性，崇尚自由和无拘无束，渴望独立。

9. 公文包不离身的女人

典型的工作狂，有较强的事业心，而且愿意让自己整天陷入繁忙的公事之中；交朋友较为慎重，说话处事亦小心谨慎，故朋友不多；不容易引起男性的关注，她们虽然感情不很外露，但心底却有着对异性的强烈渴望，得不到满足时便更加沉迷于工作之中。

细节可察觉女人对你的爱慕之心

1. 她经常“偶然”出现在你身旁

爱情心理学的研究表明，当一方对另一方产生爱慕之心以后，总希望让自身的形象引起对方的注意，因此总惦着寻找机会把自己显现在对方的视野中，但是由于自尊、害羞以及社会评价等因素的制约，向对方显示自己时表现得比较谨慎，又不愿让对方发觉自己是故意这样的。因而往往装出“无意”“偶然”的样子作为掩饰，以便万一遇到麻烦有一个退步。一旦这种“偶然”经常发生，那你就有必要多想想了。

下班的时候，她经常“偶然”在单位门口遇见你，并且每次都要“顺便”和你同行一段路，尽管这会使她绕远多走路。

在食堂吃饭的时候，她经常“偶然”坐在你习惯坐的饭桌旁边和你攀谈，注视着你，甚至还会把好吃的东西让你品尝。

在开会的时候或在看电影的时候，几乎每次她都“偶然”坐在离你不远之处，甚至会和你的座位挨着。

在大学校园里，每次当你和同伴在幽静的林荫道散步时，她经常“偶然”在那时恰好也散步来到你的面前。

特别是你若试探地改变一下你的活动路线和时间，她也同样会“偶然”地随之改变。那么，这种“偶然”大概就不是偶然，很可能是有意引起你的注意了。

2. 她的目光经常跟随着你

一般说来，人们对自己特别喜爱的东西总觉得看不够，希望能经常见到。被爱慕的异性则吸引力更大，“一日不见，如三秋兮”，一旦“意中人”出现了，她的目光会不由自主地被吸引过去。当双方还没有明确说出心思时，这种目光常常是悄悄射向对方的。

在工作间隙你偶一回头，会突然发现有一双明亮的眼睛在注视着你。

在单位集会的场合，你也会发现她的目光正从许多人头的空隙处凝视着你。

只要有她在场，你总会觉得有双眼睛在盯着你，有时又会一闪而过。你会感到这种目光与众人的目光不同，它带着一种凝视的力量，带着希冀和温情，似乎要把你的视线吸引住，使她心动。这是因为，眼睛是心灵的窗户，许多无法用语言表达的感情，都可以用眼神传达。据对行为信号的剖析研究，人们如果看到动念的事物，瞳孔便会无意识地放大，当双方无言相对，而对方却一直看着你超过6秒时，你会产生对她的特有注意，甚至会感到不自然。可见目光在传达感情上多么重要。也正因为这样，目光也为你了解对方的心灵提供了窗口。因此，当你发现她的目光经常在注视你时，应明白这是传达信息的好时机，倘若你也有意，不妨试着在注视对方的同时报以深情的微笑，而对方的目光不但不躲避，却显得更明亮了。那么，至少可以断定，她对你已产生好感。但是否是表达爱慕之意，还需要用其他表现证实。

3. 她突然变得对你格外关心

青年男女在表示对对方的关心帮助时，都比较谨慎，而且常常是拉着几个同伴一起行动，很少单独向对方表示。如果你发现她突然变得对你格外关心，独自悄悄地给你出乎意料的帮助，至少说明你在她的视野中占据了重要位置。

你脸色不好，她会悄悄问你："是不是身体不舒服？需要什么药吗？"而别人却看不出你脸色的微小变化。

你遇到一件不愉快的事，她当时并没在场，事后却主动向你表示慰问劝导。这显然是从别人嘴里打听到的情况，说明她在时刻关注你。

你偶然因故缺勤，她会很快发现并不动声色地打听你为什么没有来。

单位有什么好事或不利于你的事，她会很快地告诉你，为你高兴或忧虑。

4. 她和你单独相处时不自然起来

以往你们单独相处时，她并没有什么不自然的表现。忽然间你发觉她和你相处时变得局促不安，手足无措，说话也不那么利索了，特别是还伴着脸红的现象。那么，如果不是她做了什么对不起你的事，就很可能是对你动心了。心理学家认为，当一个青年对另一个青年异性开始钟情而又没表达出来时，往往在面对异性时不知所措，脸红耳热心跳。这是性焦虑的一种反应。这种不自然的表现，向对方发出了意会的信号。

5. 她总想了解你

她常向你谈自己的童年，给你看过去的照片，讲上学时的趣事，告诉你家里的人口情况、父母的性格爱好，进而暗示欢迎你到她家去玩。这往往是表示愿意接纳你为她家庭成员的信号。

她也可能常常问起你的家庭情况，听你讲童年、讲过去，对你家里的事情有特殊的好奇心，甚至还常向别人打听你的生活，总想找机会到你家拜访。这往往是愿意成为你家庭成员的信号。

6. 她变得爱对你恶作剧

这是一种希望引起你注意的变态行为。这种情况在女青年身上表现得较多。大多是因为找不到正当的理由接近你，或者你从没有想到要注意她，于是她就用恶作剧的手段来表达。

下班时，你突然发现自行车的气门芯被人拔掉了，别人悄悄告诉那是她干的。

在众人面前她会专门开你的玩笑或者成心拿话气你，让你下不了台。她从这里可以获得一种心理满足。不过，这种恶作剧基本上是一种失败的表达方法。因为这常常会使对方产生厌恶情绪，根本不去想你内心隐藏的真实意图。

识破女性约会的心理特点

一般地讲，初次约会机会的获得要靠男方主动争取，至少在现在的中国，爱情的开始一般以男性首先表达为常见。为了避免被拒绝的尴尬，男性一般要在把握比较大的情况下提出约会的要求。所谓把握比较大，是指对女方已经有一定了解，知道她在一定程度上喜欢你，至少不讨厌你，当然，如果能知道她正在暗恋你，事儿就更好办了。提出约会请求时可以用一些冠冕堂皇的理由作为借口，比如一起看一场电影、话剧或球赛之类。提出要求时要做好被拒绝的准备，因为对方可能没时间，或者不喜欢和你单独相处，甚至有些女性为了显示矜持的个性，在你第一次发出邀请时会故意拒绝。如果对方拒绝了，千万不要生气，而应有礼貌地说："真是遗憾，不过没关系！"当然，如果初次约会是由朋友、亲戚给安排的，就没有这些考虑了。

1. 约会的时间和地点

在双方都同意约会后，应细心安排约会的时间和地点。时间一般选在傍晚比较适合，因为傍晚见面天还未黑，双方可以互相打量观察对方，待天黑之后，谈起话来又有情趣，而且夜幕可以掩藏初次见面的不安和羞涩。地点以离女方住处较近为好，要选择环境优美、谈话方便的公园、沙滩、茶座等。选择地点一要忌偏，这样的地方双方都不熟悉，影响约会。二要忌远，远的地方影响第二天的学习、工作。

2. 初次赴约

在双方确定约会的准确时间和地点之后，接下来的事就是赴约了。赴约一定要守时守信，最好提前几分钟到达约会地点，不到万不得已，不能耽搁。如果有事迟到了，一定要向对方道歉并解释原因。当然，假若对方迟到了，也不能将心中的不耐烦表现在脸上，而应宽容一些，问一问对方遇到了什么麻烦事，不论是什么原因，都应给予充分的谅解。

有一个小伙子，三天前约定与别人介绍的姑娘在公园相会，不料到了那天下起了大雪。虽然大雪纷飞，而且又是傍晚，小伙子还是按时去了。然而女方没有到，等了好一会儿，对方还是没来。小伙子并未生气，而是在旁边的大树下看起书来。原来女方认为下了那么大的雪，对方不会去了，所以就没打算去。但后来她又不放心，抱着看一看的想法去了，结果看见小伙子已经抱着书等候多时了，她顿时感到心里一阵暖流穿过——爱情的第一页就这样掀开了。

3. 初次约会的形象

初次约会一定要注意自己的形象。很难想象一个裤子皱巴巴、衬衫领子脏兮兮、领带歪歪斜斜、皮鞋灰蒙蒙、头发乱蓬蓬的男士会得到女性的垂青。男性应适当注意一下自己的形象，以看起来整洁大方、自然潇洒为好。

4. 约会中的交谈

约会中最重要的事情是谈话，正所谓“恋爱是谈出来的”。只有两个人互相了解了对方的志向、兴趣、个性、品格，才能撞出爱的火花来。初次约会时应主动和对方攀谈。谈话宜从一些公共话题开始，比如天气的冷热变化，时下上演的精彩电视节目和电影等。谈话中应当主动向对方介绍自己的情况，如学习、工作、生活、家庭、个人经历，等等，但有一点要记住，即不能只顾自己独自口若悬河、滔滔不绝地谈，而不顾对方的反应。谈话的艺术关键在于善于倾听。只有善于倾听才能听出对方感兴趣的话题，才能使谈话趣味活跃起来，才能在两个人共同感兴趣的话题上谈到一块儿，谈出不同凡俗的见解，才能在两颗心灵之间产生碰撞的火花。谈话时要自然大方，既不要吞吞吐吐、藏头露尾，也不要夸夸其谈、自吹自擂。对对方提出的问题要给予尽可能完满的回答。另外，谈话中对一些异性之间的禁忌和社交场合的禁忌是应小心避开的，比如女方的年龄、是否有过旧情人等。

最后，如果经过接触，发现对方不是自己中意的伴侣，也不要应付几句就借故溜走。做事应有头有尾，约会要好聚好散，应当在经过一段时间的攀谈后由男性送女性回到她的住处。

5. 了解女性的想法

女性一般来讲天性细腻，情感脆弱。她们心里经常有许多“小九九”，她们认为男性不了解她们心中细微的想法，因此，如果你若能将她无意中流露出的小要求、小兴趣牢记在心，当有一天你在做事时将她的小的要求和爱好考虑在内时，一定会令她感动不已。女性关注自己身上的每一处微小变化，在美发厅将发型稍微变个样，她也会在镜子前照上半天，她希望男友发现她的变化并给予赞美。如果粗心的男友对她兴致勃勃的样子视而不见，她会大生闷气，或者主动问你："喂，你到底发现没有，我是不是哪里和以前不大一样了？"善于和女性相处的男性往往能发现她们身上的每一处微小的变化并给予适时适度的赞美，令女性因受到体贴的关注而欢喜不已。

女性希望别人尊重她，了解她。中国人男尊女卑的观念由来已久，至今仍有许多大男子主义者，虽然嘴上不说，心里却总是觉得女人不如男人。他们在和女性交往过程中，不注意了解她们的心理，不尊重她们的意志，这种做法是要不得的。比如陪着女人散步的时候，最优雅的姿态应是挽着她的手慢慢地走。不能动不动把手臂弯过她的腰围，除非在偏僻的地方经过她的允许之后。当她提议要回去的时候，多半是她已经兴致阑珊了，聪明的做法应是顺从她的意思，尊重她的意见。不要死命地纠缠不休。你要知道，即使她无可奈何地继续陪你走，她也不会像开始那样高兴了。更糟的是下次她可能不会轻易答应你的约会了。如果你和她的关系仍然处于"客气"阶段，那么对于每一个提议，你必须加上一句："方便吗"或"这样可以吗"之类的征询，是最优雅而又得体的态度。

女性的一些想法经常不会明说出来，这就要求男性去猜，去了解她的心思，去体贴她。如果你问她："我送你回去好吗？"她回答的是一句普通的客气话："谢谢，不必送了。"这表示你可以送她。假如她用稍为严肃的语气回答："用不着，我自己回去得了。"这表明她有不便之处，你最好识趣一些，抽身而退。最容易让女性动心的是了解之后的体贴入微。所谓体贴入微，就是要在细微小节的地方为对方着想。散步的时候，走一段之后就问一句："走得倦吗？"或是"要不要找个地方吃点什么休息一下呢？"当你要喝茶的时候，即使多余也必须先问对方一声："你要茶吗？"在公共场合或陌生人太多的场合，你得关切她偶尔产生出来的迫切需要，你应当观颜察色，用一种优雅的态度私下里问她："要不要到洗手间去？我可以告诉你在什么地方。"女性对于这类小问题常常是不方便开口的，而你的关切也许正适应了她的需求，她怎能不为你的细心关怀而感动呢？

但是尊重女性这一点主要是针对那些大男子主义严重、行事粗鲁的男性来讲的。一般而言，如果男性在这一种倾向上发展得过了头也不是件好事。一些男性以为一味温柔体贴，事事服从，女人便喜欢，追求便会成功，其实这是一个极大的错误。一般来讲，每个女人，不论她在事业上多么成功，不论她内心多么坚强，都有一种依赖感，有一种靠在男子肩膀上的心理需求。而一个一味迁就服从的男性，虽然温柔，却少了男人的魄力和气概，令女性从心里失望。每一个女人都需要一个有主见、有信念、有魅力、有气概的男子来做她的护花使者。因为女人不爱则已，一爱则会全身心地投入，将整个生命寄托在所爱的男子身上，试想，她们怎能相信一个软弱、无丈夫气、只会听女人话的男子担当得起她们的寄托？因此，有一点必须明白，在女人面前，必须拿出男子气概来！

男子气概的一个主要标志便是有主见，因此，对女人不要永远做服从者，该出手时就出手。在面对你把握得准的事情时，或涉及你做人的原则问题时，该强硬的必须强硬，不能让步的绝不让步，面对你坚定的立场和果断的作风，女人们可能在表面上似嗔含怒，但在心底却可能正暗暗喝彩“有男人味”！其实在许多事情上，女人经常故意和男子作对，她们心中并无什么固定的主张，只是贪一时口爽或考验一下男子的决断力，待男子拿出主意时，她们便跟着一起走了。

博得女性芳心的秘诀

现代社会紧张而有规律的生活节奏将人们纳入了一个个固定的生活轨道。大多数的人受不了这种一成不变的生活方式，尤其是女性，因为她天生是浪漫情调的追求者。从做小女孩的时候开始，女性们就做起了浪漫生活的美丽梦想。到年龄稍长，进入青春期之后，她们的浪漫梦想中必不可少的会出现一位虚拟的男主角。在以后的日子里，她们几乎所有的浪漫情怀都和那虚拟的男主角有关，她们心中的男主角就是那个将为她们的生活带来浪漫情调的理想爱人。

有些愚钝的男子，他们不懂女性的心理，他们和女孩子们大谈足球，大谈事业，结果如何呢？女孩子索然无味，对你一点也不感冒。你应当向她表白，让她觉得自己是集中10个女人的优点于一身，是你的生命之源。除了向她不时地倾诉爱意，你还必须经常送她一些小东西，比如香水、鲜花、丝巾之类，送的时候必须将它们漂亮地包好，然后诚心诚意将它们送出。你还可以带她到公园寺庙游玩。然后在佛前真诚地为她许愿。你可以冒着大雪徒步夜行30里为她送去一件寒衣，你可以来来回回几十里接送她上下班。一切可能制造浪漫情调的地方你都带她去，放映异国风情影片的电影院，响着轻音乐、透着柔和的灯光的小酒吧，气氛温馨，泛出书卷气的书楼茶座……浪漫的情调最能激发女性的爱情，当你一手为她制造了她梦想的浪漫时，她会给你丰厚的回报。

浪漫情调有利于培养两个人之间和谐美好的情感，但是这种培养有一个前提，即双方没有基本价值观念、生活态度上的冲突。因为大多数女性认为，一个与她有相同或相近观点的男性才是一个值得依赖的、可以依靠的人。因此，如果发现你与你喜欢的女孩在一些观念上有分歧，只要不是什么涉及立身处世的原则的东西，尽量不要与她发生正面冲突。因为冲突容易产生情感的裂痕。事实上，人和人之间的差异分歧是普遍存在的，两个人在一起相处，都有一个逐渐磨合的过程，但这个磨合过程应当循序渐进地展开，在两个人开始的交往中宜求同存异，投其所好。

另外要博得女性芳心，你必须力求避免她以任何方式拒绝你的追求。如果她在刚开始时就向你说“不”，那事情就难办了。因此在谈话行事之间，你必须小心、注意，什么事情尽量顺着她，与她保持一致，即使在你看来明显是对方有错。比如许多女孩不会控制自己的情绪，她们会凭着一时的怒气、怨气说出一些不该说的话来，这时你不可立即反驳她们，将自己的观点亮出来。你应当首先赞同她的观点，仿佛和她们站在同一立场，待她们情绪平稳之后再动之以情，晓之以理。比如一位女性因迟到而被扣发当月奖金，她很生气："我迟到了5分钟，他们就将我的奖金扣了！"这时你最好对她讲："这确实太不近人情了，你们单位的制度太死板了。"待到她气消之后，你可以再对她说："不过人家这么做也有道理，一个单位总应该有个规章制度才好，有了就应当执行嘛！"这样，对方就会觉得你既体贴人心，又明白事理，会安慰人，对你无形中增加了一层好感。

有诗云："月上柳梢头，人约黄昏后。"相约黄昏并不仅仅是因为夕阳无限好，有研究表明芳心容易软化在夕阳西下、小鸟归巢时。一般说来，人的思考能力在日落之前那段时间里是最为低下的。心理学家告诉我们，人的精神与肉体之间，受"体内时间"的支配，而人们的体内时间，正如支配人的身心发展的其他自然规律一样，具有高潮与低潮之分。其高潮出现在早晨，其低潮呈现在黄昏夕阳西下时分。

有些女孩子，男人很难接近她，聪明的男子，则会在黄昏的时候去试探，说不定就能打动她的芳心。因为这个时候的女人，理性的能力较弱，当她的精神处于松弛状态的时候，即使平常疑心病较重，也很有可能把否定的回答变成肯定的回答。所以，说服女性的最好时刻，黄昏时分是最恰当不过的了。也就难怪情侣们大多把约会的时间选在这个时候了。记得钱钟书的《围城》中，苏文纨借黄昏后、新月初上时，与方鸿渐风花雪月，方鸿渐在就范后说："这样的天气让人做错事。"其实，男女都一样，都有一个心理的潮汐，聪明的男士们，想主动出击，选好美丽的黄昏。

女人跟男人比，更容易情绪化，尤其是到了夕阳西沉的时候，她们自己也深为不解地容易变得伤感起来。这时所有的风景和心情，都镀上了梦的色彩。女性在这时最容易动感情，沉醉于这样一种温馨、平和、优逸、舒适的情感气氛中，她会觉得世界是多么美好，自己是多么幸福。利用黄昏时刻的好时光，向你心爱的姑娘道出你的心里话，她最终是会被打动的。

选择美丽的黄昏，营造出了恋爱的氛围，想进一步打开姑娘的心扉，你还得靠什么呢？一般来说，人们接受外界信息与知识，主要靠视觉和听觉。男性多属视觉型，女性则多属听觉型，女性的语言能力强于男性，特别是对声音的分辨，明显优于男性。

当你们双双陶醉于爱的漩涡中时，女性总是喜欢闭上眼睛来享受那种欢乐。此时，如果你在她耳边说上几句绵绵的情语，一定会在她心目中奏起感情共鸣曲，她会感到幸福无比。

女性喜欢男性在她面前绘声绘色地描述一件有意义的事情，如果你能将一天的所见所闻，生动、幽默诙谐地表述给你的女友听，她一定会为你倾倒，并使双方的思想在和谐的气氛中得到交流。

第四章

看穿他才能把握爱，从男人的微行为了解其真实性情

认清男人的真面目

女人们把找到一个一辈子值得依靠的男人当成自己这一生最大的事情，更将终身的幸福押到这个选择上。有时候女人会因为一时的冲动，或急于搭建爱巢，或者因为阅历不深而被迷住双眼，结果不但尝不到婚姻的甘果，还会抱憾终生。心理学家经过调查，发现具有下列性格的男人容易将女人推进“婚姻的坟墓”。

1. 有恋母情结的男人

他们和母亲有着浓浓的血缘关系，而且长大成人后对母亲的依恋依然强烈浓厚，让母亲决定自己的婚姻以及以后的生活，更有甚者和母亲同住而远离新婚娇妻。他们通常是在家长的溺爱之下长大的。如果条件允许，他们则会进步得很快，但一旦出现意外，便会表现出缺乏判断能力的弱点，有的时候全线崩溃，和小孩没有什么区别。

2. 只爱自己的男人

他们是自恋的男人，全心全意注重自己身上的每一处，只关爱他人一点点。他们迷恋自己，通常是因为自己长得帅气、条件出众，还会故意表现出爱美的心态。如果选择这样的男人，一定要和他们的优越和美好匹配，否则就会被对方蔑视。必须清楚的一点是他们的仪态和表情如海市蜃楼一样虚无缥缈，他们只是表面的作秀者，实际上他们“嘴尖皮厚腹中空”。

3. 孤高才疏的男人

他们自命不凡，常常认为自己是这个世界上最出众的人才。他们好高骛远，而自己实际上并没有真才实学，也不肯脚踏实地地拼搏一番。他们常常自吹自擂、口若悬河，取得了一点成就就分不清东南西北了，到处夸耀。他们一点儿也不稳重，没有人会相信他们，他们注定一生碌碌无为。

4. 疑心和贪婪的男人

他们最大的缺点就是将女人视为私有财产，对妻子与其他男人交往横加干涉，疑心极大，胡乱猜疑，根本就不顾及妻子的尊严和人格，粗鲁者还会拳脚相加。爱情具有可怕的作用，那就是占有和猜忌，所以占有欲强烈的男人非常容易走上极端，对妻子或情人进行监视和压迫。

从男人的体型看性格

人们在工作或社交场合中总是把自己的内心包裹得严严实实，要想了解一个人的性格，并不简单。但是人至少有一样东西是难以包裹的，这就是他的体型。人的体型在意识范畴之外，然而却能反映内心。因此，我们可以通过体型来大致判断男人的性格。

德国心理学家和精神病学家克瑞其米尔曾经发表过《身体结构和性格》，最先将体型与性格联系起来，并进行归类和系统研究。

下面介绍 5 种不同的体型及其相关性格分析。

1. 肥胖型

这种体型的人的特征就是在胸部、腹部、臀部上厚积了一些赘肉，一旦腹部等处凝聚大量的脂肪，俗称的“中年肥胖”便出现了。这类人能很快适应周围环境的变化，大多属于好动的人，乐于偷懒和被人奉承，有时在工作中要点小聪明。其中多数人容易被周围的人理解，是受欢迎的人。

他们的性格特征是热情活泼，喜好社交，行动积极，善良而单纯，经常保持幽默或充满活力，也有温文尔雅的一面。常常突然地改变为喧哗或文静态度，属躁郁质类型。他们中有许多人是成功的企业家，他们的理解力和同时处理许多事物的能力强，但考虑欠缺一贯性，常失言，过于草率，自我评价过高，喜欢干涉别人的言行，喜欢多管闲事。

2. 略瘦削的健壮型

这类人争强好胜，无论什么事都愿意接受挑战。他们拥有坚强信念，充满自信心，坚持不懈，百折不回，判断及裁决迅速果断，坚信“天生我材必有用”，工作中是值得信赖的好伙伴，商业交往中也是好顾客。

但这种强烈个性有时会向极端的方向发展，表现为硬干到底、专制、不信任他人、态度不好。在工作中，如果有人无法默默地顺从他们的意志时，他们就会立即与该人断绝来往。

由于这类人欠缺思考，一旦在脑海中存在某种思想后，要想改变他们的想法便非常困难。

这类人缺乏人格魅力，即使有人因其出众的才华或拥有的权力而刻意奉谀他们，也都会与他们保持一段距离，他们在家庭中也是非常容易被孤立的。

与这种人接触和交往时，不可以与他们对立。因为这类人有一定的攻击性，在自己的正确性被认同之前，必会急切地主张自我的正当性，这类人被认为属于偏执质类型。

3. 苗条型

苗条是用来赞美女性身材好的词语，但也有一部分男人可以用“苗条”来形容，他们身材修长，具有很多女性的特质。苗条型的男人大多隐藏心事，给人无法接近和无从交往的感觉。

这类人最大的特色是冷静沉着。但其性格十分复杂，存在互相矛盾的地方，属于分裂质类型。对幻想中的事物兴趣大，不让他人了解自己内心世界或私生活，以冷漠面纱包装自己。

此类人不愿与平常人相交为友，而表现出一种令别人意欲与他们接近的贵族气质，他们身上常散发着一种浪漫情调。

他们专心于鸡毛蒜皮的无聊小事，倔强而不肯包容，骄傲而外表冷漠，当无法下决心时，凭冲动决定事物。天生对手工艺、文学、美术感兴趣，对流行服饰感觉敏锐。对他人的一些小事非常热心，表现出优雅的社交风度。

与这类人交往时要知道他们其实内心善良，具有细致的心，生活严谨慎重，又有点迟钝，意志薄弱，是很难交往的人。

4. 强健型

他们的特征类似黏液质类型人的特征，其第一特征是肌肉发达、体态匀称、头部肥大、筋骨强壮、肩幅宽阔，言行循规蹈矩、一丝不苟，诚恳忠实，不少人是举重、摔跤选手或公司领导。他们的抽屉井然有序，写字是用一笔一画的正楷写成的。

这类人的第二个特征是常以秩序为重，遵循规律，每天生活充实，一旦着手某种工作，必坚持到最后。

这类人的第三个特征是速度迟缓，说话绕弯子，唠叨不停，写文章谨慎而周到，却过于烦琐，洋洋洒洒一大篇。

这类人是足以让人信赖但又稍嫌欠缺趣味性的坚硬性人物，易被妻子提出离婚要求。

这类人顽固执着，有拘泥于形式思考的习惯。

如果你想把握这种类型的人，不妨偶尔利用闲谈或请客来尝试与他们接触。

5. 瘦弱细线条型

这类人强烈的敏感性使他对自己周围的变化十分敏锐，常常会过于留意周围人的动静。这类人中很少有脑筋差的人，其中知识分子为多数。这类人无论做什么都自我承担一切责任，当他们犯错时常会说“都是我不好……”。

这类人心理不稳定，容易失衡，心情焦虑，自己却能经常发现自己的这种缺点，具有丰富和细腻的感情。

文静真诚而又顺从的神经质的性格，给别人的印象是没有自主性、迟钝、性情易变、不易相交。

对于受这类朋友或上司托付的事，一定要如实地实现，遵守约定，注意礼节等。

从许多的事实看，某种体型的人也确实容易形成某种个性品质和特征，借此可以对人的心理进行粗略观察和初步判断。只要别过于呆板，也还是有一定效果的。

从面相透视男人的真面目

恋爱与婚姻都是一辈子的事，前者的回忆是很难抹去，后者则是人生的重要里程碑，选了怎样的情人或老公，都将对自己产生不少影响。下面就给女性同胞们一一介绍。

1. 双耳贴脑之男

双耳贴脑的人，一般成就颇高。耳型美者听善言，自然有善心，所以通常耳相好者心肠都不会太差，非常值得情人信赖。不过，也许是聪明过人的缘故，这种男人多半很有主见，有时难免固执一些。

2. 悬胆鼻之男

鼻头区域圆大饱满，不仅仅是肉丰而已，而是指鼻内部的骨头结构相当结实。生有悬胆鼻的男人必然内脏构造优良、头脑发达，因此必有所成。他们对于婚姻和爱情相当有责任感，虽然嘴巴不言爱，但很疼爱女朋友或老婆。

3. 地阁丰腴之男

地阁是指脸颊、下巴周围之处，丰腴、有肉的脸颊，代表他们良好的人际关系，本身也比较随和、宽厚。特别在近左右腮骨处各有直的深纹一两条，俗称成功纹，一方面表示这个人有积极向上和奋斗的踏实个性，另一方面也表示具有良好的人缘。

4. 双眼澄澈深邃之男

眼神深邃、眼波澄澈者，是个相当有幽默感的男人，也是个很聪明的读书人。他们到了社会，眼神会越来越偏向锐利，而留在学院中从事研究教学的人，眼神益发偏向深邃，却不显锐利，但两者的同一特色倒是都很疼爱自己的女朋友或老婆，因为他们很重视两个人的感情。

5. 八字眉之男

八字眉的特征是眉身特别上扬，到眉尾部分又陡然下降，长有这类眉的人，由于深具艺术细胞，与他相处会如沐春风，总觉得时光飞逝！身旁若有一个八字眉的男人，会觉得每天真的都是美好的日子。

6. 发际内凹之男

如果你希望有一个善解人意的情人或老公，那么一定不能错过这样的男人：发际内凹，不是尖出来生长，反而向内凹进去，形成额正中少一撮头发的模样。拥有这种少见的相，无论外表如何，却多是“心”美的人。他们相当地彬彬有礼，心地善良，特别是善解人意，极富有爱心，许多女性心中的偶像男明星梁朝伟，额中的头发相当稀薄，就是有此相特征。

7. 鼻高势强之男

鼻高隆，山根（两眼间）高，鼻子在脸的比例上稍稍偏大，准头丰圆，鉴台、廷尉（左右鼻翼）分明，而且完全不露孔，拥有这种鼻的人，个性十分朴实、实事求是，意志力都很强，会为了所爱的人与家庭，冲锋陷阵，对于情人的话也不会当耳边风，因为他们很重视亲人、情人的想法，而且也有能力做很好的沟通。

8. 唇肉饱满之男

上下唇不但饱满而且富弹性，感觉上绷的嘴型格外清晰，嘴角相当长，拥有这样嘴唇的男人喜欢说理式的表达，表情与肢体流露出充满理性的智能，算是一类风骚型的魅力人物，而这种知性、冷静的形象，会使人们在倾倒之余，还增加对他们的信服度。

9. 肌骨混合型之男

他们天庭饱满，腮骨突出，加上一个明显而略尖的下巴，脸上的肉不能说是丰腴，但显得很结实，且不露骨，所以说是肌骨混合型。这种人的精力充沛，活动能力、幽默感皆很强，掌握重点的能力特别好，性格偏向快速有效率，最重要的是，他们具有值得信赖的特质，责任心重，重视情人的想法，也非常愿意倾听，是个值得信赖的男人。

从男人的走姿了解他的性情

1. 步伐急促的男人

这类男人是典型的行动主义者，大多精力充沛、精明能干，敢于面对现实生活中的各种困难，适应能力特别强，尤其是凡事讲究效率，从不拖拖拉拉。

2. 步伐平缓的男人

这类男人走路总是一副不急不慢的样子，别人无论说得如何急他都不在乎似的，这是典型的现实主义派。他们凡事讲究沉着稳重，“三思而后行”，绝不好高骛远。如果他们在事业上得到提拔和重视的话，也许并不是他们有什么“后台”，而是他们那种脚踏实地的精神给自己创造了条件。

3. 身体前倾的男人

有的男人走路时习惯于身体向前倾斜，甚至看上去像猫着腰，这类人大多性格温柔内向，见到漂亮的女人时多半会脸红，但他们为人谦虚，一般都具有良好的自我修养。他们从不花言巧语，非常珍惜自己的友谊和感情，只是平常不苟言笑。与其他类型的人比较来说，他们总是受害最多，而且不愿向人倾诉，一个人生闷气。

4. 迈军事步伐的男人

走路如同上军操，步伐整齐，双手有规则地摆动。这种男人意志力较强，对自己的信念十分专注，他们选定的目标一般不会因外在的环境和事物的变化而受影响。

这种男人往往最讨女人欢心，也最让女人伤心，因为他们一旦盯上某个目标不达目的誓不罢休。他们若能充分发挥自己的长处，一定收效颇丰，因为他们对事业的执着是其他类型的人不可比拟的。但如果你的领导是这种人的话，日子可就不好受了，你会“吃不了兜着走”，因为他们一般都比较独裁。

5. 踱方步的男人

迈着这种步态的男人是非常沉着稳重的，他们认为面对任何困难事情时，最重要的是保持头脑的清醒，不希望被任何带有感情色彩的东西左右了自己的判断力和分析力。他们有时也觉得累，为了保持自己的尊严，他们很难在人前笑口常开，这是他们做人的准则。他们对自己的身体形态进行严格控制，虽然别人敬畏他们，可在一人独处时也感到十分压抑，因为他们涉世极深，城府极深。

从情人节的礼物判断他真实的想法

情人节得到礼物是令人愉快的，女人自然也希望得到礼物，是因为她能从得到的礼物中体会到送礼赠物之人的一片心意。

礼物中包含着送礼者的用心，借此礼物，就可知道他对你的想法了。

1. 送首饰的男人

戒指、耳环等装饰品几乎就是送礼者的“替身”，含有一直想跟在你身旁的意思。

项链、手镯等是“锁链”的象征，表示对方想拥有你，时刻紧紧地抓住你。

2. 送花的男人

男人送给女人的礼物中，最受欢迎的就是花。花象征着女性美丽和清纯。如果他送花，那么就是他从心底认为，你是个美丽、值得爱一辈子的女人。

如果那花是由对方亲自采集来送给你的，那么送花含有愿意为你做任何牺牲、任你吩咐和安排的意思。

3. 送手帕的男人

若男友送你手帕则他是在对你说“忘了过去吧”。手帕或毛巾等含有“洁净”的意思。用在男女之间，则很有可能是想清算过去，但也可能是请你忘记过去的不快乐。他太了解你了，对你过去的不快他很了解，但这也表明此后他将全心全意地爱你。

4. 送水果和糖果的男人

水果或糖果等含有一起吃或一起玩的意思，就更深层次意义而言，也可说是象征“游戏”。吃完玩完就不会留下任何证据。他所追求的也许只是把你作为爱情游戏的对象，当然，将来也可能发展至更深层次的关系。

5. 送内衣的男人

如果他送你内衣表示“我是你的奴隶”的意思。内衣当然有性的意味，也有奴隶的象征。越是高级奢华的内衣越能成为成人男女关系间的香料。

6. 送高级手表的男人

送高级手表并且希望你能随身携带的男性，有两个目的，一是夸耀自己的经济实力，另一个是希望一直拥有你。

7. 送衣服的男人

送衣服的男性，可以说是很自我的人。也就是，他是凭着自己的兴趣来决定你的喜好的。尤其是，他买衣服时没有带你去，你可以认定，他是个专断的人。

8. 送小礼物的男人

如果他送小东西给你，表示他对你很冷淡，虽然他被你未知的部分所吸引，但是，对你实在很不了解。当然，不了解不能说明不爱，只是爱的基础太薄弱，你应该让他更了解你。

9. 送 CD 的男人

他送你 CD 唱盘的话，表明他是以精神上的满足为第一考虑的人。他很仰慕你，借由音乐来表达对你的爱慕之意。他是个很浪漫的人，也是个很尊重你意志的人。

从男友喜欢的手指看他爱你有多深

你是否为不知道他对你是否真心而苦恼呢？相处也有一段时间了，他对你也很体贴，可你却为该不该对他付出太多感情而迷茫。

一种观点认为这个问题只要伸出你的手，让对方选择其中他最喜欢的是哪个手指就可以解决了。

1. 选择大拇指的男人

如果他选择大拇指，则表明他对你几乎死心塌地，唯命是从。说穿了你是他心目中的崇拜对象，甘心永远拜倒在你的石榴裙下。但是他的嫉妒心很强，要小心才是。

2. 选择食指的男人

如果选择食指，说明他对你可不是那么单纯！如果你很欣赏他，愿意付出完全的自己，那就危险了——可能他是一个逢场作戏的花花公子。

3. 选择中指的男人

他可能对你的中指非常有兴趣，那么他不够喜欢你。他只不过想跟你做个朋友而已，如果你想进一步和他交往，自己必须付出比较大的努力。

4. 选择无名指的男人

或许他会选择你的无名指吧，这说明他非常爱你。他爱你爱得让人无所适从，甚至殷勤得让你反感。

5. 选择小指的男人

如果他选择了你的小指，表明他暗恋你已经很久了，但是始终不敢流露自己的情感，你若钟情于他，快快暗示他，也许你们会比翼双飞，不要错过这种缘分。

从他对家人的爱观察他

一般而言，女性之间比男性之间更放得开、更善于表达，爱更容易说出口一些。父亲爱儿子的方式就是对儿子的训斥、呵护，而母亲对女儿则是一种温柔、无声、细腻的爱。

向家人表示爱的方式，会揭示一个人的基本性格特征，会透露一个人对待工作的态度。有的人性格外向乐观，可能更容易将爱表现出来；有的人比较内向含蓄，表达的时候可能比较不容易用开放的直接的方式。喜欢表达爱意的人，可能工作方面更加外显、更加张扬、更加热情充沛一些。不容易说出爱的人，是属于比较内敛、比较含蓄，做事稳重、踏实一些的人。

不同的人，表达爱的方式不一样，表现他对事物的看法也不同。有的人喜欢通过一些直接的行动表达自己对家人的爱。一句话、一个眼神、一次拥抱……搜狐做过一项名为“拥抱 · 爱 · 拥抱”的调查。据调查显示，57.1%的人不会吝惜自己的拥抱，希望直接表达出对家人、对朋友、对爱人的深情厚谊；64.8%的人可以接受“当众拥抱”；34.6%的人是为了“给所爱的人以支持或鼓励”才去拥抱的；70.8%的人会以“琐事见真情”的方式代替拥抱。但就“以拥抱表达爱”这点来看，大多数的人愿意在琐事中见真情，这可能是受传统文化的影响较深。还有一部分人不会吝惜自己的拥抱，他们知道怎样表达爱，怎样做能够让别人感受到爱，他们了解自己也了解别人。

对家人爱的表达方式多种多样，每个人选择的方式不同。如果是夫妻之间，有些人会选用一些浪漫的方式，例如：送伴侣一束鲜艳美丽的玫瑰花；照一张情侣照，并把它装在一个漂亮的相框里，当作礼物送给对方；写一封短短的情书，把它贴在浴室充满雾气的玻璃上；寄封电邮或电传表达你的爱意；邀请对方参加一个精心设计好的约会，给她一个惊喜。这些表达方式别出心裁，很有创意，会给对方带来感动，增进夫妻双方的感情。能够想到这些方式的人很会经营自己的爱情和家庭，他们是有心的人，对待任何事物都会用心去做，富有想象力，充满创意。

可能有时候对伴侣的爱比对父母、对其他家人的爱表达得更容易一些吧。对伴侣说“我爱你”很正常，可是对父母说“我爱你”会让很多人觉得别扭。有一些人往往善于表达对伴侣、情人的爱意，却忽略了父母也需要直接而真诚的爱。他们心中承载的是小爱，却忽视了对父母的大爱。这样的人可能是比较粗心；可能是受惯了父母的宠爱，忘记了去付出；可能面对严父，无法直接表达自己的爱……无论怎样，他们不够细心，不够勇敢，没有全力付出的意识，会影响到对工作的态度。相反，有些人，即使不能直接对母亲说一声“我爱你，妈妈”，他们也能够用很多其他的表达方式来表现自己的爱：对家人说句感谢的话，为家里做些事，在日记里写下自己爱他们的话，再把日记放在他们容易看到的地方，节日送份礼物给父母、老人，以自己的方式表达对父母长辈的爱，用自己的实际行动表达自己对家人的感激和爱。这些人抱有真诚的爱心，拥有智慧的大脑，做事情还会不成功么？

花钱的男人

在不少男人的眼光中，金钱不但是财富的象征，而且是他们的权力和力量的象征，是衡量他们成功的尺度。

所以，从他们对待金钱的态度上，就可以了解他们的内心世界。心理学家可以从不同男人的用钱方式看出他内心的想法。

1. 过分地送礼物给女伴

这种男人既害怕失去对方，又不愿意付出太多的感情给对方，于是，就给对方多送些物质，希望以此弥补感情上的缺乏，这种行为足以看出这个人的情感，经常处于一种自我矛盾的状态。

2. 要求女方付钱

在有意无意间，他会让女方负担起全部约会的费用，这种男人严重缺乏安全感，希望别人能以各种方式给他保证。谈这种恋爱，女方容易陷入一厢情愿的处境。

3. 对 5 毛钱的买卖也斤斤计较

这种男人能和别人因为 5 毛钱而争得面红耳赤，但却肯花大钱买最好的音响或古董。这种男人对感情可能也同样的势利，他可能很爱对方，但绝对容不下对方的无理和任何不可靠的要求或行为。

4. 使用欺诈手段骗钱

有可能做出瞒骗公款和其他欺诈行为男人，对感情也有欺骗行为。

5. 实际上很穷但却爱充阔佬

这种男人对钱看得过重，喜欢钱胜过对你的感情，为了赚钱，宁愿牺牲和他人的任何关系。

6. 经常叫穷，实际上口袋里有大叠钞票的人

这种人经常觉得不满足，总认为全世界都对不起他，要对付这种人是十分有困难的。

7. 最怕送人礼物

这种男人不懂得享受施予的乐趣，对待感情也同样的自私，他们只知道被爱，而不想去爱人。

8. 负债且生活不稳定

这种人不善于处理生活，也不会懂得如何处理感情和人际关系，理财能力和自制力也是极差的。

9. 视钱如垃圾，常借钱给朋友

这种人对金钱有正确的态度，对感情也会十分重视，值得对他付出感情。

沉默的男人

沉默的男人不好靠近。他用沉默在自己周围划出一道无形的沟壑，将你与他之间隔得远远的。你只能遥望着他；却无法了解他。封闭自己的思想，锁牢内心的情感，呈现在你面前的是无懈可击的铁桶。无论多么富有攻击性的女人，都会感到无从下手。

男人喜好沉默，有多种原因。受天然影响，在语言的表达上，男人与女人有着较大的差距。女人生就一张薄嘴唇，能言善道；男人嘴唇较厚，说话笨拙。既然不擅长口才，就只好沉默了，男人偏重理性思维，考虑问题注重质量和分量，所以在观念上也不喜欢侃侃而谈。男人一旦说话，便是金口玉言，好像要最后决策和拍板定案了。男人也只有在这个时候才想说话，说出的话才叮当作响，一字千金，因为这些话已在他心中经过深思熟虑了。

男人坚信“沉默是金”，唯恐言多有失。在封建社会，一语不慎，便会招来杀身之祸，乃至株连九族。几千年思想的沉淀，男人已总结出“慎于言，敏于行”的人生戒律，一代代地影响着男人。在经济飞速发展的当今社会，时间就是金钱，竞争又是男人的原则，使他们也无暇顾及言语，去说废话。他们要用行动去为自己争来一片天地，一番作为。

男人不尚空谈，喜欢脚踏实地去做事。男人做事认真，逻辑性强，总能把事情井井有条地处理好。男人自尊心强，警惕性也强，绝不留下任何把柄让人说三道四。男人看重能力，做事喜欢全力投入，给别人留下良好的印象。

男人的沉默必须建立在富有思想的基础上，体现出的是深度。这样的男人，才真正具有魅力。他的沉默，是积极的沉默，是富有进取心和竞争的沉默。那些自暴自弃、郁郁寡欢之徒是沉默男人的扭曲，已走向反面。这些男人的沉默，是遭受生活打击之后的冷漠，弥漫的是不健康的消极情绪，不利于别人的进取，也阻碍自身的发展。所以，他们的这种沉默，男人不足取，女人也不欣赏，更无魅力可言。

喜欢逞威风的男人

许多男人喜欢威风，那是什么心理原因造成的呢？一言以蔽之，那是因为——男人对“社会性承认”的欲求很强。

正因为如此，根据各人性格的不同，男人逞威风也有各种不同的方式。

1. 夸示自己的优点以及长处

这种男人具有歇斯底里的性格，而且也是一个爱慕虚荣的男子。

“我在你这个年纪时，一天就把那种工作做完了。”他们就像这般地夸耀他的才能。如果缺乏足以夸耀的才能，他们就会说“我的西服是 ×× 名牌，我的皮具是 ×× 牌子，我的鞋是 ×× 品牌”，转而夸示自己的所有物。

2. 喜好挑剔

这种内向性理论型的男子，最喜欢指责对方的缺点。或是失败、分裂性气质的男子，亦有不少属于这种类型。

这些男人总是这样说：“所以嘛……我再三地提醒过你了呀……你以为只要说一声‘对不起！’就可以把这件事打发过去吗？”说完，便用力地拍打桌子，摆出一副傲慢的德行。更有一些人简直是从鸡蛋里挑骨头，经常找碴儿说：“你写的字就像鬼画符！这个 8 看起来却像 3！你要多注意一点！”这种情形举不胜举。

3. 作威作福而又故作谦逊

这种男人多见于内向性感情型的男子，他们是属于自命清高的人。

他们总是说：“哪里……我可没有那份能耐（装出很谦逊的样子）……不过，托您之福……”然后一件一件说出自己得意的事。

不过，最可怜又最可笑的是本身缺乏夸耀的本事，只好以声音作威作福的男人。他们以“威震四海”的声调说话，笑起来中气十足，引人注意。

奉行大男子主义的男人

大男子主义者认为男人是最优秀的，男人优越于女人，女人应该处于卑微。此外许多男人认为男性胜过女性是因为上帝赋予他们许多的特性，而这些正是女性所没有的。

总之，“男人至上”深受大男子主义者的推崇。他们坚信男人特殊的优点，他们有无与伦比的智慧、能力和地位。尤其对女性，他们拥有独裁统治权，他们可以为所欲为，而女人却做不到。

大男子主义者认为，一切事物均数量有限，因此，他的价值和地位取决于他能得到这些东西的多少（当然要比对手获取得多）；取决于能否保护自己的东西而不被他人夺走。在他们看来，别人拥有的就是他所缺少的，所以，他们会趁人不备，把人家的东西占为己有。

基于这种观点，家庭便成了他的堡垒，女人便成了珍珠。他自己的一切——妻儿、姊妹等都是他的心爱之物，万不可舍让，他变成了征战军阀，不断扩充自己的领地，犹如一位将军时刻护卫着自己的财宝。总之，他们也是个嫉妒心极强的人。

大男子主义者最注重的就是：无论外表还是内在、言谈举止，自己都要像个男子汉。这种人从不过分装饰自己，做事鲁莽、性情暴烈。

婚前，大男子主义者不大注意自己的生活方式，修饰打扮不是他的本分，他往往要母亲或姊妹替他收拾房间。如果单身住，他会租一套房。

婚后，他的生活方式会发生巨大的改变。财力允许的话，他会选择一处没有左邻右舍的住处，远离城市的喧嚣，且把它视为自己的“城堡”。他对自己的选择心满意足，尤其当你不同意他的看法时，他会说，“这就很不错了！”

虽然有的大男子主义者沉默寡言、不苟言笑，但这种人通常善于交际，愿与男人交往，在男人面前他异常兴奋活泼。同时这种人不喜欢孤独，有几天不参加热闹的场合，他便心神不宁。

就物质享受而言，这种人也许算得上奢华，也就是说，这种人随心所欲，想干什么就干什么，一点都不受束缚。他的肉体和灵魂所构成的自我坚不可摧，他表达感情的方法往往都是爆发式的。

他孝敬父母，然而你必须替他照顾他们。在他父母，甚至兄弟姊妹面前，他总是站在他们那边来反对你。除非能赢得你家人持久的尊敬，否则他会疏远你的亲人。

他的确有某些魅力，他的自信心令人折服。他能够给予某些东西，这些东西多少令人欣慰。他可以使你确信，你会得到他的关照；你顺从他是值得的，只有他才能令人兴奋；他性欲极强，没有他，你不会情绪高涨；他使你相信，无论什么事，他无所不能；他自身可能具有危险性，但是他至少可以保护你免受坏人的欺负。

不流泪的男人

生活中很少看见男人流泪，是男人没有悲伤的遭遇呢，还是他们情感麻木、不懂感觉呢？当然都不是，男人也是人，他具有人的一切情感要素，其内心世界也与女人一样的脆弱、丰富和细腻。

男人也有悲伤的时候，而且悲伤的频率和程度要远远超出女人。在社会上，男人是事业的顶梁柱，事业的困难或失败，给他的打击是非常大的，男人把事业看成是自己的生命，投入的是一生的精力和热情，事业的成败关系着他的名誉、地位和精神支柱，所以他十分在乎。女人则不同，只要有一个温馨的家庭，工作的好坏、成败无所谓，好就继续干下去，不好就退回暖巢里来，反正有老公呢。

男人很自尊，有泪也不会流在人前，怕被别人看出自身的脆弱。男人天生争强好胜，失败了宁愿一人受苦，绝不让别人知道。男人默默地咀嚼失败，默默地总结经验，以期待从跌倒处再爬起来。男人所受的教育，使他不能向失败低头，“男儿当自强”，是男人就必须坚强，战胜困难，取得成功。男人一直被这么鼓励着，一直朝着这个方向努力。

社会为男人树立的形象是刚毅坚强，得到人们普遍的认可。一个男人若泪流满面、嘤嘤啜泣，不仅得不到多少同情，反而容易被人耻笑，被看成是懦弱者，男人自己也觉得脸上无光，如果发生在别人身上，则会为对方感到羞耻。相反，无论多少不幸落在男人身上，他的表现若始终都很沉着、冷静，则会赢得大家由衷的敬佩，人们反而要为他感叹了。

从接吻方式观察男人

接吻是男女之间表达爱意最常见的方式之一。从一个男人接吻的方式可以看出他隐秘的性格。

1. 啃咬者

他的接吻方式让你觉得男人也许是未进化的动物：他总是在你上下唇上又啃又咬，有时候感觉非常疼痛。这种男人有过分激情戏剧化的举动，并非代表他热恋着你。随着时间的流逝，他的热情比谁都消失得更快。当然，只要他一这样做的话，你就大叫起来，告诉他，你很疼。如果他还这样野蛮的话，你就再也不和他接吻了。

2. 侵入者

在他的舌头缠住你的舌头之前，他的舌头已经在你喉咙的半道了，简直不知道他要干什么。对于这种人来说，接吻简直就是一项运动。入侵取代了温柔，索取超过了取悦。你可以直接告诉他，你就要喘不过气来了。而且，这样让你很不舒服，告诉他应该提高自己的接吻技巧，让你感觉到快乐，而非窒息。

3. 包围者

他的嘴巴把你的嘴巴给包裹起来了，几乎不透一点气。这种人大多是大男子主义者，他认为接吻是他一个人的事情，应该由他来控制一切。你不妨对他说，“亲爱的，我很喜欢和你接吻，但你这样吻我，我没有办法给你回应。”这样，他就会知道，女人也希望有控制力量。

4. 游离者

接吻时，他的眼睛和他的心都不知道正在何处漫游，或者他的确不知道如何接吻，或者，他正趁你眼睛闭着的时候，看看某个美丽的女郎。此时，你不要着急，让他集中注意力就行了，适当的时候给他点警告。

模范的接吻者有着许多的变化：或长或短，或快或慢，或干或湿，他的舌头都会让你想要更多的吻。这表明他对你充满着爱意，而且善解人意，体贴入微。

理性面对男人的欺骗

所有欺骗女人的男人都会给女人的生活罩上阴影，有时甚至是毁灭性的打击。有些男人甚至在度蜜月时，就与其他女人来往。另一些男人则在婚后10年才变得不忠实，而多年来一直沉睡着的欲望之火一旦点燃，便一发不可收拾。

到底有哪些原因使男人在外寻花问柳呢？许多男人都声称：“我的夫人什么都好，就是没有性需求，所以，我只得到别处去寻找。”这些男人通常是结婚10年以上的。这些男人出现这种不忠实的原因有：

1.“性”趣有问题

男人在出现性功能障碍时，会试图转向别的女人，以期出现奇迹。

2. 专打情场上的“抱不平”

有些男人在发觉妻子与旧情人在一起时，会感到羞耻。尽管其妻子不久就中断了这种关系，但他们却变得不忠实，在外寻花问柳。

3. 寻找爱的感觉

一位女商人说，有一段时间她只顾忙于工作，回家只是为了睡觉。她的丈夫开始外出找女人。她很清楚，这是她丈夫的一种手段，目的是要重新引起妻子对自己的关心。在这种情况下，她减少了自己的工作量，结果他们的婚姻出现了转机。

4. 脱离婚姻，做爱情的游侠

在男人刚离婚两年内，别指望他会忠实，他恨女人，会把这些仇恨带给他刚认识的女人。女人只是他发泄欲望的对象。只有过了这段时间，他才会自愧。

对女人来说，发现自己被欺骗的最初反应是极为震惊。爱的背叛使得她们一下子变得弱小无助。但并不是所有不忠实的男人都不可救药。如果你不想彻底与他分手，这时，就要讲究策略来挽回他。对死不认账的男人，女人越早离开他越好；相反，另一些不忠实的男人在被发现后，女人要离开他们时，他们会感到后悔，要求得到谅解，这样，双方之间的关系很可能达到一个新的高度；另一些女人则只能求助于“激将法”，即自己也外出寻乐，玩“开放式婚姻”的游戏。但常常在女人还没与别人发生性关系前，男人就会大发醋劲，一般来说“开放式”马上会回到“封闭式”。

阻止私通，使婚姻关系变为正常，很关键的一点就是要学会理解性要求。许多夫妇在很长一段时间内都没注意到双方已出现不同的性要求，这时应推心置腹地进行讨论，了解双方的分歧从而达到性协调。私通是盲目的结果，但并不是婚姻的尽头。这时，女人不要做丈夫的奴隶，如果你为他承揽了一切，到头来，他只会变得更加自负。要让他为重归于好做表示。不要向亲朋好友诉说丈夫的私通，否则会使他下定决心不再回头。在争吵中不要指桑骂槐，这只会疏远对方。在双方关系中保持浪漫情调，因为许多男子正是在追求浪漫中坠入情网的。对30周岁、40周岁、50周岁和60周岁的男人要特别关心。第一个孩子出世后，要注意，假如你只顾孩子，他肯定会外出寻乐。在他工作中遇到难题时，要特别支持他。

获得男人喜爱的秘诀

一个女性要获得男人的喜爱，她的举止应该是自然的，生活是朴素的，品行是诚实的。此外，还要有一点洒脱的心，就是不要患得患失。要成为一个幸福的女人，也不是只凭一张美丽的面孔就能奏效。例如，重视给予对方的关怀，是博得男人喜爱的第一步。向年轻的男士询问喜欢哪一种女性时，几乎没有人回答只喜欢漂亮的女人的，反而回答喜欢温柔或亲切的女性者占绝大部分。所以，具有魅力的女人，并不光是漂亮而已，还需有开朗的个性和机智。因此，男性所认为的可爱的女性，就是指机智的女性。这样的女性常具有如下一些获得男人喜爱的经验。

例如，男士请你吃饭时，需表现出吃得“津津有味”的样子；饭后说声“谢谢你”。有的女性为了表示谢意，甚至会说一句“下一次我请你喝咖啡”，或者干脆下一次送他一件小礼物。虽然道谢的方式因人而异，但是最令男性感到满足的方法，就是呈现出吃得津津有味的样子。

当男性点了葡萄酒并准备为女性倒酒时，女性常会以自己不会喝酒来回绝，但会令男士失望。

女性回答我不会喝酒，这就完全破坏了当时的气氛。不会喝酒的女性也不需要勉强地喝酒，你可以让男士倒酒在自己的酒杯里，轻啜一小口酒，你尽可利用这样的方法和他一起来享受当时的气氛，女性具备这种机智，就可以增进两人之间的感情。

在咖啡屋或餐厅里，常会发生这种情况，那就是当男士付账时，女性往往站在后面等待。就女性而言，这或许是由于礼貌，但男人真正却不一定是这么想。当男士付账时，你应先出去在外等待，这对他来说也是一种关怀。在欧美各国，这已成为一种普通的常识了。法国流行着一句话，那就是下雨天不和男朋友约会。这是因为男性在付账时，如果女性在外等待，一旦淋雨，就可能会感冒。

下列一些做法是最容易使男性反感的，应注意避免：

（1）本身相貌平平，却以为美如仙子，每与男性交往，经常调用她身边的男性干这干那，有时还强行要男性请她吃饭，大多数男性会纷纷离开这样的女性，不再与她来往。

（2）有些女性凡是与男性在一起，不是点“狮子老虎”，便是要“星星月亮”，总惦记着占男性便宜，最终令男性望而生畏。

（3）以为自己生有几分姿色，便有权对男性指手画脚，便可以让男性对她无偿服务，这种女性令人反感。

（4）有些女性，在与男性交往的时候，特别喜欢对男性或推一掌，或打一拳，或踢一脚，以为这样便会得到男性的宠爱。其实正好相反，男性对喜欢动手动脚的女性，往往心里非常讨厌。

（5）经常在男性面前讲其他男女之间的某些所谓的隐秘，凡是讲得绘声绘色的女人，男性们都会远离她。

（6）表现出现代派，常常袒胸露臂，故意做出一副随便的样子，以为这样便可以赢得男性的赞赏，这样的女性人人都对她持反感态度。

（7）一有不如意处，便会对男性大加指责，诸如：“你这样还算是男人吗？”“男子汉大丈夫，连一点男人气都没有！”等等，这种话是很伤男性自尊的。

需要注意，把真挚的友情当成了爱情，有时会使人非常尴尬，而且还无法解释。这样不仅不可能得到爱情，最终会连友情也一起葬送掉。所以，友情没发展到这一步，莫把友情当爱情。

如何试探对方是否爱你

恋人们的交往发展到一定阶段就需要再向前突破，而此时如何突破大有讲究。利用心理战术拉近你和她的距离，这是每一个情场老手都擅长的，你不妨学学其中几招：

第一招：无中生有试探关系。在单独接触的时候，假借别人之口说出自己想与对方建立恋爱关系的用意，比方说："前些日子有人看见咱俩在一起，说咱俩在谈恋爱呢？（或说：背后说我在勾引你呢？）我不知道我配不配与你相爱，硬是没敢承认这件事，所以，今天想起来问问你：我在你心目中如何？"

第二招：乘机问话表明态度。在一种有多人参与的宴饮或其他娱乐场合中，借机表现自己，引起对方一定程度的好感，然后乘对方高兴时，悄悄附在对方耳畔，像告诉对方秘密一样，说一句让对方难以拒绝的问话。比方说："我想问你一句话：我可以追求你么？"（或我有权利获得你的爱么？）

第三招：借景生情，捕捉与对方的缘分。假如，你有机会与对方单独相处时，看见别处有对卿卿我我的恋人相悦怡然，你可以借景生情，抒发自己的感慨，比方说："瞧，人家那一对儿，多令人羡慕！不知咱俩能否有这样一种缘分？"

第四招：用目光说话，让对方感受到你的爱意。当你能够将喜欢的心情注入目光中后，再试着以目光来表达其他的感情。首先试着表现"担心"。当她（他）迟到、稍微受伤或被上司斥责时，用一种"你还好吧"的眼光看对方。而当她（他）跟其他的人说话时，试着以"哼，干嘛那么亲近"稍带嫉妒的眼光看去。等你能够自由自在地用眼睛表达感情时，你面部的表情一定也会丰富起来，光彩照人。

第五招：心照不宣。有时，某对男女通过身体某些部位的接触产生了爱情，虽然没有语言的道白，彼此所交流的爱意却已经心照不宣。所以，如果与对方用语言难以将爱意戳穿的话，不妨试一试用身体接触法表达对她（他）

的爱慕之情。例如：

（1）过马路时，说“快点，红灯要亮了，来！”然后自然地牵着她的手过马路。

（2）上下船或走过崎岖不平的路时，自然地伸出手，对她说：“来，这儿危险，请抓住我的手。”

（3）人很拥挤时，对她说：“抓住我的手，否则要走散了。”她若忸忸怩怩，你就一把抓住她的手；如果她真的喜欢你，则只会作势地挣扎几下，然后就顺从。如果她确实不愿意，会“声色俱厉”地挣脱你。这时，你不要勉强，这是对她的意志的尊重，并不是表示你懦弱。

（4）她欲站起来时，自然地对她说：“来，我拉你起来。”

（5）跟她比比手掌大小：“来，我俩来比比谁的手大。唔，你的手真可爱。”

（6）试试看腕力：看能否抵挡得住用手拉。

（7）看手相：这方法很俗气，但很有效。如果你能讲五六分钟，就可使她大感兴趣。

这几招都是非常厉害非常有效的，如果不是对方对你无动于衷，至少会大大拉近你们之间的距离感，从而更亲密几分。

探寻男人的秘密

几乎所有的男人都认为许多事不必说出来，虽然他们非常想让你知道，但他们还是觉得不说为好。作为妻子，你想更多地了解丈夫的心理，不妨参照下面所说的：

1. 他不想讲太多的情话

大多数男人认为床只有两个用途，一个是睡觉，一个是做爱。他们不希望把床变成论坛。但是女人往往喜欢在完事的时候找他谈论有关“我们之间”的事，而这一刻男人恨不能倒头呼呼大睡。你如果死死地缠住他，倒会令他心烦的。

2. 也应该礼貌一些

平时我们肯定都是很有礼貌的人，但是一进卧室往往忘得一干二净。我们会变得粗鲁，并且认为外面的世界已经够约束了，在这儿可以任意张扬。事实上这也会给男人带来烦恼。他希望你自然，却不希望你判若两人。在外头你肯定会给别人足够的私人空间，在卧室里他也一样需要。你不要以为抢下他正在看的书就会显得亲密无间。

3. 技巧不是他一个人的事

男人对做爱方式的创意是有限的，日子久了，即使多么有刺激性的方式也会变得刻板。此时，你的重要性就显现出来了。不要以为技巧是他一个人的事，其实你也扮演着重要的角色。这些也可以表现在生活上，比如你的穿着、发型、服饰、香水等都应该在一段时间以后变换一下，然后征询他的意见。这样，他就会觉得你永葆青春活力，在乎他，并且是个善解风情的女人。

4. 积极一些

男人自己获得乐趣的同时，尤其希望也给你带来满足，否则，他就会有一种挫败感。因此，你要敢于把自己享受到的表现出来，不要压抑自己，要知道，这是你们共同的事。不要每一次都让他主动而你坐享其成，这样他会觉得兴味索然。有时候，他需要你的夸奖，该说的就要说，但如果你不满意，也不要假扮高潮，应该坦诚地告诉他你喜欢什么。

5. 熄灯

在准备阶段，柔和的灯光下互相凝视肯定会有催化剂的作用，但此后还是熄灯比较好。那时候最重要的是专注，熄灯之后，这世界就等于只有你两个人。你或许认为他希望这样，于是不情愿地去“迁就”他。其实，大多数男人和你的想法一样。因为那一刻彼此身体的任何缺点都不愿暴露出来。

6. 忌经验丰富

男人永远不会以你的技巧来给你评分，相反，他希望你的经验少些，这样更容易满足他的英雄感。在结婚几载之后，慢慢把经验表现出来，而不是一开始就把阅读来的或者体验来的使用出来。所以说，男人有时候是矛盾的，他既希望你表现出色，又不愿意你精通此道。总之，妻子清纯一些是每一个中国男人的愿望。

7. 原谅失败

世事皆是一样，不可能每一次都成功。男人有时候显得十分差劲，除非这成为疾病的征兆，你都应该原谅他。研究表明，99%的男人表现有失水准都与妻子没有关系，疲劳、忧郁、房事过频才是真正的原因。如果他生理正常的话，你应该原谅他，让他感觉到完全没有关系。也不要就此谈论，如果他想说，他自会告诉你。

8. 适可而止

男人在高潮时消耗的体力远远高于女人，而两次之间的休息时间起码是半小时。这和女人大不相同。女人可以有连续的高潮，男人却不能，所以在这个时候，千万不要强求，几次可能成功，但会留下后遗症。你应该通过其他的方式，比如延长“前戏”等进行补偿。

总之，相互了解和沟通是十分重要的，不要过多地探寻丈夫的秘密，他要告诉你的自然会告诉你，如果一味强求，你期待的一切都是不可及的，反倒坏事。

测定是“好感”还是“爱恋”

要在作为异性朋友之间的“喜欢”的情感和作为恋人之间的“爱恋”的情感之间画一道界线，这是很难的。将“好感”误作“爱恋”而产生的悲剧屡见不鲜，这足以证明其界线的模糊。我们虽然不可能常常有意识地去思考它的不同，但仍不能将两者混为一谈。

当你为自己对某人怀有的情感不知是好感还是爱恋而备感恼烦时，如果有能帮助你区分是哪一种情感的测试题，那该有多么方便。其实已有人就对这方面作了尝试。

社会心理学家洛兵研究了“好感”和“爱恋”的概念，找出构成各自内涵的基本要素。

在“好感”的情感里含有两个要素，即“好意地评价和尊重对方（肯定评价）”和“觉得对方和自己很相似（类似性）”。即使实际上并不那么相似，有好感的人也会觉得对方很像自己。

因此，好感的测定标准，依次为适应性、成熟性、判断力、理性等，用以测定是否肯定性地评价对方和是否认为对方很像自己。

在“爱恋”的情感里含有三个要素，即“渴望在一起并能得到依靠（挚爱）”，“常常为对方担忧（牵挂）”，“渴望相互理解，希望无话不谈，甚至想独占对方（亲密度）”。因此，爱恋的测定标准，由挚爱、牵挂、亲密度有关的项目构成。

在测定时，可对心目中某位特定的人物，测定其适合哪些项目。而且，该测试题将测定“好感”的合计分数设定为“好感得分”，将测定“爱恋”的合计分数设定为“爱恋得分”。

“好感”测定标准是：

（1）和他在一起时，两人的感受或想法总是不谋而合。

（2）我觉得他是个适应能力很强的人。

（3）我极想推荐他承担起某种责任。

（4）我觉得他是个很成熟的人。

（5）我非常信赖他那卓越的判断能力。

（6）我相信一般的人只要和他稍有认识就会对他产生好感。

（7）我觉得他和我非常相似。

（8）如果班级或团体内要进行选举的话，我想投他的票。

（9）我相信他是一个很快就能够获得尊敬的人。

（10）我觉得他是个非常有见解的人。

（11）在我所认识的人中，他是最令人满意的。

（12）他是我理想中的那种人。

（13）我认为他要受到表扬是轻而易举的。

“爱恋”测定标准是：

（1）如果他沉沦的话，我最先想到的是去鼓励他。

（2）无论什么事情，我很快就能够容忍。

（3）他的缺点我很快就能够容忍。

（4）只要是为了他，无论什么事情，我都能替他去做。

（5）我强烈地想独占他。

（6）如果不能和他在一起，我会感到很不幸。

（7）寂寞时，脑海里最先出现的念头就是想见他。

（8）对我来说，最大的关心之一，就是他的幸福。

（9）一般的事情，我都能原谅他。

（10）我觉得自己对他的幸福负有责任。

（11）在一起时，只要注视着他，就会觉得时间过得很快。

（12）他向我说任何实话，我都会感到非常高兴。

（13）我绝对不相信和他会交臂而过。

通过这两项测定，你现在知道什么是“好感”、什么是“爱恋”了吧？下回与异性朋友交往时，千万可得注意界线。

第五章

爱你在心口难开，从异性微行为辨别求爱的信号

当某人身体的温度上升

一般来说，人们皮肤表层的温度会随着我们情绪的变化而变化。那些所谓的“漠不关心”或者是“冷漠无情”之人，通常他们的身体温度也就较低。这是因为他们由于紧张，血液都流到了大腿或者是手臂的肌肉里，以便其做好“战斗”或是“撤退”的准备。所以，当你说某某人“冷冷冰冰”的时候，

这不仅形容了他的态度，也道出了他的体温。与之相反，当一个人对他人十分感兴趣，或是遇到了自己心仪的人，他的血液就会迅速上升到身体的皮肤表层，使他感到轻微的灼热之感。这就是为什么热恋的人会“感到激情的热度”，会有“热情的拥抱”“热情的邂逅”，会“感到浑身发热”。对大多数女性而言，这种身体体温的上升就表现为面红耳赤，有时其胸部还会发红，出现红斑。

“眉来眼去”都是情

正如前面所说，作为面部最主要、最可靠的特征，眼睛为人们相互之间的信息沟通提供了一条永恒的渠道。在柔情蜜意的情场上，一个人打动、征服对方的“武器”通常也是眼睛，正所谓“眉来眼去”都是情。

作为心灵的“窗户”，眼睛之所以能传情达意，原因就在于其肌肉非常纤细，因而每一种目光都具有与其他目光不同的特点。正因为如此，人们形容目光的词语也非常的多，比如，“摄人心魄的目光”“游离不定的目光”“含情脉脉的目光”“充满嫉妒的目光”“逃避躲闪的目光”，以及“瞟一眼”“偷看”，等等。虽然每一种目光都有自己具体的含义和意义，但只有与具体事情的前因后果联系起来，它才可能有完整的意义。不然的话，很可能会闹出“断章取义”的误会或笑话。

在用眼睛与人交流的所有方式中，眯眼是最复杂、最有效、最意味深长的方式。虽然它持续的时间非常短，但其蕴含的意义是相当丰富的。当一个人做出此种动作时，其眼睑保持半闭半开的状态，给人非常困倦的印象。事实上并非如此，表面看来，做出此动作的人似乎在隐藏自己的目光，实际上他在刻意“压缩”自己的目光，以便它能“像箭一样射向对方”。当然，除了睁着眼看时能够发出交流信号外，闭起眼睑也能向对方发出交流的信号。

当一个人在与他人进行眼神交流的同时，如果能再辅以“上下飞舞”的眉毛，那就能向对方发出更多的信号了。现在，科学家已经发现了大约 40 余种不同的眉毛位置，相当一部分人认为其中有超过 30 种能表示某种具体的意义，或是能暗示动作发出人的情绪状态。比如，眉毛迅速上下活动，说明此人心情愉快，内心赞同或对对方表示好感；如果眉毛倒竖，眉角下拉，则说明此人正处于愤怒或是异常气恼的情绪状态之中；眉毛高高扬起，则说明其不同意对方所说的话，等等。所以，一些行为学家提出，如果把含义丰富的眼神动作、含义丰富的眉毛动作，以及变化多端的皱眉动作进行“排列组合”，那么我们可以得出难以计数的各种不同的组合。假如每一种组合代表一种特定的意思，这就意味着我们通过眼睛、眉毛以及皱眉动作发出的信号也就不可穷尽了。在某些场合，我们会觉得手是一种累赘，比如，在某些景点照相时，我们常常会不知道该把手放在哪里合适。同理，在一些时候，尤其是当我们面对很多美丽、精彩的事物时，我们也会觉得自己的眼睛成了累赘的附着物。因为这种条件下，我们不知道该指挥眼睛看什么地方好。

那眼睛究竟是如何来“看”人的呢？对于这个问题，西方的身体语言学家做了较为深入的研究，并取得了一定的成就。格哈特·尼尔森博士通过实验研究发现，讲话多的人看对方的时间很少，而听话多的人看对方的时间则较多。一般来说，当一个人开始讲话后，他就会把自己的目光从对方身上移开，等到他讲话完毕后，他多半又会把目光重新移回到对方身上。一个人讲话时之所以会尽量减少与对方发生眼神交流，或是干脆把目光移到一边，主要是为了避免出现话题中断的情况。所以，如果一个人对你讲话时，他没有抬头看着你，或是几乎不和你进行眼神交流，则说明其希望自己的说话不要被你打断；如果他在说话的过程中不时和你进行一些眼神交流，则说明在其讲话停顿时，你可以和他进行语言交流；如果他停下后，并没有抬头看你，这种情况下最好不要插话，不然的话，你会自讨没趣。因为对方这个动作的真实含义是：我还没有说完，现在想考虑一下。

通常情况下，当一个人在听对方说话的同时，注视着对方，则表示：我同意你的说法，或者是你说的内容我很感兴趣。如果说话者在说话的同时，双眼不停地看着听话的人，则是在向对方暗示：我对我说的不是完全肯定。很多时候，热恋中的双方更能顺畅自如地用眼睛、眉毛来传情达意。当一方需要另一方靠近自己时，他/她不会朝对方大喊，只需轻轻地递个“眼神”过去就行了。

花枝招展的男性的出现

在潜意识中，人们多会认为只有女人才会刻意地想一些办法来吸引男性，比如用精美、艳丽的服饰和流光溢彩的珠宝首饰来装饰自己，并利用化妆来为自己“增光添彩”，以便能吸引异性对自己的注意。可是事实却不完全是这样，男性很多时候也会通过一些外在的东西显示自己的身份地位，或是借此来吓跑敌人，就像动物界的雄性动物把自己打扮得“花枝招展”来吸引雌性同性一样。

在生活中，这样的男人常被称为自恋的人、“都市型男”或是新新人类，这些所谓的“都市型男”会像雄孔雀似的打扮自己，比如，美容、美甲、染发、穿耳孔、身穿漂亮的衣服、使用水流按摩浴缸、脸部拉皮手术等。但有一点必须强调，虽然这些人的行为有突出自己“女性的一面”的嫌疑，但是我们却不能把他们一并归之为同性恋，当然，这类人中不乏同性恋者。

除了同性恋者，心理学家认为这些新新人类或者是娘娘腔的男性往往自认为模仿女性行为方式更能吸引女性的注意。

格雷汉姆的故事

一本书上讲了一位名叫格雷汉姆的情场高手的故事：

不管是参加何种规格的宴会，他总能迅速地“物色”到自己心仪的女性，然后在非常短的时间内（有时不到10分钟）和该女性一同离开，一起到他的家中。有些时候，格雷汉姆甚至可以在一小时内又回来，在“物色”到满意的对象后，又将其带到自己的家中。他似乎天生就具有在适当的时候“猎取”到自己满意“猎物”的本领，然后再让对方和他一起回家。

格雷汉姆为什么具有大多数男性梦寐以求的这个独特本领？他吸引女性的秘诀究竟是什么呢？主要在于格雷汉姆能巧妙、含蓄地向女性传达自己富有性感意味的身体语言，同时能识别、捕捉女性求爱的“非语言信息”，并能准确地把握做出这些动作姿势的女性心理。行为学家和动物学家的研究也证实了这一点。

欧美国家的一些动物学家和行为学家通过对动物求偶行为的研究显示，雄性动物和雌性动物在求爱的过程中会使用一系列复杂的求偶姿势，其中一些姿势十分明显，有些姿势则非常隐蔽，而几乎所有的姿势都是在无意识状态下做出来的。在纷繁复杂的动物世界中，每种动物都有自己独特、天生的求偶姿势，即使是同一种类的动物，它们也有各自的求偶姿势。比如鸟类，求偶时它们非常喜欢在对方面前炫耀自己，其炫耀姿势丰富多彩，各式各样。婉转的鸣叫是一种经常可以见到的求偶炫耀方式。如鸡禽的鸣唱、杜鹃的晨夜鸣叫、啄木鸟用喙急促地敲打空心树干所发出的击鼓之声等。除此之外，有的鸟类还用炫耀羽毛和特殊的姿态动作向对方表达情意。如野鸭等水禽可在水上做出各种的钻水姿势，把水花溅起很高；雄田鹞在发情时，展开尾羽从高空飘然而下，这时的气流会使细薄的尾羽发出奇异的声响，以此吸引异性的注意；红尾伯劳雄鸟常做摇头、摆尾及“鞠躬”等姿态，雌鸟则下垂双翅，做快速抖动，尾羽展开如扇，然后双方以喙相互摩擦。这些动作和人类在求爱时的举动非常相似。

格雷汉姆之所以能“屡屡得手”，关键就在于他向自己中意的女性频频展示自己的求爱姿势。而那些对他感兴趣的女性在“读懂”格雷汉姆姿势语言的意义后，就会回应她们的求爱讯号，给格雷汉姆做进一步行动的暗示。

女性在调情中成功率的大小主要取决于她们向男性发出求爱信号的能力和解析男性传回来的信号能力的大小。对男性而言，他们求爱的成功率则主要取决于他们解读女性传来的求爱信号的能力大小而不是他主动发出求爱信号能力的大小。大多数女性对身体语言都比较敏感，因而她们能常常准确接受到男性向她们发出的求爱信号。然而，男性则没有如此幸运，因为他们对身体语言的敏感程度大大逊色于女性，所以很多时候当女性向她们发出求爱信号后，他们往往茫然无知。这可能也是很多男性无法找到自己潜在伴侣的原因之一。对女性而言，她们寻找伴侣的最大困难不是发现找到自己的伴侣，而在于她们能否找到符合她们标准的男士。

什么样的女性才是男性所喜爱的

什么样的女性才是男性最喜爱的？近来，美国的行为学家和生理学家通过大量的实验研究发现，无论是在西方，抑或是在东方，在绝大多数男性眼中，那些具有优秀生育能力和非常性感的女性是最具魅力的。理所当然地，这些女性也就成了绝大多数男性眼中的美女。

有研究表明，男性更喜欢拥有娃娃脸的女性，即长有大眼睛、小鼻子，丰满嘴唇和脸颊的女性。因为这种脸部特征更能唤起大多数男性潜意识中的父爱和保护欲。这也是为什么很多整容广告都喜欢用“娃娃脸”女性做模特的原因。有趣的是，女性却不大喜欢那些长着“娃娃脸”的男性，她们更喜欢脸庞成熟的男性——即有浓而黑的眉毛、结实的下巴和较大、较挺的鼻子。因为这样的男性看上去更能给她们安全感。

不可否认，很多时候，相比容貌普通的女性，漂亮女性更能吸引男性的目光，但这绝不意味着一定要十分漂亮才能吸引男性的目光。行为学家研究发现，一个女性能否吸引男性的眼光很大程度上取决于她是否能主动向男性传递信号，以示邀请。这就是一些相貌十分普通的女性，身边却从来不缺乏追求者的原因。因而，心理学家得出，男性对那些主动向自己发出邀请信号的女性的兴趣比那些相貌出众的女性要大得多。

在很大程度上来说，一个人的容貌是天生的，虽然通过一些美容手段可以让一个相貌普通的女性变成男性眼中的“万人迷”，但其成本和代价却是相当大的，更为重要的是，一些美容手段还具有相当的风险性。不过，这个消息可能会令很多女性感到兴奋，即一个女性主动向男性发出邀请信号并不是天生的，而是后天练习和学习得来的。所以，一个女性能否获得男性的喜爱，天生的漂亮固然会让她相比其他女性占有一定的优势，但更为重要的是，她能否主动向男性发出邀请信号。

为什么漂亮的女性却没有机会

一本书上讲了这样一则故事：

某个周末，年轻、漂亮的露丝和朋友珍妮一起去参加一个晚会。舞会开始后，露丝高傲、冷漠地站在舞池旁边，就像童话中的白雪公主一样不可接近。与之相反，相貌普通，身材胖胖的珍妮满脸微笑地站在露丝旁边。很快，便有男性陆续朝她们俩走来。这让露丝激动不已，因为她很想在舞池中“露一手”。所以看见迎面走来的男性后，她认为这些男性肯定是来邀请她共舞一曲的。结果，令她失望的是，那些先后走到她身旁的男性不约而同地把他们的手伸向了旁边的珍妮。这让露丝恼怒万分，但碍于场合，她强压住了自己心中的羞愧和怒火。与此同时，露丝脸上的表情显得更为严肃、高傲、冷酷。直至晚会结束，虽然邀请珍妮的男性络绎不绝，但却没有一位男性向露丝伸出邀请之手。

为什么年轻、漂亮的露丝在舞会上没有得到一位男性的邀请，而相貌普通、身材较胖的珍妮却一次次得到男性的邀请呢？正所谓“爱美之心，人皆有之”，难道那天晚上参加晚会的男性都对年轻、漂亮的女性不感兴趣？答案是否定的。珍妮之所以会频频得到男性的邀请，关键就在于她用自己的身体——微笑，准确无误地向那些“舞林高手”传达了这样一个信号：我很喜欢跳舞，你们放心邀请我吧，来者不拒！如此一来，珍妮用自己的微笑冲破了晚会中很多男性心中的犹豫和顾虑，同时，它也让他们感到在她身旁很愉快，充满了信心。

与之相反，年轻、漂亮的露丝内心虽然也万分渴望自己被异性所邀请，令人遗憾的是，她用自己的身体语言——严肃、高傲、冷酷的表情，向那些企图邀请他共舞一曲的异性发出了这样的信号：你最好安静地走开，我可不想和任何人跳舞，如果你坚持要和我跳舞，那只能会让你自讨没趣。面对这样的“警讯”，当然没有哪个小伙子愿去冒险碰壁。

由此可见，我们每个人，尤其是那些年轻、漂亮、心高气傲的女性必须认真学习身体语言，以便能向异性发出准确无误的信号。那具体来说，应该如何来做呢？

首先，必须懂得身体语言。如果一个人不懂得身体语言，这极有可能会导致她把肯定的意思表达为否定的意思，把否定的意思表达为肯定的意思。比如，某个人心里非常生气，虽然她尽量控制自己心里的怒火，但是，在与对方说话时，她却咬牙切齿地对别人说道："没事的，我不会生气的，你就放心吧！"面对这样的情况，如果你不了解或懂得她发出这些语言信号的真实含义，还在那自以为是，理所当然地认为对方真的没有生自己的气。这是非常可笑和荒唐的。

其次，必须懂得如何让身体语言发出的信号对别人产生作用。身体语言是一门非常深奥的学问，很多时候，它更需要我们用心去体会，用行动去诠释。要想成功做到这一点，我们每个人，尤其是那些年轻、貌美、心高气傲的女性，必须懂得如何把披着美丽外衣、至今掩饰着的真正的"我"明白无误地表现出来。如此一来，我们不仅能让自己变得平易近人，还能把自己从自我划定的小圈子中解放出来。

哪一个部位最有吸引力

当问男性最喜欢女性身体那个部位时，通常会出现"萝卜青菜，各有所爱"的状况。尽管男性们都有自己的所爱，但概括起来说，还是可以将他们的所爱分为这样 3 类：喜爱女性的胸部、喜爱女性的臀部，以及喜爱女性的腿部。

经过漫长的历史演化，女性的身体已经进化成了一种永恒的可携带的性信号系统，这一系统具有鲜明的性目的，也即为了更好地吸引男性的注意力。心理学家研究发现，一个女性能否吸引男性的"眼球"，很大程度上取决于她的胸、腿、臀是否对男性充满了诱惑力。具体来说，什么样的胸、腿、臀才会对男性充满诱惑力呢？

1. 胸部

女性的乳房除了明确的生理功能——哺乳婴儿外，还有一个重要功能，即向异性发出明确的性暗号。生理学家通过研究发现，女性的乳房其实是模仿女性屁股的样子——这是人类在用四肢爬行的年代中就已经形成了。所以，如果一只猴子或大猩猩不是直立向你走来时，你几乎是无法识别它是雌性还是雄性。当人类开始直立行走后，女性逐渐变大的乳房就逐步演变成了屁股股沟的样子。生理学家的实验也证实了这一点。实验中，心理学家要求参加实验的人员把两张照片（一张为女性屁股股沟的照片，另一张为女性乳房乳沟的照片）区别开来，结果，近 90% 的人都不能正确区分这两张照片。

几乎所有和性有关的研究调查表明，无论是大抑或是小的乳房，也不管是什么形状的乳房，它们都能得到男性的喜爱。当然，最容易令男性意乱情迷的还是女性的乳沟。一份调查表明，近 60% 的男性在看见女性的乳沟，尤其是胸部丰满女性的乳沟后，往往会“浮想联翩”。不可否认，胸部丰满的女性更容易吸引到男性的目光，因为她们丰满胸部形成的乳沟往往会让男性产生“无限遐想”。对胸部比较“平坦”的女性来说，她们同样可以让自己的乳沟变得“深”起来。具体来说，她可以这样做：身体前倾，双臂紧夹身体，这样就可以夹紧双乳，让乳沟“异军突起”了。如此一来，她也就可以吸引异性的目光了。

2. 腿部

之所以有相当一部分男性喜欢女性修长的双腿，这是有生物学原因的。生理学家研究发现，当女性进入青春期后，体内荷尔蒙的含量和活动会逐渐增强，这会让她们的双腿快速变长，进而让她们成为成熟的女性。理所当然地，她们的长腿就成为一种无声的信号，在告诉男性，她们已在性方面达到了成熟的阶段，已经具备了生育的能力。这就是为什么男性总把修长的腿看成是女性性感的原因之所在。由此，我们也就明白了男性为什么更喜欢穿高跟鞋的女性。因为女性穿高跟鞋能增长她们腿部、弓起她们的后背，使她们的臀部高高翘起，脚也显得更小，骨盆前倾，从而使她们显得尤为性感、迷人。

虽然女性修长、纤瘦的大腿是不少男性的最爱，但仍有一部分男性却不太喜欢女性拥有这样的腿，在他们看来，健美、结实的大腿才是最美的。因为腿部更多的脂肪能够突出男性和女性腿部的区别。当然，腿部过于健壮的女性几乎得不到所有男性的喜爱。

3. 臀部

研究人员发现，在相当多男性的眼中，拥有圆形、有如桃状臀部的女性最具魅力。女性臀部和其他灵长类动物不同，其他雌性灵长类动物只有在准备交配的时候才会展现出其较大的、翘起的臀部。而女性的臀部却一直保持较大的状态，似乎时刻做好和男性进行性爱的准备。这是因为性爱促使配偶双方能够长相厮守，从而成功地孕育后代。

人类是唯一的一种能够面对面进行性爱的灵长类动物。而其他的灵长类动物则是从它们雌性伴侣的背后进行交配的，所以雌性动物就用肿胀起来的发红的屁股来向雄性表示，自己已经做好交配的准备了。这就是男性之所以对女性臀部感兴趣的原因，因为在男性的眼中，女性的臀部总是在向他们传递这样的信息：我已经做好了开始性爱的准备。

至此，我们也就明白了女性之所以青睐牛仔裤的原因，因为牛仔裤能够突出女性的臀部，使之看上去更加突出、圆滚。穿高跟鞋除了会让女性的双腿变得修长外，还能让女性的臀部显得更为突出，从而使她们在走路时显得摇曳多姿、风情万种，毫无疑问，这肯定会引起男性的注意。

男性的示爱信号

根据一些研究人员的调查和研究，与女性相比，男性向异性发出信号表示自己对对方感兴趣往往表现得比较笨拙，而且理解别人没有说出来的话的反应也较为迟钝。一个男人看到一位有吸引力的女人时，他可能会做出精心打扮自己的一些举动，以及下面列举的一些方法，其中一些类似于女性经常使用的姿势、手势和动作。当然，一些姿势可能是佯装出来的，还有一些则是长期形成的习惯，也许出于紧张而产生的，而不是源于性吸引。编者在括号里列出了可能存在的另外解释。

1. 精心打扮自己的姿势

经研究认为，这些姿势构成了男性示爱信号的主体部分。

◇用一只手理顺头发。（也有可能是出于紧张或习惯性的动作。）

◇扶正领带。有可能是出于紧张或习惯性的动作；也有可能是领带确实需要整理。

◇掸掉肩膀上的灰尘。有可能是出于紧张；也有可能是缺乏耐心。

◇做出琐碎的打扮或修饰的姿势，其中包括整理衣领、衬衫袖子等。有可能是出于紧张；也有可能是缺乏耐心。

2. 其他的动作

这些动作包括延长目光注视的时间，以及吸引女性注意自己胯部的动作。

◇长时间地注视某个女人。

◇怀着兴奋的情绪，瞳孔在不知不觉中放大。

◇如果是坐着的，他的身体会转向某个女人，一只脚对着她。

◇站着或坐着的时候，双腿分开，在视觉上突出他的性感区。也可能是习惯性的姿势；还有可能是准备离开。

◇如果是站着的，男人可能面对着女人，双手放在自己的臀部上，或者两个拇指卡在腰带上。可能只是习惯性的站姿；也有可能是吸引女人注意自己胯部的动作。

男性的哪一个部位最有吸引力

1. 她喜欢的是男性的胸膛、腿部还是臀部

女性喜欢男性的胸膛、腿部，还是臀部？应该说都喜欢，因为男性身体的任何部位都能在视觉上引起女性的性反应，只是不同女性对不同部位的喜欢程度不同而已，有的人侧重喜欢男人的胸膛，有的人偏重喜欢男人的腿部，还有人更偏好男人的臀部。当然，这和不同男人的身体有着直接关系，他的某一个部位如果尤其优秀的话，那他的这个部位一定就是吸引女人的重磅炸弹。比如说，前日本首相小泉，日本女性都认为他的臀部最性感。

不过，就算抛开特殊，从总体情况看，喜欢男性臀部的女性还是占比例最高，达到40%。可见，男人的臀部对女人来说地位是不容忽视的。

不过光有一个性感的臀部是不够的，女性眼中的性感男人应该从整体上符合标准，即拥有运动员般的体型、宽厚的肩膀、结实的胸膛和手臂以及结实的臀部，因为只有这样的男人，才能够担负起赶跑入侵者的责任。

2. 宽阔的肩膀、胸膛和结实的手臂

从体型上看，男人和女人有很大的不同，男人上半身宽厚，向下逐渐变小，直到狭小的臀部，女性的身体在肩膀部位是较狭窄的，在臀部位置却变得宽大。正是因为有了不同于女性的身形，远古时代的男人们才能够远距离地拉动沉重的武器，并将猎物扛回家。

男人的胸膛就是为了这个目的进化的。宽厚的胸膛能够容纳较大的肺，从而更好地为身体分配氧气，使他们在跑步和追捕猎物的时候能够更有效地呼吸。难怪在古代和现存的原始部落中，胸部宽大的男性能够得到更多的尊重和更高的社会地位。

3. 狭窄、结实的臀部

像日本女人一样，全世界的女人都喜欢有小巧、结实的臀部的男人。

为什么呢？这和性生活有关。拥有结实臀部的男性能更有力地向前运动，从而保证自己的精液能够顺利地进入女性身体。相反，如果男性的臀部肥胖松弛，他们就不得不动用全身的体重来完成这一动作，这势必会让女性吃不消。估计没有哪个女性会认为男人肥重的身体压在身上是一件舒服的事情。和这样的男人性交，女人不但会感到呼吸困难，性交的成功率也会大大降低。

4. 结实的腿部

女性喜欢男性的腿是有前提条件的，那就是只有在男性的腿成为男性力量和忍耐力的象征的时候，才能够吸引女性。

在灵长类动物中，人类男性的腿是最有力、最长的，这样的腿加上狭小的臀部，使男人们能够远距离地快速奔跑、追逐或是打猎。而女性就不具备这样的优势了，她们的臀部较宽，在跑步的时候，小腿和脚要向两侧移动，只有这样才能保持身体的平衡，所以她们很难跑得快。

正是因为这一点上不足，造成了女性对男性那种有力、颀长的双腿产生了艳羡之情。美国著名神经心理学家德文达·赛尔博士发现，女性认为当男性的腰部和臀部比率为90%时，最具魅力。

第六章

相爱容易相处难，从恋人举止看爱情关系

通过亲吻的身体部位看人

亲吻是人们表达内心感情的一个非常直观的方式，它分为很多种类型：有情人之间表达爱情的；有父母与孩子之间表达亲情的；有朋友之间表示友好的；也有类似于国家首脑见面的亲吻一样表达敬意的，等等。亲吻并不止能够表达爱意，在生活中，亲吻是一种非常常见的象征性肢体语言，除了感情的宣泄外，它同样可以表达问候甚至是服从。在这里我们并不想去探讨亲吻可以表达哪些意思，就情人之间表达爱意的亲吻来说，不同性格的人喜欢亲吻情人不同的身体部位。这一节我们就一起来看看，爱好亲吻不同身体部位的习惯，能够反映出人们哪些不同的心理和性格来。

有的人非常喜欢亲吻伴侣的头发。一般而言，喜欢亲吻情人头发的人都有很强的占有欲望，特别在男女关系方面。他们的妒忌心理都很强，非常喜欢吃醋。由于这样的人并不开朗，甚至在某种程度上说还有些阴沉，所以他们很容易在爱情中受到挫折，过强的占有欲更是令他们在处理男女关系方面容易失去原本的理智，变得歇斯底里。甚至可能会因为这种病态的占有欲最终导致关系破裂。

有的人非常喜欢亲吻情侣的额头。喜欢亲吻额头的人一般来说都非常温

柔体贴，他们不会将自己的爱情表达得非常热烈，而是会一直默默付出，不着痕迹的爱着对方。这样的人常常会让自己的伴侣感到安心，因为他们近乎于无微不至的呵护甚至比照顾自己还要周到。他们对待人生的态度非常积极，工作也非常努力。在为人处世方面，他们待人都非常谦和，总是一副彬彬有礼的样子，所以他们的人际关系都处理得非常好。他们一般不会去做什么风险大的事情，这并不是因为胆怯，只是这样的人更喜欢安安稳稳、一步一个脚印的发展自己的事业而已。

也有的人非常喜欢亲吻爱侣的眼睛。他们认为，眼睛是心灵的窗口，通过眼睛可以将这份爱意直接传达到对方的心里。喜欢亲吻对方眼睛的人情感都非常炽烈，能够为了爱情牺牲很多东西。可以说，爱情在他们生活中占有很大的比重。自己的另一半感到快乐时，他们也会跟着高兴，这个时候无论做什么他们都是劲头十足。而如果自己的爱人心情不好，那么他们也会感到非常萎靡，做什么事情都提不起精神。可以说这样的人都非常情绪化，他们的开心与难过都明明白白地写在自己脸上，同时他们的感情都非常细腻，也许爱人不经意的一句话就会让他们的心中泛起涟漪。

有的人非常热衷于亲吻伴侣的鼻子。这样的人多少有一些双重性格，他们虽然总是一副开心的样子，但那只不过是因为他们贪玩的性格而已。所以他们并不擅长处理与他人之间的关系，与周围人相处的也并不算融洽。由于他们生性好玩，所以他们并不可能安下心来静静地工作，他们的事业也不容易建立。

比起上面那几类人，下面要说的这些人就直接得多了，他们甚至可以代表一大部分恋爱中的情侣们。他们最喜欢亲吻的部位是伴侣的嘴唇。这样的人对感情都特别专一，有一种一吻定终生的执着劲儿。这样的人自信心都很强，而且道德的底线都非常高，他们知道什么有所为，什么有所不为。所以周围的人对这类人的印象都非常好，上司也特别喜欢这样的下属。但由于原则性太强，有些时候会让人觉得他们非常死板，但作为伴侣来说，他们是十分可靠的，因为永远都不必担心这样的人出轨。

有些人非常温馨，他们喜欢轻吻伴侣的脸颊。这样的人性格都非常平和、温柔，作为伴侣他们也十分体贴。他们非常懂得照顾别人，懂得站在他人的角度去换位思考。在为人处世方面，他们信奉“以和为贵”的原则，在人们的心中永远都是一个老好人的形象。这类人对友情、爱情和婚姻都能够始终如一，但他们有个最大的缺点就是太容易相信他人，非常容易上当受骗。

还有些人非常暧昧，喜欢亲吻情人的耳朵，时不时还有轻咬的动作。这样的人心里洞察能力都特别强，能够非常轻易地看穿他人的心里在想些什么，所以总是能体会到别人的痛苦。由于这类人十分善解人意，所以他们的朋友圈非常广，周围人对他们的印象也都非常好。正是由于这一点，所以他们能够很轻松地利用他人的好感来达成自己想要达成的目的，很容易就可以获得事业上的成功。在感情方面，这类人敢爱敢恨，爱的时候可以为爱人付出一切，一旦恨起来，甚至会到老死不相往来的地步。

有的人非常喜欢亲吻爱侣的脖子。这样的人大多都是典型的“花花公子”类型的人，他们对爱情都是三心二意的，即使婚姻也无法束缚住他们。在他们心中，不论是友情还是爱情，只要和感情有关系的都是靠不住的，所以他们也不会坚持到底。他们对自己的要求不是很严格，做事也总是知难而退，所以他们很难取得事业上的成功。这类人对自己的要求不是很严格，但是对他人的要求却非常高。如果用一句话来形容这类人的想法的话，那就是“宁教我负天下人，休教天下人负我”。

有的人非常含蓄，他们非常喜欢亲吻情人的手或是小臂。这样的人善于寻找机会，一旦有机会从身边流过，他们就会牢牢地把握住。在人际交往方面，他们显得非常诚恳，总是试着与周围的朋友敞开心扉，然后一步一步地试探出别人心中的想法，再投其所好，同他人建立起关系。在很多人眼中，这样的人有些滑头。但不可否认的是他们的办法十分有效，最起码在社交场合内，他们总是受到他人的赞赏。在爱情方面，这样的人也非常温柔体贴，非常照顾另一半的感受。

还有的人比较怪异，他们最喜欢亲吻的是爱人的肩膀，而且每次都会停留很长的时间。一般来说喜欢亲吻肩膀的人内心都非常压抑，需要经常有人开解和安慰才行。这样的人性格都非常内向，有的时候，他们非常想要得到某些东西，他们也不会开口说。因为这样的性格使得他们错过了很多的机会。这样的人情绪都非常容易激动，只要别人做得事稍微让他们觉得心理温暖，他们就会非常感激对方，即使有些时候这些事是对方无意间做的。所以他们都非常容易被人牵着鼻子走，最后上当受骗。

如果一个人通过吻手背表达对恋人的爱，这说明他很善于经营爱情，懂得讨恋人欢心。这种人对爱情和事业都充满欲望，争强好胜，善于观察和利用周边环境，容易取得成功。他们对待爱情的态度很理性，乐于付出，但也不会因此荒废了人生目标。

或者，他会吻你的手心传达爱意。这种人渴望真正的爱情，认为只有情意相投、性格温和的爱情才会长久，他们绝不会轻易交出自己的肉体，除非找到了理想的“意中人”。这种人充满智慧，富有情趣，谈吐自然，耐得住寂寞和等待，只为命中注定的那个人。

有些恋人在享受床笫之欢时，喜欢轻吻对方的脚心，这种人对于性爱对象具有明确地判断标准，他往往喜欢特定的几类人，譬如个子较高的、体型魁梧的等，这种人性欲强烈，善于享受性爱，并把它当作爱情重要的一部分。

在非洲的某些部落，土著居民通过轻吻酋长的脚趾来表达尊敬和拥护。发生在情侣之间，则说明他尊重对方，心甘情愿地为了恋人付出自己的全部情感。这种人具有很强的依赖感，缺乏主见和当机立断的勇气，往往需要一个强势的人为他们指明方向。他们善于考虑恋人的感受，富于协作精神，能够有效化解爱情中的矛盾与冲突。

通过接吻方式看人

在恋人之间，接吻无疑是最细腻、最令人陶醉的情感表达方式之一。通过观察一个人的接吻方式，我们可以判断他（她）们的性格特点，也可以借此了解，你在他（她）的世界里，究竟占据着一个什么样的地位。

研究表明，在亲吻对方时，超过80%的男女会把头偏向右方。因为这样可以让彼此的左侧脸颊露出来，而左脸是由支配人类情感的右脑控制的。因此，如果一个人在亲吻你时将头偏向了左方，那么他显然对你没有足够的兴趣，他的情感还没有被你完全调动起来。这种恋人，还处于感情的试探阶段，彼此之间还有些生疏。

紧闭双眼的亲吻方式，经常出现在电视荧幕里，这是一种经典的吻法，浪漫，富有情调。采取这种吻法的人，对待感情任性而执着，对于心爱的对象近乎痴狂，因此容易遭遇爱情的悲喜幻灭。这种人追求浪漫长久的爱情，但往往寄望太高，很难如愿。

有时，恋人在与你接吻时，会用手轻抚你的后颈，或者抚摸你的头发。这说明他是个温柔细致的人，善于感知情感变化，同时也表明，他对目前的情感非常投入，希望彼此能够勇敢地爱下去，忠贞不渝。

男性在亲吻恋人时，有时会轻托情侣的后背，使对方的身体倾斜一定角度。这种姿势非常浪漫，但也时常招来矫揉造作之嫌。采取这种方式的人，对女性具有强烈的保护欲望。这种人生性浪漫，不囿于世俗，敢于追求自己的理想，对于自己的人生有着十足把握。但由于缺乏沟通和协作能力，这种人在别人眼里，常常显得格格不入。

如果女友在与你接吻时，先擦去自己的唇膏，这说明他对你们的感情充满期待，希望以最真实的姿态投入你们的爱情中去。这种人生性直爽，敢爱敢恨，愿意为心爱的男人放弃一些东西；而如果她故意保留唇膏，以求留下“痕迹”，则证明她非常在乎你们的爱，希望借此让你知道，她对你的浓浓爱意。当然，这种情况还是相对较少的，表达爱意的方式有很多种，利用黏腻的唇膏来证明爱，显然不是最理想的方式。

在接吻前漱口消毒？对，确实会有这么一些人。如果他刚刚吃过大蒜等容易产生异味的东西，这种做法无疑是对恋人的尊重；但如果这是他惯常的做法，这就说明他谨小慎微，诸事追求完美。这种人非常喜欢别人赞美他的优点，鼓励和肯定会让他们精神百倍，但挫折却会使他们备受打击。在爱情中，这种人也是比较保守和被动的，尤其在性爱之中。

他也可能突然就给恋人一个吻，在你忙着准备早餐的时候，或者在你们等公交车的间隙。这种人善于制造惊喜，观察事物细致入微，对待生活积极乐观。他们很在乎别人的感受，体贴他人，总是在你需要的时候伸出爱的臂膀，给你安慰和温暖。这种人善于发现，能够将平淡无奇的生活经营得精彩纷呈。

有时，一个人会在亲吻恋人之后马上松开。这种人能够激发爱情的潜在欲望，善于营造爱情氛围，这种富于挑逗性的亲昵方式，虽然只是一个很小的细节，但却能够让恋人在短时间内充满渴望，增进彼此的情感。

如果你的男友把你挤到一个墙角，忘我地和你拥吻在一起，这说明他对你具有强烈的占有欲望。这种人性情豪放，能够完全地投入自己喜欢的事物中去，只是，他们常常无法保持自己的激情和动力。

有人在接吻时，几乎闭着嘴唇，他们只是让嘴唇的表面互相接触，没有更多的试探动作。这种人性格内向，处事随意，逆来顺受，不善于争取和索求，他们容易产生满足感，不会要求太高的生活质量。这种人往往富于潜在价值，但需要有人通过合理的途径，激发和引导。

吸舌吻是一种很富有诱惑力的接吻方式，在相对保守的东方人眼里，这种亲昵方式比较少见一些。喜欢这种亲吻方式的人，对异性有着特别的吸引力，他们能够借助一些肢体语言和动作，让原本微弱的爱情之火熊熊燃烧起来。

也有些人，他们在亲吻恋人时会咬对方的嘴唇。这种人强调爱情的拥有和占据，对于自己的东西，宁愿毁掉，可能都不会赠与他人。他们的情感往往会走向两个极端，可以爱死一个人，也可以恨死一个人。

通过约会看爱情关系

约会，也就是预先约好时间和地点的一种会面形式，现在一般被作为男女恋爱期间所从事活动的通称。每个人应该都有一段难忘的约会经历，尤其是生命中第一次与爱慕的异性外出的情形，相信很多人还记忆犹新。其实，约会中的很多细节，都可以反应你们之间的爱情关系，恋爱中的你，不妨来看一看。

约会肯定要有一个地点，如果是你，你会选择在哪里约会？

一般而言，喜欢在电影院和自己的恋人见面的人，大都比较内向，不喜欢彰显自己，电影院相对隐蔽的空间会让他们更舒服。这种人独立自主，有自己的想法和追求，个性鲜明。他们善于发现问题，富有洞察力，但也容易沉溺于琐事，进而错过很多美好的东西。

喜欢去公园约会的人，富有浪漫主义气息。他们渴求热烈的爱情，但对异性的要求比较高，苛求完美，因此错过了许多机会。

喜欢在超市或者购物广场见面的情侣，大都追求实际。他们更看重彼此的心理和性格，而非外貌，他们不追求爱情有多浪漫，只求双方能够互相理解，互相帮助，共同营造属于两个人的幸福和快乐。

如果你喜欢在车站和恋人相会，这说明你是个比较单纯的人，你相信纯洁的爱情，相信“一见钟情”，相信爱情就像触电一样的感觉。通常，这种人性情活泼开朗，乐于交往，但偶尔也会显得有些稚嫩和孩子气。

在咖啡馆约会，是很多人热衷的方式。这种人除了富有浪漫气息，也追求稳固长久的爱情。他们深爱对方，愿意和对方共同面对生活中的挫折和苦难。

有人约会不会选择一些特殊的场所，他们可能就选在一方的家门口，或者其他就近的某个地方。这说明他非常喜欢自己的恋人，只要能够待在一起就已经非常满足，不必要再去一些浪漫的地方。这种人对自己的恋人非常体贴，甚至可以说无微不至。但是，他们常常被动地等待对方表明立场和想法，甚至因此错过了得到真爱的机会。爱他（她），就要说出口。

看一场音乐会，去酒吧聊天，或者一起外出旅行，你喜欢那种约会方式？

有些人在开始的时候，可能会和恋人吃一顿饭，继而和恋人去酒吧等地方谈心，然后开始约恋人去看电影。他们非常耐心地营造恋爱氛围，让彼此的感情在逐渐亲密的接触过程中慢慢成长。这种人非常细心，对待爱情的态度也非常的认真，他们很少欺骗恋人的情感，既然爱了就是想和你永远地在一起。

包括电影院、音乐会、书画展等在内的场所，都是比较富有浪漫气息的地方。喜欢看电影、听演唱会等约会方式的人，追求浪漫，渴望与相爱的人分享自己的喜好和乐趣。他们认为恋爱双方应具有相似的性格特征和偏好，才能长久地生活在一起。这种人非常看重二人世界，强调对恋人的绝对占有，希望与所爱的人时刻在一起。他们虽然在爱情里表现的近乎痴狂，面对生活中的事情时，却十分理智和细致。

有人会经常地改变约会方式，譬如今天他可能带恋人去城郊远足了，下一次又突然安排了一次烛光晚餐。他们不囿于格式，总是力求改变和创新，包括约会在内的许多事情，皆是如此。这种人善于观察和发现，总是在第一时间感知他人的情感变化。不过，他们容易感情用事，比较自私。

喜欢和恋人远足的人，性情活泼开朗。他们从来不会隐瞒自己的情感，对待恋人就像对待自己一样。和这种人待在一起，你的心情会非常的开朗和明净。

有人在选择约会方式时，总是拿不定主意。为此他们会翻阅很多的恋爱指南，并挑选出自己满意的方案来。这种人虽然看起来笨手笨脚的，但做事非常的认真和投入。他们非常懂得体谅别人的感受，踏实诚恳。

约会过程中，包括语言以及肢体动作在内的很多细节，同样可以透露很多有价值的信息。

如果女方喜欢抚摸自己的头发，这说明她对你充满兴趣。同时，这也是一种暗示，潜意识里，女方希望你也能够和她一样，温柔地抚摸她。或者她会不停地拉扯自己的头发，这表明她处于一种懊恼和烦躁的情绪中，很可能，你们的谈话让她心生厌倦，或者触及了让她悔恨不安的事情。

如果她总是不停地更换腿脚的位置，这说明她非常的浮躁，心中有很多压抑的情感，但又无处发泄。这时候，你一定要及时终止自己的谈话，哪怕换个话题，也不要再依着原来的内容喋喋不休地讲下去。不要总是急于表达自己的观点，只有让对方感到舒适和满意的谈话，才是真正有效的。

喜欢用手捂住嘴巴听你谈话的女生，实际上是在抑制自己的喜悦之情。她已经被你深深的吸引，但又试图掩盖内心的激动和喜悦。这说明他非常喜欢你，甚至于说，她可能已经在考虑嫁给你了。

托着腮听别人讲话，说明她有些漫不经心。她并非对你的谈话没有兴趣，而是埋怨你无法了解和她的真实想法，让她感到有些失望。恋爱中的人，经常会因为沉溺于展现自我，而忽视和冷落了对方。有时候，她选择放弃，不是因为你不够优秀，而是因为你无法温暖她的心。

如果她非常在意自己的着装，总是不停地整整自己的领口，拉拉自己的裙摆。这说明他很在意自己在你心目中的印象。另外，类似上面提到的动作，也是一种防卫和弥补的动作，她对你的情感还处于试探的阶段，因此显得比较小心和谨慎，不想过早展现出自己最自然的一面。

含情脉脉地看着对方，是恋爱中的人常有的动作。眼神是最能够传情的，如果你的恋人总是温情地注视着你。这说明他爱你已深，恨不得身体随着目光贴伏到你的身上。他愿意和你厮守一生，也愿意和你一同面对生命中的所有挫折和磨难。

抚摸自己的侧脸或者额头等部位，也是一种常见的掩饰方式。如果你的恋人出现这种动作，说明他很在乎你，甚至因此产生了紧张和羞涩的心理。他正在享受爱情带给自己的甜蜜，但又不想让你过早领悟他的想法，只好通过遮掩的方式予以伪装。

此外，约会时的特定语言，同样也可以作为爱情关系的风向标，判断你们未来的爱情走势。

如果他总是问你，“我们该去哪里呢”，或者“我们去喝杯咖啡怎么样”，这说明他很在乎你的感受。但另外，这也暗示了你们之间爱情的不确定性，他不太了解你的喜好，甚至于对你没有太大的兴趣。如果他足够爱你，一定可以找到合适的约会方式，不是吗?

有时在约会即将结束时，一方可能会说："哎呀，也没什么好玩的，难道没有更有意思的事情了吗？"这句话貌似平常，但却足以说明，他对你们爱情关系的态度相当冷淡。你们很可能已经过了热恋期，但更糟糕的情形是，他可能已经对现在的爱情失去了兴趣。每段爱情都会经历这样一段相对平淡，甚至危机四伏的时期，如何调整自己和对方的感受，就看你个人的能力了。当然，如果真的不想再为一场乏味的爱恋买单，放手也不失为一个不错的选择。

或者，他总是喜欢向你报告："好了，已经看完电影了，走，去K歌吧。"这会让人觉得你们的约会像是提前编好的程序一样，什么时候干哪些事情，都是不容更改的。这种人固然很有条理和计划性，但却不善于变通，也不善于考虑别人的感受。他们更多地是把爱情当作一种责任，甚至不关心约会本身，是否能够给他们带来欢乐和幸福。

通过争吵看爱情关系

爱情，是世界上最甜蜜真挚的感情之一，也是最神秘莫测的感情之一。很多时候，两个人虽然是一对恋人，但双方都无法判断，自己在另一方心里到底有着什么样的地位，他是否真的爱我？他爱我到底有多深？不必苦恼，通过观察一方特定情况下的行为表现，我们就可以判断，他对你的爱到底是什么样子的。

在人际交往中，发生分歧乃至吵吵闹闹是常有的事情，即使一对亲密无间的恋人，也会时常因为意见不同发生争吵，这时，我们就可以根据不同的行为表现，判断他（她）对你的爱了。

一种情况下，恋爱双方都不肯做出妥协，各执一词，固执己见。这说明，你们的恋爱关系非常脆弱，爱情本身所应具有的包容与理解，在你们这里少得可怜，如果这样的情况持续下去，彼此就该认真地想一想了，他（她）真的爱我吗？

另一种情况下，你们都显得神情沮丧，不愿搭理对方，甚至于为此哭哭啼啼。这种情况下，你们的爱情更多的是在追求依赖感和安全感，你们之间的沟通和交流依旧太少，更多地敞开心扉，能够让你们贴得更近，从而更充分地表达彼此的爱意。

或者，你们都充分地理解各自的立场，积极地协调和寻求共同点，或者都作出一定的让步，最终达成一致意见。这种情况下，你们的性格有所差异，但能够包容彼此的优缺点，你们深爱彼此，愿意为对方做出改变，往往能够走到一起。

如果一方坚持自己的观点，同时告诉你，“你必须听我的，否则……”，这种情况下，你们的爱情中潜伏着很多不确定因素，彼此还没有完全接受对方，外部的压力和影响很容易激化你们之间的矛盾。

吵架过后，人们会有着不同的发泄渠道，通过对方调整心情的方式，我们同样可以了解，他（她）对于你们之间的爱情究竟有着什么样的期望和看法。

有人会选择到一个安静的地方散散心，不受打扰地思考一些事情，这表明他对你充满希望，并不想因为彼此生活中的一些摩擦和分歧，放弃了这段感情，他（她）会很快地从不愉快中走出来，继续和你徜徉在爱河里，不离不弃。

也许他会挑出自己一直想去的几个地方，进行一次远足，放松自己，抛开所有的忧愁和烦恼。这种人能够乐观地对待爱情中遇到的挫折和困难，积极主动地寻求方法解决爱情危机。他（她）清楚地明白爱情是两个人的事情，彼此的呵护与理解是爱情保鲜的不二法则。

或者他（她）只是闷在房间里，满脸愁绪，一声不吭，或者不停地吸烟、酗酒，这种人还是很爱你的，非常希望能够重新回到快乐幸福的爱情中去，只是他（她）们过于消极，很难主动地挽回你们的关系。

也有可能，他（她）选择了一个偏僻陌生的地方，断绝和你的所有联络。这时，你们的爱情关系可能就十分悲观了，这种人很理想主义，现实的落差，会让他（她）们万分绝望和痛苦，一旦对你失去了信心，他（她）们的选择只有一个——和你分手。

恋爱中的人是冲动的，有时候，因为一个很小的原因，你们可能就提出了分手，但很快又变得十分后悔。如果有一天，你和自己的昔日恋人在街头偶遇，这时，你就可以通过对方的举动，判断你们之间关系复合的可能性了。

如果他（她）认真地打听你的生活状况，悉心地询问你的工作动向，甚至直截了当地问你是否已经开始了一段新的感情，这说明他（她）依旧爱你，非常希望能够和你重新开始这段感情。这种情况下，主动权明显在你这边，如果你也依旧爱着他，那就再给爱一次机会吧。

如果他（她）见到你后非常地紧张，说话明显不自然，眼神游移，手足无措，这同样表明他仍然还爱着你，但又十分担心你的态度，或者害怕你早已开始了一段新的感情。这时，你若还爱他（她），就应该给对方明示，这样，爱情之火会迅速在两颗心之间再次点燃。

或者，他只是很正常地和你打招呼，没有任何亲昵或者不自然的举动。这种情况下，你们的关系已经回复到普通朋友的层面，昔日的“海誓山盟”“卿卿我我”不可能再找回来了，对此，你也不必过于感慨，不妨把它看得淡一些，拥有过就值得，何况，你们依旧可以做朋友。

通过生活细节看爱情关系

你的恋人最喜欢和你看哪一部电影？他是否忌讳和你共用一双筷子？他会因为涌动的人流而放开你的手吗？生活中，很多看似不起眼的细节，可以反映恋人对你的情感到底有多深，让我们一起来看一看吧。

女性的装饰品，除了可以用来装点打扮自己，也可以作为一种情感的表达与证明。喜欢动物造型装饰的女人，善于调动氛围，她们能够在第一时间发现恋人的需求，思维敏捷。不过，这种人对感情缺乏专一性，容易变心。

如果她喜欢戴金属链状的首饰品，这说明她存在一定的恋父情结。在内心深处，他希望你像父亲一样，给他无微不至的关心和呵护。

如果她对心形的饰品感兴趣，这说明她非常爱慕你，但又羞于表达，如果你能够主动地关心和引导他，她会付出超乎你想象的热情。

喜欢手工项链的女孩，独立自主，非常讨厌异性在她们面前动手动脚。她已经在很大程度上接受你，但依旧对你存在一定的戒备心。

在挑选贵重饰品时，过于关心钻石克拉数或者黄金纯度的恋人，追求物质享受，是一个拜金主义倾向的人。她们脆弱而敏感，对待感情也非常任性，喜欢感情用事。

通过分析你们一起观看的电影，也可以获得一些有价值的信息。

喜欢和你观看《罗马假日》《魂断蓝桥》等经典爱情片的恋人，非常的浪漫而富有情调。他们非常在意对方的感受，对待爱情非常认真，愿意和所爱的人厮守终生。

喜欢《情书》等电影的恋人，对爱情充满期待和渴望，他们爱慕彼此，体贴对方，但缺乏耐心和毅力，一旦出现感情裂痕，很容易贸然分手。

喜欢看喜剧片共度两人时光的人，懂得享受爱情的甜蜜，但他们看待问题比较肤浅，缺乏深度，容易感情用事。喜欢看悲剧片的人，追求实际，处事冷静，但缺乏变通。他们更多地把爱情当作一种责任，这种人可以给你依赖感，却无法给你想要的浪漫。

和恋人共用筷子和杯子等用具，显然是不够卫生的，尤其是当某一方出现感冒等病症时。如果恰巧在这时，你的女友递给你一杯水，而这个杯子是她刚刚用过的，你会怎么做?

如果你毫不犹豫地将水喝掉，这说明你是发自内心的爱着她，甘心为她承受一切的后果和风险，但你也要考虑一下了，她这样做是“故意为之”还是“无心之失”？

或者，你会把杯子的角度调整一下，以使自己避开她喝水的位置。这说明，你懂得呵护恋人，尊重她的想法，但是，你是不是将爱情看得太过仪式化和呆板了呢?

如果你对她说，“我不渴”，那就难免太过虚伪了，你拒绝她的要求无可厚非，但实在不该采取说谎的方式。这么明显的用意，你以为她听不出来吗？或者，你真的爱她吗？

如果你坦诚地说，“这样我很容易感冒的”，这说明你很诚实，能够理性客观地看待问题。在你眼里，爱情不是盲目的，它需要的是细心、体贴、合理地照顾。

假设一对恋人正拉着手在街上散步，突然迎面走来一群人。如果是你的话，会怎样做呢？

如果男友主动向你的方向靠过来，这说明他很在乎你，顺应你的想法和观点；若是女友这样做，则说明她愿意支持你，陪伴你，尽自己的能力保护你。

或者，他会把你拉向他的一边。这说明，他充满占有欲和控制欲，希望在彼此的爱情中处于主导地位。

如果恋人紧紧地握着你的手，主动地从人群中间穿过去。这说明，他非常坚定地爱着你，不管遇到什么样的困难和阻碍，都会和你一起走下去。

当然，他也可能松开你的手，让熙攘的人群从你们之间穿过去。这时，你就要仔细地考虑一下你们之间的感情了。因为如果他足够爱你，肯定不会让你独自待在人群的另一边。

让我们来假设最后一种情况，即如果你和你的新男友上街散步，很不凑巧，你们恰好碰到了你的前男友。这时，他会作何反应呢？

如果他安静地站在一旁，装作不了解你和前男友的关系。这说明他不够喜欢你，不愿意了解你的过去，也不关心你是否有过情感经历。或者，他会对他说一些“你好”之类的客套话，但这依旧是你们感情淡薄的体现之一。

如果他自顾自地往前走，完全忽视对方的存在，这说明他在乎你，但依旧谈不上用心。另一方面，这种人的爱情观非常狭隘，总是强调对爱人的绝对占优，甚至不惜牺牲对方的自由。

或者，他会停下身来，友好地和你前男友交流。这说明他非常爱你，包容心强，愿意和你分享彼此的未来以及过往。